周建中 | 张勇传 | 陈　璐

水电能源优化的若干问题研究

上海科学技术出版社

Shanghai Scientific & Technical Publishers

图书在版编目(CIP)数据

水电能源优化的若干问题研究 / 周建中,张勇传,陈璐著. —上海: 上海科学技术出版社,2015.12
ISBN 978-7-5478-2922-6

Ⅰ.①水… Ⅱ.①周… ②张… ③陈… Ⅲ.①水利水电工程—最佳化—研究 Ⅳ.①TV

中国版本图书馆 CIP 数据核字(2015)第 289992 号

水电能源优化的若干问题研究
周建中 张勇传 陈 璐 著

本书出版由上海科技专著出版资金资助

上海世纪出版股份有限公司
上 海 科 学 技 术 出 版 社 出版
(上海钦州南路 71 号 邮政编码 200235)
上海世纪出版股份有限公司发行中心发行
200001 上海福建中路 193 号 www.ewen.co
苏州望电印刷有限公司印刷
开本 787×1092 1/16 印张 13.25 插页 4
字数 260 千字
2015 年 12 月第 1 版 2015 年 12 月第 1 次印刷
ISBN 978-7-5478-2922-6/TK·16
定价: 78.00 元

内容提要

本书系统地对水电能源优化运行中的若干问题进行了研究和总结，在论述水文预报、水文模拟及梯级水电站联合优化运行理论与方法的基础上，对电力市场条件下电价确定、水电站发电日计划编制，以及多业主背景下梯级水电站间合作调度等多个优化与决策问题进行了详细理论分析和探讨，并提出了相应的工程应用解决方案。

本书共分为 9 章，汇集了作者在水文预报、水电站优化运行、电力市场等方面的研究成果，并附有丰富的算例。内容简明扼要，理论与实践紧密结合，方法与技术融为一体，极大地丰富和拓展了水电能源复杂系统预报、调度和电力市场理论的内涵和外延。

本书系作者 10 多年来围绕水文预报、水库优化调度和电力市场运营等研究工作的总结，可为相关研究方向的研究人员和工程技术人员提供借鉴和参考，也可作为相关专业研究生掌握基础理论和培养创新能力的读本。

序

水电能源的综合开发与利用是国际学术前沿和我国可持续发展的重要战略方向，关系到经济、社会及生态环境可持续发展等诸多方面。水资源匮乏与供需矛盾、能源短缺与环境恶化，以及水电能源可持续发展问题已经成为影响国家水资源和能源安全、制约国民经济发展和科技竞争力的重大问题。

受人类活动和全球气候变化的影响，近年来极端水文事件频繁发生，对径流预报的预见期和精度研究提出了新的挑战。水文系统不仅是一个开放、复杂的巨系统，同时又是一个非线性系统。水文预报从经验公式、集总模型到现阶段的分布式模型，从定性研究到定量预测，已取得较为丰硕的研究成果，但仍有很多问题还在探究中。通常水文模型的大部分参数不能通过观测直接确定，且这些参数对水文模型的模拟精度有着极其重要的影响，因此参数估计是水文模型建模应用中的一个亟待解决的关键科学问题。水文预报不可避免地存在误差，如何对预报误差进行校正，从而有效地提高预报精度，也是一项值得深入研究的工作。此外，水文预报的不确定性也给流域梯级水电站群联合调度带来巨大挑战，如何定量分析预报不确定性，已成为水电站群联合调度风险分析中的关键问题。

随着长江流域巨型水电站群的相继建设投运，大规模水电系统联合运行的条件日趋成熟。对于单个电站和梯级水电系统，采取线性规划、动态规划、系统分解协调等数学规划方法，可以获得联合优化调度问题的最优解。然而，随着电站数量的不断增加，其联合调度问题的求解难度呈指数增长，存在严重的“维数灾”问题。受自然界中生物进化和鸟类觅食等自然现象的启发，一些学者提出了遗传算法、粒子群算法和引力搜索算法等人工智能优化方法，其启发式、演进和随机搜索的策略能够有效地避讳“维数灾”问题。

此外，流域水电站群建成投入运行后，各电站业主从效益最大角度出发，按照对自身最有利的方式控制电站运行，从而形成了电站业主间各自为政的局面。由于流域梯级电站间存在着紧密的水力、电力联系，不同电站间既相互影响又相互制约，各调度业主自身效益最大的运行方式往往不利于整体效益的充分发挥。从水资源综合利用和总效益最大化的角度，需要流域各电站业主相互协调、精诚合作，放弃原自身效益最优的运行方式，转而采取流域整体效益最大的运行策略。由于电站的地理位置、装机容量和调节能力存在较大差别，各电站在合作调度中发挥的作用和承担的风险大相径庭，导致不同调度业主的合作意愿和效益期望存在冲突，亟待进行考虑效益补偿的流域多业主联合调度理论和效益分配方式的研究。

该书是作者10多年来围绕水文预报、水库群联合调度和电力市场运营等研究工作的总结，不仅全面系统地介绍了作者在该领域的理论研究和实践探索，而且反映了当前水库调度方向研究动态，以及作者在该领域独到的见解和取得的研究成果，极大地丰富和拓展了水电能源复杂系统预报、调度和电力市场理论的内涵和外延。此外，该书不仅进行了严谨的理论推导和证明，而且以长江三峡水库和金沙江下游梯级为研究对象进行了丰富的实例研究，是一本理论与实践相结合的著作。

中国工程院院士

2015年10月

前 言

随着我国水电能源的大规模迅速发展，在长江流域、黄河流域、珠江流域、辽河流域，以及黑龙江流域等13个流域，众多大型水利工程的不断建设完工，形成了规模庞大、结构复杂的流域梯级水库群，标志着我国水电能源开发从建设阶段逐步过渡到优化管理阶段。然而，在水库群一体化优化运行和综合管理起步阶段，尚存在一系列关键问题亟待解决。

问题一：在水电能源优化运行与管理过程中，定量、准确、可靠的水文预报，可为水资源的优化配置、合理开发利用及防洪决策等工作提供重要科学依据。随着大批水利工程的建成和投运，使天然河道水流传播受阻，水文系统严重偏离了自然条件下的演变规律，加之全球气候变化的影响，传统水文模型的预报、预测功能受到极大的限制，给水文预报工作带来了巨大的挑战。因此，迫切需要研究准确、可信的水文预报模型和校正技术，从而减小外力因素影响，提高预报精度。

问题二：水文系统不仅是一个开放、复杂的巨型系统，同时又是一个非线性系统，由于受众多因素影响，其动力学过程异常复杂。水文预报以水文、气象因子为输入条件，运用了许多概化的水文模型和参数，不可避免地存在不确定性。在水库防洪和发电调度中，上述预报不确定性会直接导致预报偏差，从而影响和降低调度决策的可靠性，或增加水库自身和下游的防洪风险，或造成欠蓄、欠发、出力受阻，危及电网安全。因此，定量地分析水文预报不确定性，揭示其随时间的演化规律，进而探讨预报不确定性对防洪发电调度的影响，已成为预报调度中亟待解决的关键科学问题。

问题三：目前，水文序列的随机模拟主要集中于研究单站的随机模拟技术。然而，随着梯级水库和水库群的建设，不仅需要单站的信息，而且需要流域内各站的综合信息，以便科学地制定水资源开发方案，预测可能产生的风险，实现对水资源的合理开发和可持续利用。因此，迫切需要研究一种新的多站随机模拟方法，用以模拟多站的日径流序列。

问题四：随着流域梯级水电站群规模的逐步扩大，传统的单一水库调度方式已无法满足梯级水电站群调度需求，需要考虑梯级水电站之间的水力、电力耦合关系，建立梯级电站群的联合优化调度模型。梯级水电日优化调度是典型的多阶段决策问题，其优化求解面临维度高、非线性和约束条件耦合等一系列问题。需研究多阶段最优决策过程优化的平稳性质，分析最优决策的稳定性和最优过程的周期性，探索梯级水电日优化调度中的最优化策略。

问题五：现有的水电能源优化调度模型所采用的求解算法，普遍存在过早收敛、易陷入局部最优等问题，直接制约了水电能源的经济运行。因此，迫切需要寻求一种更加稳定、高效的全局优化算法，用以避讳制约传统方法所遇到的“维数灾”以及求解速度缓慢的难题，从而提高优化调度模型求解精度和效率，确保有限的水能资源发挥最大的经济、社会效益。

问题六：随着电力市场的开放，市场所具有的开放性、竞争性、计划性和协调性也逐步融入电力行业，电力市场中国家、电网、发电部门及用电方等不同利益主体的目标各不相同，有些相互竞争甚至相互冲突。为了实现不同目标之间的均衡以及资源的最优化配置，如何运用电价这支杠杆，探索一种规则机制或平衡框架用以合理均衡各目标，从而保证电力市场的正常运转，是市场环境下水电能源高效利用亟待解决的一个关键科学问题。

问题七：合作对策理论是对策—决策理论中的一个重要概念，合作对策理论意在通过合作以实现集体利益和个体利益的最大化。纳什均衡意义上的传统调度理论在考虑梯级水库群联合调度时忽略了不同业主之间的竞争和动态博弈过程，这导致调度模型的实用性不强或者不能服务工程实践而难以实施。由合作对策理论衍生出的合作调度方法有效地解决了这一难题，从而激励梯级多业主电站追求梯级总体效益最优和缓解防洪发电调度中的突出矛盾。

本书系统地对水电能源优化运行中上述若干问题进行了探讨和总结，不仅充分考虑了水文预报、水文模拟及梯级水电站联合优化运行的理论与方法，且对电力市场中电价确定、水电站发电日计划编制、梯级水电站间合作调度等多个优化问题进行了详细分析和探讨，并提出了相应的解决方案。

本书共分为 9 章：

第 1 章分析水文模型预报的准确性和可信性，提出非线性预测方法、预报误差串并校正技术和水量平衡校正原理，并定性分析河流径流的长期变化趋势。

第 2 章对预报不确定性进行定量分析，并提出了可以描述水文预报不确定性随时间演化规律的 CUE 模型，进而探讨预报不确定性对水库防洪预报调度的影响。

第 3 章基于多变量分析理论，提出了一种新的多站随机模拟技术，进一步丰富了多站日径流随机模拟理论、方法，为进行防洪设计和风险分析奠定了基础。

第 4 章围绕梯级水电日优化多阶段决策问题，推导了最优策略的收敛条件及最优过程的周期，建立周期优化模型和过渡优化模型，结合两个水电站组成的梯级系统，探究流达时间对梯级电站最优决策过程的影响机理。

第 5 章介绍了一类启发、演进、随机搜索的全局优化算法，提出该类算法的改进策略并对其收敛性进行证明和验证。

第 6 章从电力市场中不同利益主体的角度出发，在“竞价上网，同网同价”的原则基础上建立反映各利益主体的数学模型，提出电厂以各机组为发电单元参加竞价的策略，确定适用于水电定价的“同网同价”原则及电价确定方法。

第 7 章系统地介绍对策决策理论与方法，并结合算例阐明非合作对策和合作对策理论。

第 8 章在对策决策理论的基础上系统阐述了合作调度方法及其应用，包括在电力撮合交易、公共资源使用、水电厂上网电价以及多目标问题等多方面的实际应用，最后探讨了合作调度中的防洪问题。

第 9 章给出了串并联校正、水量平衡校正以及合作调度的应用实例，表明研究成果已能用于指导工程实践，具有很好的实际应用背景和较高的工程应用价值。

本书相关研究工作得到了国家自然科学基金重点项目“市场条件下流域梯级水电能源联合优化运行和管理的先进理论与方法(51239004)”、“长江上游水库群复杂多维广义耦合系统调度理论与方法(51239004)”，国家自然科学基金面上项目“水电能源及其在电力市场竞争中的混沌演化与双赢策略研究(50579022)”、“水库群运行优化随机动力系统全特性建模的效益—风险均衡调度研究(51579107)”，国家自然科学基金青年项目“水库群复杂防洪系统的设计洪水及风险分析(51309104)”，高等学校博士学科点专项科研基金“电力市场环境下水电能源优化运行的先进理论与方法(20050487062)”、“复杂水火电多维广义耦合系统运行优化与风险决策(20100142110012)”，国家科技支撑计划课题“三峡及长江上游特大型梯级枢纽群联合调度技术(2008BAB29B0806)”，以及水利部公益性行业科研专项“面向生态调度的长江中上游复杂水库群多维调控策略研究(200701008)”等项目的支持资助。此外，本书的出版发行获得了上海科技专著出版资金的资助。

周建中教授拟定全书大纲并负责统稿和定稿工作，由周建中教授、张勇传院士、陈璐博士分工撰写。廖想博士、张睿博士、欧阳硕博士、王学敏博士，博士研究生王超、李纯龙、卢鹏、吴江、叶磊、张海荣、李薇等，硕士研究生王婷婷、卢韦伟等协助周建中教授负责应用实例的计算编写、全书校正和插图绘制工作。书中的一些内容是作者在相关研究领域工作成果的总结，在研究工作中得到了相关单位以及有关专家、同仁的大力支持，同时本书也吸收了国内外专家学者在这一研究领域的最新研究成果，在此一并表示衷心的感谢。

由于水电能源优化运行尚处在摸索阶段，有待进一步发展和完善，许多理论与方法仍在探索之中，加之作者水平有限，书中不当之处在所难免，敬请读者批评指正。

作　者

2015 年 10 月

目 录

第1章 水文预报模型

在自然、社会、经济及国防的众多领域，有着各种各样的预报和预测问题。水文预报是指根据前期或现时的水文气象资料，对某一水体、某一地区或某一水文站在未来一定时间内的水文情况作出定性或定量的预测。水文预报从经验公式、集总模型到现阶段的分布式模型，从定性研究到定量预测，已取得较为丰硕的研究成果。开发定量、准确、可信的水文预报模型对充分利用水资源及发挥水利防洪等措施的效益具有重要意义，如何进一步提高水文预报模型的精度，已成为水文研究领域中经久不衰的热门问题。此外，随着全球气候变化的加剧，研究及预测气候的长期变化趋势，也是水文学近几年关注的热点问题。

本章围绕水文预报的基本问题，推导了水文预报模型的数学表达，探讨了模型的参数优选方法，详细地介绍了人工神经网络及自回归滑动平均(auto regressive moving average, ARMA)两种非线性预报方法，分析了预报模型的准确性和可信性，并对各预报模型进行比较研究，进而提出了预报误差的串并校正方法。此外，针对全球变暖等热点问题，探究了径流的长期变化趋势。

1.1　水文预报模型简介

1.1.1　水文预报模型的数学表达

一般，预报、预测是多输入多输出(multiple-input multiple-output, MIMO)的，但它可划分为多个多输入单输出(multiple-input single output, MISO)问题。

对 MISO，令 $X=(x_1, x_2, \cdots, x_m)$ 表示输入，令 y 表示输出，假设他们有关系为：

$$y=f(\boldsymbol{X})+\xi \tag{1-1}$$

式中，$f(\boldsymbol{X})$ 是未知的；ξ 是白噪声，假定其服从正态分布：

$$\xi \sim N(0, \sigma^2) \tag{1-2}$$

式中，σ^2 也是未知的。

已知 n 组数据，来自实际观测值，将其划分为两部分，分别表示为：

$$\begin{cases} \boldsymbol{S}:(y_i, X_i)\ (i=1, 2, \cdots, n) \\ \boldsymbol{A}:(y_i, X_i)\ (i=1, 2, \cdots, n_{\mathrm{a}}) \\ \boldsymbol{B}:(y_i, X_i)\ (i=1, 2, \cdots, n_{\mathrm{b}}) \\ n_{\mathrm{a}}+n_{\mathrm{b}}=n \end{cases} \tag{1-3}$$

式中，$\boldsymbol{A}$ 称为训练集；$\boldsymbol{B}$ 称为测试集。

问题如下：

(1) 如何构造一个模型？

含有待定参数 θ(为向量)的模型可表示为 $f(x, \theta)$，然后使用训练集 A 中数据来优

选 θ，通常做法是按下式计算：

$$\hat{\theta} = \arg\min_{\theta} \sum_{i=1}^{n_a} [y_i - f(X_i, \theta)]^2, (y_i, X_i) \in A \tag{1-4}$$

令

$$\begin{cases} f(X, \hat{\theta}) = \bar{f}(X) \\ \bar{r}_a = \dfrac{1}{n} \sum_{i=1}^{n_a} [y_i - \bar{f}(X_i)] \\ r_a^2 = \dfrac{1}{n_a - 1} \sum_{i=1}^{n_a} [y_i - \bar{f}(X_i)]^2 \end{cases} \tag{1-5}$$

式中，$\bar{r}_a$ 称为训练误差均值；r_a^2 称为训练误差方差。

(2) 如何评价所得出的模型？

通常是使用测试集 $\boldsymbol{B}$ 中的数据，计算出：

$$\begin{cases} y_i - \bar{f}(X_i) \ (i = 1, 2, \cdots, n_b) \\ \bar{r}_a = \dfrac{1}{n_b} \sum_{i=1}^{n_b} [y_i - \bar{f}(X_i)] \\ r_b^2 = \dfrac{1}{n_b - 1} \sum_{i=1}^{n_b} [y_i - \bar{f}(X_i)]^2 \\ (y_i, X_i) \in \boldsymbol{B} \end{cases} \tag{1-6}$$

式中，$\bar{r}_b$ 为测试误差均值；r_b^2 为测试误差方差。

由于好的模型 $\bar{f}(X_i)$ 应和 $f(X_i)$ 充分接近，而此时训练误差和测试误差都应是 ξ 的抽样，于是

$$\bar{r}_a = \bar{r}_b = 0 \tag{1-7}$$

$$r_a^2 = r_b^2 (= \sigma^2) \tag{1-8}$$

都是 $\bar{f}(X_i)$ 和 $f(X_i)$ 充分接近的一种反映。当然，预测的准确和可信是评价预测模型优劣，从而决定取舍的基本原则。

1.1.2　模型参数优选

本节讨论模型参数的优化算法，首先讨论模型中只有两个待定参数的情况。

已知 $\{x_i, y_i\} (i = 1, 2, \cdots, n)$，它由下式产生：

$$y = a^0 x + b^0 x^2 + \xi \tag{1-9}$$

式中，a^0，b^0 为已知，但作为谜底暂时保密；$\xi \sim (0, \sigma)$ 是均值为零、均方差为 σ 的随机变

量。问题是如何通过参数优选找到 a^0,b^0,设拟合模型为：

$$y' = ax + bx^2 \tag{1-10}$$

下面分别采用两种方法确定参数值。

1.1.2.1　一次法

一次法指两参数同时优化,即同时选择 a、b,使误差均方差最小,用 E 表示数学期望,则

$$\begin{aligned}&\min_{a,b}\mathrm{E}(y-y')^2\\&=\min_{a,b}\mathrm{E}[(a^0-a)x+(b^0-b)x^2+\xi]^2\\&=\min_{a,b}\mathrm{E}[(a^0-a)x+(b^0-b)x^2]^2+2\mathrm{E}[(a^0-a)x+(b^0-b)x^2]\xi+\mathrm{E}\xi^2\end{aligned}\tag{1-11}$$

由于 $\mathrm{E}\xi=0$, $\mathrm{E}\sigma^2=\sigma^2$ 得：

$$\min_{a,b}\mathrm{E}(y-y')^2=\min_{a,b}\mathrm{E}[(a^0-a)x+(b^0-b)x^2]^2+\sigma^2 \tag{1-12}$$

考虑到平方项不为负,其最小值为零,从而知优化结果是 $a=a^0$、$b=b^0$,误差方差为 σ^2。

1.1.2.2　分步法

分步法(逐个法)在这里分为两步,第一步使用拟合模型为：

$$y'' = ax \tag{1-13}$$

此时拟合误差方差最小表示为

$$\begin{aligned}&\min_{a}\mathrm{E}(y-y'')^2\\&=\min_{a}\mathrm{E}[(a^0-a)x+b^0x^2+\xi]^2\\&=\min_{a}\mathrm{E}[(a^0-a)x+b^0x^2]^2+2\mathrm{E}[(a^0-a)x+b^0x^2]\xi+\mathrm{E}\xi^2\\&=\min_{a}[(a^0-a)^2\mathrm{E}x^2+2(a^0-a)b^0\mathrm{E}x^3+(b^0)^2\mathrm{E}x^4]+\sigma^2\end{aligned}\tag{1-14}$$

对式中含 a 的两项求极小得

$$\frac{\mathrm{d}}{\mathrm{d}a}[(a^0-a)^2\mathrm{E}x^2+2(a^0-a)b^0\mathrm{E}x^3]=0$$

$$a=a^0-b^0\frac{\mathrm{E}x^3}{\mathrm{E}x^2} \tag{1-15}$$

容易验证其对 a 的二阶导数大于零。

第二步是优化另一个参数 b。此时模型 2 中的 a 满足第一步得出的结果式(1-15)。

$$\begin{aligned}&\min_{b}\mathrm{E}(y-y')^2\\&=\min_{b}\mathrm{E}[(a^0-a)x+(b^0-b)x^2+\xi]^2\end{aligned}$$

$$
\begin{aligned}
&= \min_b \mathrm{E}\left[\left(b^0 \frac{\mathrm{E}x^3}{\mathrm{E}x^2}\right)x + (b^0 - b)x^2 + \xi\right]^2 \\
&= \min_b \mathrm{E}\left[\left(b^0 \frac{\mathrm{E}x^3}{\mathrm{E}x^2}\right)x + (b^0 - b)x^2\right]^2 + \sigma^2 \\
&= \min_b \left[(b^0)^2 \left(\frac{\mathrm{E}x^3}{\mathrm{E}x^2}\right)^2 \mathrm{E}x^2 + 2b^0(b^0 - b)\frac{\mathrm{E}x^3}{\mathrm{E}x^2}\mathrm{E}x^3 + (b^0 - b)^2 \mathrm{E}x^4\right]^2 + \sigma^2 \\
&= \min_b (b^0)^2 \frac{(\mathrm{E}x^3)^2}{\mathrm{E}x^2} + 2b^0(b^0 - b)\frac{(\mathrm{E}x^3)^2}{\mathrm{E}x^2}\mathrm{E}x^3 + (b^0 - b)^2 \mathrm{E}x^4 + \sigma^2
\end{aligned} \tag{1-16}
$$

对含 b 的两项取极小值得

$$
b = b^0 + b^0 \frac{(\mathrm{E}x^3)^2}{\mathrm{E}x^2 \mathrm{E}x^4} \tag{1-17}
$$

由以上结果可以看出,两步法不能找出谜底,没有一步法好。而且两步法的误差方差要大些,其值为

$$
\begin{aligned}
&\mathrm{E}\left[(a^0 - a)x + (b^0 - b)x^2 + \xi\right]^2 \\
&= \mathrm{E}\left[(a^0 - a)x + (b^0 - b)x^2\right]^2 + \sigma^2 \\
&> \sigma^2
\end{aligned} \tag{1-18}
$$

增大部分为

$$
(a^0 - a)^2 \mathrm{E}x^2 + (b^0 - b)^2 \mathrm{E}x^4 + 2(a^0 - a)(b^0 - b)\mathrm{E}x^3 \tag{1-19}
$$

式中,a、b 由式(1-15)和式(1-17)给出,其中与 x 有关的期望值可用 $x_i (i = 1, 2, \cdots, n)$ 的相应统计值代替。

当然,两步法可以改进为反复进行(坐标轮换、逐次逼近),即先优化 a,再优化 b,然后以已有结果为基础,再优化 a,然后优化 b,如此不断进行下去,直至得出满意的收敛结果。这种方法对特定的问题一般能使误差方差逐渐减小并得出最优的 a、b 值。不过实际问题是多种多样的,有时计算只收敛在脊线上,$\min d = \max(-a)$,如图 1-1 所示。

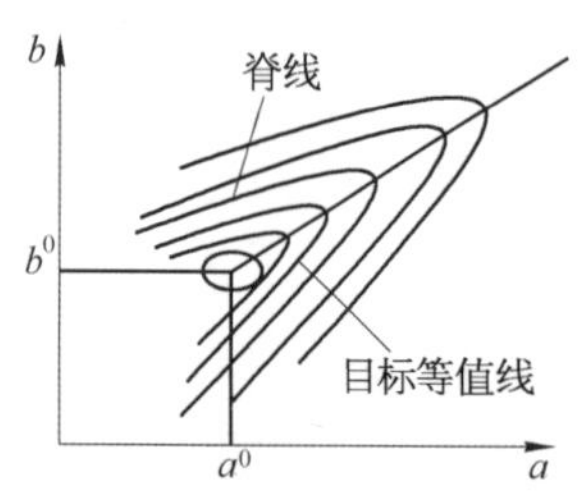

图 1-1 参数收敛情况示意图

目标脊线上的点(a, b),满足条件: a 不变,b 最好;b 不变,a 最好。这有点像 Nash 的均衡解集,解收敛在脊线上而不是收敛在最优点(a^0, b^0)的原因是每次只考虑一个参数变化导致的目标改变,而没有考虑两个参数同时改变可能导致的目标值改变。

由上述分析可知,在模型参数优化问题中,分步法或改进的分步逐次法,不如一步法(参考参数同时改变的结果)好,而一步法相应的具体算法步骤可采用本书中讨论的各种演化算法步骤,如遗传算法,粒子群算法,以及作者推荐的能收敛到全局极值的演化算法。

1.1.3　气象径流模型

近年来,在径流预报模型中增加气象因子,以增加预见期和提高预报准确程度,这方面取得了进展,得到了较好的应用效果,但更多的情况是分两步。

1.1.3.1　从气象因子到降雨

用 $\boldsymbol{H}$ 表示与降雨有关的气象因子向量,用 $\boldsymbol{R}$ 表示某流域的降雨向量,$\boldsymbol{A}$ 表示模型参数向量,则降雨模型可表示为

$$\boldsymbol{R} = R(\boldsymbol{A},\ \boldsymbol{H}) \tag{1-20}$$

参数向量 $\boldsymbol{A}$ 由实测的历史记录 $\{\boldsymbol{R}_i,\ \boldsymbol{H}_i\}$ $(i = 1,\ 2,\ \cdots)$ 按降雨误差方差最小选定。

1.1.3.2　从降雨到径流

用 $\boldsymbol{F}$ 表示各观测点的径流向量,用 $\boldsymbol{R}_1$ 表示除降雨外涉及径流的其他可变因子向量,用 $\boldsymbol{B}$ 表示模型参数向量,则有

$$\boldsymbol{F} = F(\boldsymbol{B},\ \boldsymbol{R},\ \boldsymbol{R}_1) \tag{1-21}$$

参数向量 $\boldsymbol{B}$ 由实测记录 $\{\boldsymbol{F}_i,\ \boldsymbol{R}_i,\ \boldsymbol{R}_{1i}\}$ $(i = 1,\ 2,\ \cdots)$ 按径流误差方差最小选定。

将式(1-20)并入式(1-21),可得

$$\boldsymbol{F} = F(\boldsymbol{A},\ \boldsymbol{B},\ \boldsymbol{R},\ \boldsymbol{R}_1) \tag{1-22}$$

这便是考虑了气象和其他影响因子(诸如地下来水、蒸发等)的总体径流模型。

选取整体径流模型的参数也是由实测记录按径流误差方差最小选定,历史记录是

$$\{\boldsymbol{F}_i,\ \boldsymbol{H}_i,\ \boldsymbol{R}_{1i}\}\ (i = 1,\ 2,\ \cdots)$$

两个参数向量 $\boldsymbol{A}$ 和 $\boldsymbol{B}$,应同时优选,可得出误差方差最小的结果。这和前面讨论的一次法(同时)和分步法(分两步)原理相通。实际上,如果由气象到降雨[式(1-20)],并按降雨误差方差最小而选定 $\boldsymbol{A}$,再由降雨到径流[式(1-21)],按降雨误差方差最小选定 $\boldsymbol{B}$,这两者的目标量是不同的;整个径流模型的参数 $\boldsymbol{A}$、$\boldsymbol{B}$ 的优选,只追求径流误差最小这一个目标,$\boldsymbol{A}$ 和 $\boldsymbol{B}$ 都有较大的可选空间,其得出的最终结果相应的径流误差方差会更小一些。

当然,这不是说,从气象到降雨的模型和相应地以降雨误差方差最小而选定参数 $\boldsymbol{A}$ 不重要,因为降雨预报除了对径流影响外,本身有其他用途,如农业、灾害等,应该单独考虑,并力求完善准确。如果只是从径流的角度看,可以确定气象径流总体模型能带来更准确的结果,是应该沿着这个方向进一步研究,不断发展完善。

1.2　人工神经网络模型

取三层前向神经网络(multiple layer forward neural, MLFN),作为预测模型,这三

层分别称为输入层 ($L=0$)、隐含层($L=1$) 和输出层($L=2$)，模型结构如图 1-2 所示。

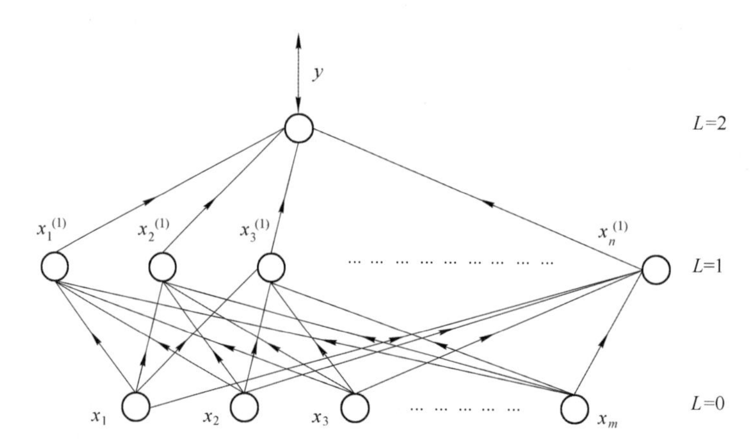

图 1-2　三层前向神经网络结构

输出层神经元可取为线性函数,隐层神经元(共 N 个)可取 Sigmoid 函数或径向基函数,采用 Sigmoid 函数时网络称为多层感知器(multi-layer perceptron, MLP)神经网络,有

$$y=N_{\mathrm{MLP}}(X,\ \theta,\ N)$$
$$=\sum_{i=1}^{N} w_i^{(2)} f_{\mathrm{s}}(w_i^{(1)}X+P_i^{(1)})+P^{(2)} \tag{1-23}$$

式中,$f_{\mathrm{s}}(\cdot)$为 Sigmoid 函数;θ 为 $w_i^{(2)}$、$w_i^{(1)}$、$P_i^{(1)}$ 和 $P_i^{(2)}$ 的总体表示。当采用径向基函数时,称为径向基函数(radical basis function, RBF)神经网络,有

$$y=N_{\mathrm{RBF}}(X,\ \theta,\ N)$$
$$=\sum_{i=1}^{N} w_i^{(2)}\ (\sqrt{2}\pi\sigma_i)^{-1}\exp\left(-\frac{1}{2}\parallel X-w_i^{(1)}\parallel^2/\sigma_i^2\right) \tag{1-24}$$

式中,θ 是参数 $w_i^{(2)}$、σ_i 和 $w_i^{(1)}$ 的总体表示。

由式(1-23)和式(1-24)表示的网络,在优选参数 θ 和 N(隐层神经元数)后统一表示为 $y=N_{\mathrm{e}}(X)$,它可以在下述两种意义上逼近 $y=f(X)$。

(1) 均匀逼近。设

$$\parallel N_{\mathrm{e}}-f\parallel_{\mathrm{u}}=\sup_{X\in D}\mid N_{\mathrm{e}}(X)-f(X)\mid \tag{1-25}$$

若对任何 $\varepsilon>0$,总能设计出 MLP 网络(或 RBF 网络)的隐层神经元数,使得 $\parallel N_{\mathrm{e}}-f\parallel_{\mathrm{u}}<\varepsilon$ 成立,则称其具有均匀逼近能力。

(2) 均方逼近。设

$$\parallel N_{\mathrm{e}}-f\parallel_{L^2}=\int_D \mid N_{\mathrm{e}}(X)-f(X)\mid^2 \mathrm{d}x \tag{1-26}$$

若对任何 $\varepsilon > 0$，总能设计出 MLP 网络（或 RBF 网络）的隐层神经元数，使得 $\| N_e - f \|_{L^2} < \varepsilon$ 成立，则称其具有均方逼近能力。

定理 1-1　(Cybenko 定理)对于任何有限单值连续函数 $y = f(X)$，只要 N(隐层神经元数)足够大，就能用 MLP 网络(或 RBF 网络)实现均匀逼近或均方逼近。

对于预测网络，对网络进行训练也是一种逼近，但被逼近的函数 $y = f(X)$ 是用训练集 $\mathbf{A}$：$(y_i, X_i)(i = 1, 2, \cdots, n_a)$ 表示的，它们是 R^{m+1} 空间 n_a 个离散而确定的点，可按如下方法构造一个适合这些点的有限单值连续函数 $y = f_a(X)$：检查 $\mathbf{A}$ 中数据，使之不会出现：

$$y_i \neq y_j \ (\text{当}\ X_i = X_j,\ i = j) \tag{1-27}$$

以保证单值性(实际上，同样输入而输出不同的数据应预先处理，例如可将输入的某个分量稍加改变即可)，令

$$y = f_a(X) = \sum_{i=1}^{N_a} y_i \prod_{j=i}^{n_a} \| X - X_i \| / \left(\sum_{i=1}^{N_a} \prod_{j=i}^{n_a} \| X - X_i \|\right) \tag{1-28}$$

对于式(1-28)表示的 $y = f_a(X)$，当 $X = X_i \in \mathbf{A}$ 时$[y_i = f_a(X_i),\ X_i \in \mathbf{A}]$，即包含 $\mathbf{A}$ 中的 n_a 点；当 $X_i = X_j$ 时，$y = f_a(X)$ 是 $y_i(i = 1, 2, \cdots, n_a)$ 的线性函数，而且是有限单值连续的，正好符合定理 1-1 要求。此外，注意到总有

$$\begin{aligned} \| N_e - f \|_{L^2} &= \int_D | N_e(X) - f_a(X) |^2 \mathrm{d}x \\ &> \frac{1}{n_a} \sum_{i=1}^{N_a} [N_e(X_i) - f_a(X_i)]^2 \\ &= \frac{1}{n_a} \sum_{i=1}^{N_a} [y_i - N_e(X_i)]^2 \\ &= r_a^2 \end{aligned} \tag{1-29}$$

定理 1-2　使用 MLP 网络或 RBF 网络，只要 N 足够大，都能实现对 $\mathbf{A}$ 中数据 (X_i, y_i) $(i = 1, 2, \cdots, n_a)$ 的均方逼近，也就是说，对任何 $\varepsilon > 0$，只要 N 足够大，就能使 $\sigma_a^2 < \varepsilon$ 成立。

对任一具体的预测问题，增加网络的隐层神经元数 N 可使得训练误差方差 σ_a^2 减少，同时也使得测试误差方差 σ_b^2 改变，且当 σ_b^2 为极小值时有 $\sigma_a^2 = \sigma_b^2$，如图 1-3 所示，这就提供了一个按式(1-29)中原则确定最佳网络隐层神经元数 N^* 的具体方法，而对于一般拟合模型问题，是一种确定模型最佳阶数(避免拟合能力不足和过拟合)的具体方法。

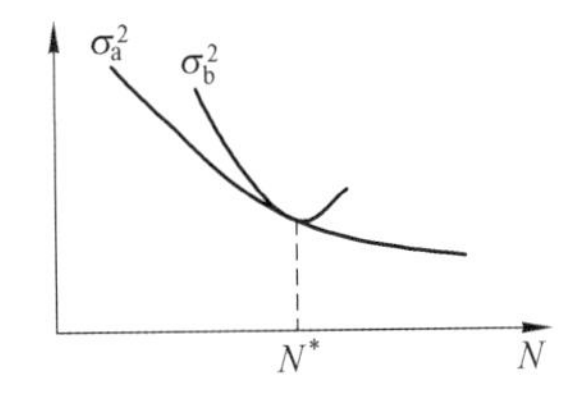

图 1-3　最佳阶数确定示意图

1.3　预报的准确性和可信性

1.3.1　准确性

对于最终确定的网络预测模型 $N_e(X_i)$，它是对式(1-1)中 $f(X)$的均方逼近，训练误差和测试误差都是白噪声的抽样，其中一种抽样为

$$\xi_i = y_i - N_e(X_i)\ (i = 1,\ 2,\ \cdots,\ n_b) \tag{1-30}$$

其均值为$\bar{r}_b$，方差为 r_b^2，不同的抽样会有着不同的$\bar{r}_b$和 r_b^2。依数理统计理论$\bar{r}_b$遵从 $N(0, \sigma^2/n_b)$分布，$(n_b-1)r_b^2/\sigma^2$遵从 χ^2 分布，其概率密度函数分别为：

$N(0,\ \sigma^2/n_b)$：

$$p(x) = \frac{n_b}{\sigma\sqrt{2\pi}}\exp\left(-\frac{n_b x^2}{2\sigma^2}\right) \tag{1-31}$$

χ^2 分布：

$$p(x) = \frac{x^{(n_b-2)/2}\mathrm{e}^{-\frac{x}{2}}}{2^{n_b/2}\Gamma(n_b/2)}\ (x>0) \tag{1-32}$$

利用式(1-31)、式(1-32)可算出 $c_1 \leqslant \bar{r}_b \leqslant c_2$，$c_3 \leqslant r_b^2 \leqslant c_4$ （c_1、c_2、c_3 和 c_4 都是可设置的常数）相应的概率 p_1 （$c_1 \leqslant \bar{r}_b \leqslant c_2$）和 p_2 （$c_3 \leqslant r_b^2 \leqslant c_4$），计算时 σ^2 使用其无偏估计值 r_b^2。

在评价预测的准确性，特别是比较不同预测模型的预测准确性时，$\bar{r}_b$、r_b^2、P_1 和 P_2 都是数量指标。

1.3.2　可信性

依靠一种抽样样本统计得出的$\bar{r}_a$、$\bar{r}_b$、r_a^2 和 r_b^2 都具有随机性，但它们来自实际的抽样，由于使用式(1-18)、式(1-19)作为 $N_e(x)$与 $f(X)$充分接近的条件，就需要一个反映可信性的量标。假定$\bar{r}_a$、$\bar{r}_b$、r_a^2 和 r_b^2 是独立的，$\bar{r}_a$、$\bar{r}_b$ 遵从正态分布，r_a^2、r_b^2 服从 χ^2 分布。其联合概率密度为

$$\begin{aligned}
L &= p(\bar{r}_a,\ \bar{r}_b,\ r_a^2,\ r_b^2) \\
&= p(\bar{r}_a)p(\bar{r}_b)p(r_a^2)p(r_b^2) \\
&= \frac{n_a}{\sigma\sqrt{2\pi}}\exp\left[-\frac{n_a(\bar{r}_a)^2}{2\sigma^2}\right]\cdot\frac{n_b}{\sigma\sqrt{2\pi}}\exp\left[-\frac{n_b(\bar{r}_b)^2}{2\sigma^2}\right]\cdot \\
&\quad \frac{[(n_a-1)r_a^2/\sigma^2]^{(n_a-1)/2}}{2^{n_a/2}\Gamma(n_a/2)}\exp[-(n_a-1)r_a^2/2\sigma^2]\cdot
\end{aligned}$$

$$\frac{[(n_b-1)r_b^2/\sigma^2]^{(n_b-1)/2}}{2^{n_b/2}\Gamma(n_b/2)}\exp[-(n_b-1)r_b^2/2\sigma^2] \tag{1-33}$$

式中，$p(\bar{r}_a, \bar{r}_b, r_a^2, r_b^2)$ 称为似然函数(Likelihood function)。

定理 1-3　当 $F_a = r_b = 0$，$r_a^2 = r_b^2 = \sigma^2$ [即式(1-7)、式(1-8)]条件下，且 $n_a = n_b = n/2$ 能保证似然函数实现极大。

证： 由式(1-7)、式(1-8)和 $n_a + n_b = n$ 可得

$$L = \frac{e^{-(n/2-1)}}{2^{(n/2+1)}\pi\sigma^2} \cdot \frac{n_a(n-n_a)(n_a-1)^{(n_a-1)/2}(n-n_a-1)^{(n-n_a-1)/2}}{\Gamma(n_a/2)\Gamma((n-n_a)/2)} \tag{1-34}$$

$\max\limits_{n_a} L$ 可代之以 $\max\limits_{n_a} \ln L'$(省去常数部分)，得

$$\ln L = \ln n_a + \ln(n-n_a) + \frac{(n_a-1)}{2}\ln(n_a-1) + \frac{(n-n_a-1)}{2}\ln(n-n_a-1) - \ln\Gamma(n_a/2) - \ln\Gamma[(n-n_a)/2]$$

令

$$\begin{aligned}\frac{d}{dn_a}(\ln L) = & \frac{1}{n_a} + \frac{1}{n-n_a} + \frac{1}{2}\ln(n-n_a) + \frac{1}{2} - \frac{1}{2}\ln(n-n_a-1) - \frac{1}{2} - \\ & \frac{r}{2} - \frac{1}{2}\sum_{k=0}^{\infty}\left(\frac{1}{n_a/2+k} - \frac{1}{k+1}\right) + \\ & \frac{r}{2} + \frac{1}{2}\sum_{k=0}^{\infty}\left[\frac{1}{(n-n_a)/2+k} - \frac{1}{k+1}\right] \\ = & 0\end{aligned} \tag{1-35}$$

式中，$r = 0.577\,215\,66\cdots$ 称为欧拉常数。容易验证，当 $n_a = n/2$ 时，式(1-35)成立。

$$\begin{aligned}\frac{d^2}{dn_a^2}(\ln L) = & -\frac{1}{n_a^2} + \frac{1}{(n-n_a)^2} + \frac{1}{2(n_a-1)} + \frac{1}{2(n-n_a-1)} - \\ & \frac{1}{4}\sum_{k=0}^{\infty}\left(\frac{1}{(n_a/2+k)^2} + \frac{1}{[(n-n_a)/2+k]^2}\right)\end{aligned}$$

当 $n_a = n/2$ 时，

$$\frac{d^2}{dn_a^2}(\ln L') = \frac{2}{n-2} - \frac{1}{2}\sum_{k=0}^{\infty}\frac{1}{(n/4+k)^2}$$

对不同 n 按上式进行数值检验可知

$$\frac{d^2}{dn_a^2}(\ln L') < 0 \tag{1-36}$$

式(1-35)和式(1-36)是 L 取极大值得充分必要条件，定理证毕。

这个定理指出极大似然函数要求 $n_a = n_b = n/2$，它反映受抽样误差影响的原则性条件[式(1-7)、式(1-8)]有最大可信性。这就是说，训练集长度 n_a 增加，会增加模型参数率定的准确性，而测试集长度 n_b 的增加会增加测试结果的可信性，但在样本长度有限 $n_a = n_b = n$ 条件下，$n_a = n_b$ 是一个最优的折中，从而得出的结果是最好的。

在 $n_a = n_b = n/2$ 条件下，相应的最大或然值为

$$L_{\max} = \frac{n\,(n/2-1)^{n/2-1}}{4\,(2)^{n/2}\sigma^{n/2}\pi\,\Gamma^2(n/4)}\,(r_a^2 r_b^2)^{n/4-1/2}\cdot$$

$$\exp\left[-\frac{n}{2\sigma^2}(r_a^{-2}+r_b^{-2})\right]-\frac{n/4-1}{2\sigma^2}(r_a^{-2}+r_b^{-2}) \tag{1-37}$$

从这个结果可以看出，在对任何两个都是比较好的预测模型比较时，$(r_a^{-2}+r_b^{-2})$ 和 $(r_a^2+r_b^2)$ 更小者，$r_a^2 r_b^2$ 更大者的模型更可信些。

顺便指出，n_a 和 n_b 都要求是整数，按以下处理：

$$n_a = \frac{1}{2}n,\ n_b = \frac{1}{2}n\ （当\ n\ 为偶数时）$$

$$n_a = \left[\frac{1}{2}n\right]+1,\ n_b = \left[\frac{1}{2}n\right]\ （当\ n\ 为奇数时） \tag{1-38}$$

式中，[·]表示取整。

1.4　模型比较

除了以上讨论的 MLP 网络和 RBF 网络模型[统一以 $y = N_e(x)$ 记之]，还有基于不同原理分析、不同数学方法、不同寻优计算的各种预报预测模型（这些模型统一以 $y = f(x)$ 记之）。不同的模型中包括模糊的（先模糊化最后再清晰化），灰色的（先灰化最后再白化），一般网络技术拓扑分析、同期分量提取、小波变换、函数逼近、随机算法、遗传算法、启发式演化算法、时间序列技术等，以及它们之间交叉组合成的建模技术所得出的模型，还有适用于不同对象领域的基于对象所具有物理特性的模型。这些模型提出时一般都通过某个实际应用例子宣称了其可行性、合理性和比原有某一方法更好一些的预测准确性。

对不同模型比较是十分困难的，每种模型都可以从某一角度找出自己的特色和理念。

1.4.1　模型准确性

假设对“某一实际预测问题”，根据已知的观测资料用“某种方法”建立了一个模型，记作 $y = f(x)$，其中的参数是根据“训练集”率定的，并且按观测资料中“测试集”作了测试，其训练误差和测试误差也较好地满足式(1-18)、式(1-19)的要求，也就是说预测结果

好，令人满意。

根据定理 1－1 可知，只要是隐层神经元数足够大，就能用 MLP 网络 $y = N_e(x)$ 实现对 $y = f(x)$ 的均方逼近，也就是说，一定有一个 MLP 网络 $y = N_e(x)$ 充分足够和 $y = f(x)$ 一致，用 $y = N_e(x)$ 作预测时，结果和用 $y = f(x)$ 作预测的一样好，一样令人满意。

反之，应用 MLP 网络为这“某一实际问题”建立预测模型 $y = N_e(x)$，其中参数率定和误差测试也使用同样的“训练集”和“测试集”，其误差也符合式(1－7)、式(1－8)的要求。此时也可考虑用“某种方法”的模型来对 $y = N_e(x)$ 进行逼近，但“某种方法”的模型却不一定会有这种逼近能力(或没有理论上证明这种逼近能力的存在)，因而不一定能找出和 $y = N_e(x)$ 一样好的相应模型来。

归结上述，有如下定理：

定理 1－4　对任一实际预测问题，用前述的任何一种方法(简称“任何方法”)建立的预测模型 $y = f(x)$，都有一个基于 MLP 网络建立的模型 $y = N_e(x)$ 相对应，两者具有相同的预测准确性。

这个定理反过来不一定成立。如果这“任何方法”并不具备对任何连续函数的逼近能力，这个定理之逆一定不成立。

这个定理表明，就预测准确性这个最重要的目标而言，神经网络预测模型(MLP 或 RBP)自然被认为是普遍适用和高准确度的模型。而通常仅通过个别实例或少数实例的误差比较，就断定某种模型和方法“提高了预测准确度”是靠不住的。这里无意于抬高神经网络模型，但它的逼近能力是它的最突出优点。这个定理还表明，企图靠不同方法交叉集成来构造新的预测模型以获得比神经网络模型更高的预测准确度，是不可能的。这使人感到失望和无奈，但却是事实。

也许，提高预测准确度的真正途径，在于输入信息的增加，在于把更多和输出有关的可测信息增加到模型的输入之中，还在于观测数据质量(精度和长度)的提高。

对水文预测来说，增加输入参数通常可在三个方面考虑：一是气象方面的，如来自气象雷达观测的资料；二是水文方面的，如降雨中的参数；三是流域地理方面的，如森林耕地面积变化，土壤流失变化，小水库及水利工程条件变化等。这里强调变化，是因为变化才载有信息，而且要将观测资料分为训练集和测试集时，都应考虑这种变化。

1.4.2　模型结构及参数优选

除了预测的准确性这个最重要因素外，预测模型的结构简明，计算快速和参数优选容易等，都是模型比较时应考虑的方面，但有时因比较者的偏好各异，难以有绝对的标准。

确定预测模型的参数优选(率定)常常是计算工作量的主要部分。为了实现训练误差的均方全局最小而不得不使用计算工作量较大的全局搜索算法。搜索收敛慢会增加计算时间，而收敛快又担心漏掉全局最优点，免费的午餐是不存在的(论文“no free lunch”中有证明)。不过对本书所讨论的预测问题来说，收敛于局部极值点(注意：即使使用收敛足够慢的算法，也不能绝对保证收敛点一定就是全局最小点，除非证明了该实际问题是单极值的)并不影响由此确定的预测模型的使用效果(这是一个重要的常常被忽视的特点)。换而言之,过分担心漏掉全面极值点是不必要的,因为所有的理论研究结果都没有把求得全面极值点作为预测成功的必要前提条件。

模型简洁总是人们所希望的,考虑到实际预测问题中大都存在线性部分,而且线性部分的参数优选可借助线性 ARMA 问题的一些相当成熟的结果,可将式(1-23)中的 Sigmoid 函数中增加线性部分,于是式(1-23)变成

$$\begin{aligned} y &= N_{\mathrm{MLP}}(x,\ \theta,\ N) \\ &= \sum_{i=1}^{N} w_i^{(2)}\left[f_s(w_i^{(1)}x + p_i^{(1)}) + q_i^{(1)}x\right] + p^{(2)} \end{aligned}$$

即增加线性部分 $q_i^{(1)}x$,此时 θ 包括 $w_i^{(2)}$、$w_i^{(1)}$、$p_i^{(1)}$、$q_i^{(1)}$ 和 $p^{(2)}$。在参数优选时可先置 $w_i^{(2)}=1$,$f_s(\cdot)=0$ 以优选 $p^{(2)}$、$q_i^{(1)}$,此时便可用线性 ARMA 的有关方法进行,然后再加上将非线性部分。若干实际计算表示,这种做法可使最终得到的预测模型具有结构简洁的优点。

近年来参数流域预测模型的研究得到了重视和发展,它有着较好的物理意义,有 GIS、RS 等现代技术的发展背景作支持,而且给出的模型也比较简洁,尤其是当降雨径流观测资料较少时,也能给出可用的预测模型,这是其他方法所不能及的。只是就准确性和拟合收敛逼近能力而言,它没有神经网络方法好。可考虑将其看成初步结果,再辅以 MLP 方法,使用观测资料以改进预测的准确度,这种混合模型既可使流域模型的优点得到保持,又可使预测的准确度得到保证,相关研究还有待深入和发展。

1.4.3 模型的数学检验

数字检验对预测模型特别重要,设想有:

$$y = f(x) + \zeta \tag{1-39}$$

式中,$f(x)$ 是已知的某个函数(谜底),可设定输入为 $x_i(i=1,\ 2,\ \cdots,\ n)$,同时用随机生成方法按正态分布 $\zeta \sim N(0,\ \sigma^2)$ 生成 $\zeta\,(i=1,\ 2,\ \cdots,\ n)$,然后按 $y_i=f(x_i)+\zeta_i\ (i=1,\ 2,\ \cdots,\ n)$ 计算出输出,列入表 1-1 作为谜面。

表 1-1 数字检测示意表

x_1	x_2	x_3	x_4	…	x_n
y_1	y_2	y_3	y_4	…	y_n

对不同方法建立的预测模型,都可以根据谜面找出相应的预测模型和预测结果,而以与谜底 $f(x)$ 的接近程度和测试误差方差与 σ^2 的接近程度作为优劣比较标准。

表 1-1 相当于一个考题,谜底相当于标准答案。可用类似方法制定出多种考题,还可使用比式(1-39)复杂的关系(如自回归关系,滑动平均关系,资料有遗失的,以及各种

其他关系等)来拟定考题。考题将是对不同方法建模水平的评价，而普适和高准确度的建模方法应能对多种考题都给出满意的答案。

1.5　非线性 ARMA 模型

1.5.1　非线性 ARMA 模型简介

时间序列 $x_1, x_2, \cdots$ 中的每一个 x_i 都被看作随机变量，序列中不同时刻的 x_i 和 x_j 有一定的相互依赖关系，序列的观测值 $x_1, x_2, \cdots, x_n$ 是一串数据序列，称为样本序列，其长度为 n，预测模型是指：

$$\begin{aligned} x_t &= \hat{x}_t + \varepsilon_t \\ \hat{x}_t &= f(x_{t-1}, x_{t-2}, \cdots, x_{t-p}, \varepsilon_{t-1}, \varepsilon_{t-2}, \cdots, \varepsilon_{t-q}) \end{aligned} \tag{1-40}$$

式中，$\hat{x}_t$ 称 x_t 的预测值(估计值)；ε_t 为发生在 t 时刻的噪声，又称 x_t 的预测误差；t 表示可变动的时刻，若取 $t = i$，相应的观测值即为 x_t。

选择函数 $f(\cdot)$ 的目标是使

$$\sum_t \varepsilon_t^2 \rightarrow \min \tag{1-41}$$

式中，t 的取值数决定于样本长度，一般应取 $n/2$ 个。

$f(\cdot)$ 是非线性 ARMA 模型(Autoregressive moving average)，有两个特别情况：若 $f(\cdot)$ 中不包含 $\varepsilon_{t-1}, \varepsilon_{t-2}, \cdots, \varepsilon_{t-q}$，则称为非线性 AR 模型；若 $f(\cdot)$ 中不包含 $x_{t-1}, x_{t-2}, \cdots, x_{t-q}$，则称为非线性 MA 模型。线性 ARMA 模型，已有很多研究，可在时间序列分析的众多著作中找到相当成熟的参数估计和模型阶数估计的技术和方法。但对重要的实际问题来说，线性假定总使人担心，只有在线性 ARMA 与非线性 ARMA 得出的结果非常接近的条件下，线性假定才使人放心。

这里建议使用神经网络 MLP(也可使用 RBF)来构造 $f(\cdot)$，即

$$\hat{x}_t = N_e(x_{t-1}, x_{t-2}, \cdots, x_{t-p}, \varepsilon_{t-1}, \varepsilon_{t-2}, \cdots, \varepsilon_{t-q}) \tag{1-42}$$

图 1-4 中，输入层有 $p+q$ 个节点，隐含层有 N 个神经元，输出层只有一个线性函数神经元。与一般的神经网络不同，输入 $\varepsilon_{t-1}, \varepsilon_{t-2}, \cdots, \varepsilon_{t-q}$ 都不是已知量，它们在训练和检验时都需要按式 $\varepsilon_t = x_t - \hat{x}_t$ 计算出来，这是一个重要特点。

下面给出计算步骤：

(1) 给出 N、p、q 和网络 $N_e(\cdot)$ 中参数的初始值，如：$N = 5 \sim 8, p = q = 1$。

(2) 制定输入样本表，见表 1-2。

表 1-2 中，$s = \left[\dfrac{n+p}{2}\right] + q$，所有 x_i 的数据由观测数据 x_i $(i = 1, 2, \cdots, n)$ 得来，有关 ε_i 的数据由

$$\begin{cases}\varepsilon_t = x_t - \hat{x}_t \\ \hat{x}_t = N_e(x_{t-1}, x_{t-2}, \cdots, x_{t-p}, \varepsilon_{t-1}, \varepsilon_{t-2}, \cdots, \varepsilon_{t-q})\end{cases} \tag{1-43}$$

逐次取 $t=p+1$, $t=p+2$, …, $t=n$ 计算得出。当计算时，式(1-43)右端的 ε_i 值尚未计算出，令其为0。例如，取 $t=p+1$ 时，ε_p, …, ε_{p-q+1} 均尚未算出，就令其为0，按式(1-43)可计算出 ε_{p+1}；取 $t=p+2$ 时，ε_{p+1} 已知，而 ε_p, …, ε_{p-q+2} 尚未算出，就令其为0，按式(1-43)可计算出 ε_{p+2}。

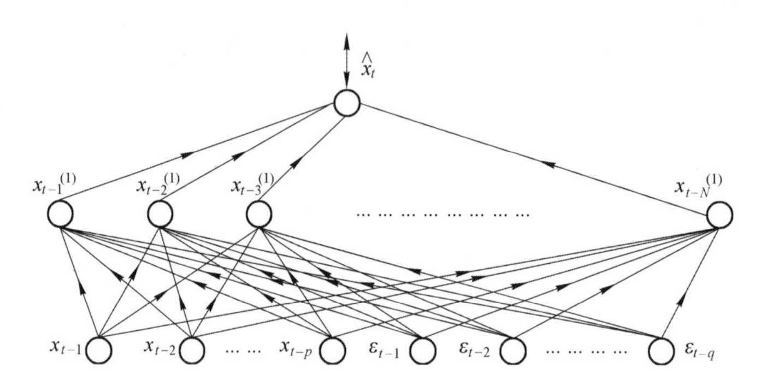

图1-4　神经网络结果示意图

表1-2　输入样本表

数据	输入变量	x_{t-1}	x_{t-2}	…	x_{t-p-1}	x_{t-p}	ε_{t-1}	ε_{t-2}	…	ε_{t-q+1}	ε_{t-q}
数据准备	$t=p+1$	x_p	x_{p-1}	…	x_2	x_1	0	0	…	0	0
	$t=p+2$	x_{p+1}	x_p	…	x_3	x_2	ε_{p+1}	0	…	0	0
	…	…	…	…	…	…	…	…	…	…	…
	$t=p+2q$	x_{p+2q-1}	x_{p+2q-2}	…	x_{2q+1}	x_{2q}	ε_{p+2q-1}	ε_{p+2q-2}	…	ε_{p+q+1}	0
训练	$t=p+2q+1$	x_{p+2q}	x_{p+2q-1}	…	x_{2q+2}	x_{2q+1}	ε_{p+2q}	ε_{p+2q-1}	…	ε_{p+q+2}	ε_{p+q+1}
	…	…	…	…	…	…	…	…	…	…	…
	$t=s$	x_{s-1}	x_{s-2}	…	x_{s-p-1}	x_{s-p}	ε_{s-1}	ε_{s-2}	…	ε_{s-q-1}	ε_{s-q}
测试	$t=s+1$	x_s	x_{s-1}	…	x_{s-p}	x_{s-p+1}	ε_s	ε_{s-1}	…	ε_{s-q+2}	ε_{s-q+1}
	…	…	…	…	…	…	…	…	…	…	…
	$t=n$	x_{n-1}	x_{n-2}	…	x_{n-p+1}	x_{n-p}	ε_{n-1}	ε_{n-2}	…	ε_{n-q+1}	ε_{n-q}

表1-2中的每一行都是 $N_e(\cdot)$ 的一组输入，从 $t=p+2q+1$ 到 $t=s$，从 $t=s+1$ 到 $t=n$ 各有 $(n-s)$ 组输入，前者用作训练，后者用作测试。训练误差为测试误差的均值和均方值记作：

$$\begin{aligned}\bar{r}_\partial &= \frac{1}{n-s}\sum_{p+2q+1}^{s}\varepsilon_i \quad r_a^2 = \frac{1}{n-s-1}\sum_{p+2q+1}^{s}\varepsilon_i^2 \\ \bar{r}_\beta &= \frac{1}{n-s}\sum_{s+1}^{n}\varepsilon_i \quad r_\beta^2 = \frac{1}{n-s-1}\sum_{s+1}^{n}\varepsilon_i^2\end{aligned} \tag{1-44}$$

对式(1-44)的结果按式(1-7)、式(1-8)表示的原则进行检查。若结果不满意，则对原有的 $N_e(\cdot)$ 网络(从初始网络不断改进而得到的网络)进行改进，改进的方向是使 r_a^2 减小。改进的措施首先是改变网络参数，其次是增加 N，最后是增加 p、q 值。几种措施可以单独使用，也可以联合使用，具体改进方案的确定是件困难的事，通常需要在计算机上做试验。

改进方案确定后回到第 2 个步骤，直到由式(1-44)得出的结果按照式(1-7)、式(1-8)表示的条件满意为止，或无法得到更符合式(1-7)、式(1-8)的要求为止。

从上述步骤可知，训练使用的输入随着模型的改变而改变(指输入中的 ε_i)，这与通常的神经网络优化方法不同，它在既定网络参数条件下计算出 ε_i 和将计算出的 ε_i 作为输入的一部分对网络参数进行优化，这两步交叉迭代进行，这相当于网络中有了反馈。在做法上和现代统计理论中 EM 算法具有相同的特点。

顺便指出，r_α^2 的不断减小和 MLP 网络的逼近能力将保证上述计算过程的收敛，也将实现对真实过程的最佳逼近，从而使作为 x_{n+1} 的预报 $\hat{x}_{n+1}$ 更为准确。

$\hat{x}_{n+1} = N_e(x_n, \cdots, x_{n-p}, \varepsilon_n, \cdots, \varepsilon_{n-q})$ 为了表达简洁，引用延迟算子 Z^{-1}，令

$$Z^{-1}x_t = x_{t-1}KZ^{-1}\varepsilon_t = \varepsilon_{t-1}K$$

$$Z_p = (Z^{-1}, Z^{-2}, K, Z^{-p})$$

$$Z_q = (Z^{-1}, Z^{-2}, K, Z^{-q})$$

则非线性神经网络预测模型式(1-43)可表示为

$$\begin{cases} x_t = \hat{x}_t + \varepsilon_t \\ \hat{x}_t = N_e(Z_p x_t, Z_p \varepsilon_t) \end{cases} \tag{1-45}$$

而图 1-4 可以简化表示，并将反馈部分也增加进去，如图 1-5 所示。

上述讨论容易推广到多变量非线性 ARMA 预测问题及有其他输入(用 u_t 表示)的非线性预测问题。

$$\begin{cases} \hat{x}_t = f(Z_p x_t, Z_r u_t, Z_q q_t) \\ x_t = \hat{x}_t + \varepsilon_t \end{cases} \tag{1-46}$$

式中，$Z_r = (Z^{-1}, Z^{-2}, \cdots, Z^{-r})$，$u_t$ 为其他与 x_t 有关联的系统输入。

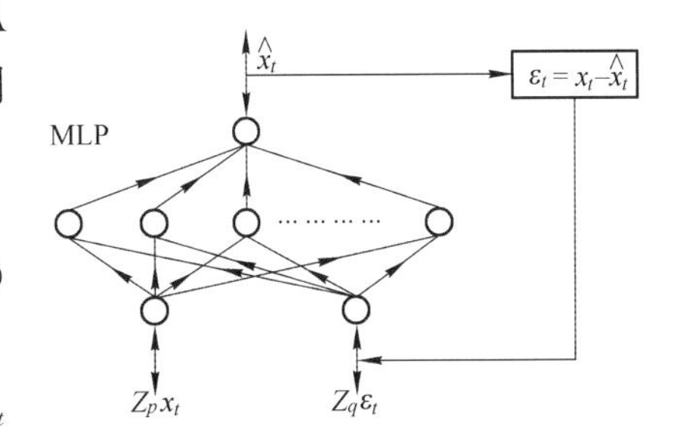

图 1-5　增加反馈部分的神经网络结构示意图

下面讨论模型的简化：

对模型式(1-26)，使用其中关系 $\varepsilon_t = x_t - \hat{x}_t$ 可得：

$$\begin{aligned} \hat{x}_t &= f[x_{t-1}, x_{t-2}, \cdots, x_{t-p}, x_{t-1} - f(x_{t-2}, \cdots, x_{t-p-1}, \\ &\quad \varepsilon_{t-2}, \cdots, \varepsilon_{t-q-1}), \varepsilon_{t-2}, \cdots, \varepsilon_{t-q-1}] \\ &= f_1(x_{t-1}, \cdots, x_{t-p-1}, \varepsilon_{t-2}, \cdots, \varepsilon_{t-q-1}) \end{aligned}$$

$$= f_2(x_{t-1}, \cdots, x_{t-p-2}, \varepsilon_{t-3}, \cdots, \varepsilon_{t-q-2})$$
$$= f_r(x_{t-1}, \cdots, x_{t-p-r+1}, \varepsilon_{t-r}, \cdots, \varepsilon_{t-q-r+1}) \tag{1-47}$$

这表明增加ARMA模型中AR部分的输入量可将MA部分的输入量在时间上前推。

另外，非线性ARMA序列大都有其线性主部，且已有证明：线性AR序列的自相关函数“拖尾”，偏相关函数“截尾”；线性MA序列的自相关“截尾”，偏相关“拖尾”；线性ARMA序列的自相关和偏相关函数都是“拖尾”的，且是按负指数规律衰减收敛于0。虽然对非线性ARMA序列尚未有这种证明，但来源于实际物理问题的时间序列，时间上相距远的量，其间的关联影响是相当弱的，而且随着时间间隔的增加，这种关联影响将弱到可以忽略不计。

这样，预测模型式(1-43)，可用下式代替：

$$\begin{aligned} x_t &= \hat{x}_t + \varepsilon_t \\ \sum_{i=1}^{n_b}(y_i - \bar{f}(X_i))\hat{x}_t &= f(x_{t-1}, \cdots, x_{t-k})\ (k \geqslant p+q) \end{aligned} \tag{1-48}$$

在使用神经网络模型时，输入节点数变为k(在实际计算时k的数值可以增减)。由于取消了反馈部分，计算又回到了通常的步骤。实际上，做预测的依据是观测到的x_1，x_2，…，x_n，而ε_1，ε_2，…，ε_n都是由计算得出的派生的量，它们的大小也是由x_1，x_2，…，x_n决定的，所以按式(1-48)可以得出和按式(1-43)一样的结果。

1.5.2　模型的适用性

所建立的神经网络预测模型的正确性和适用性，在于它是否真正反映了实际产生时间序列$\{x_t\}$的物理过程的基本统计特征，而最根本的检验准则是检查模型残差$\{\varepsilon_t\}$是否为白噪声。因为正确适用的模型在于充分反映了隐含在时间序列$\{x_t\}$中的规律，而拟合残差只是由随机干扰产生的，它只能是白噪声。

反过来，若某模型(参数已选定)得出的残差序列$\{\varepsilon_t\}$不是白噪声序列，例如在ε_t，ε_{t-1}，以及ε_{t-2}之间存在着线性或非线性关联，记作

$$\varepsilon_t = a\varepsilon_{t-1} + b\varepsilon_{t-2} + c\varepsilon_{t-1}\varepsilon_{t-2} + \xi_t \tag{1-49}$$

式中，ξ_t为与ε_{t-1}、ε_{t-2}相互独立的随机变量。

那么在对x_t进行预报而求得x_t时(此时ε_{t-1}和ε_{t-2}不再是随机量，而是实际发生的确定的量)，则

$$\mathrm{E}x_t = a\varepsilon_{t-1} + b\varepsilon_{t-2} + c\varepsilon_{t-1}\varepsilon_{t-2}$$

就应该被包含在$\hat{x}_t$之中[称之为误差(残差)校正]。这里$\mathrm{E}x_t$表示x_t的数学期望。经误差校正后的预测误差将减小，提高了预测的准确度，而校正后的拟合残差也更接近于白噪声。这种校正称为串行校正，下一节还将讨论。但从另一方面来说，既然当某模型得出的残差序列$\{\varepsilon_t\}$不是白噪声时，通过误差校正能将残差减小，就表明该模型的参数优选进行得不充分，还没有找到正确适用的预测模型。

1.6　预报误差串并校正

凡是预报，总存在误差。用 $R_1, R_2, \cdots, R_t, \cdots, R_n$ 表示观测值，用某种预报方法得出的预报值为 $X_1, X_2, \cdots, X_t, \cdots, X_n$，则 $x_t = (X_t - R_t)$ 表示预报误差。在理论上，各种预报方法的实际操作计算都要求 $\{x_t\}$ 为白噪声序列。但由于预报模型的确定、模型阶数的确定、参数估计、预报对象本身的特性、观测手段等使得 $\{x_t\}$ 不是白噪声。

这就提出了研究 $\{x_t\}$ 从而对预报结果进行校正，改进最终预报结果的问题，这称为预报误差的串行校正。

此外，预报的重要性推动了预报方法的发展，基于不同理论的各种方法不断提出，对同一个实际对象，通常都用几种预报方法进行预报，而得出的结果也各不相同，预报误差也各异。这给使用这些预报结果带来困难。如何将不同的预报结果耦合起来，或者说研究预报误差序列 $\{x_t = (X_t - R_t)\}$，$\{y_t = (Y_t - R_t)\}$，$\{z_t = (Z_t - R_t)\}$，…之间的关系，从而得到一更好的预报结果(这里 $X_t, Y_t, Z_t, \cdots$ 分别表示不同预报方法得出的预报)，这称为预报误差的并行校正。

1.6.1　串行校正

在时间序列分析问题中，线性序列参数模型研究最为充分，而预报模型的选择也考虑了其对预报对象特性的适应，使用线性序列的校正模型(ARMA)，特别是AR模型，比较简单实用。

AR模型为

$$x_t = \alpha_1 x_{t-1} + \cdots + \alpha_p x_{t-p} + \varepsilon_t \tag{1-50}$$

式中，ε_t 为白噪声，且 ε_t 与 $x_{t-k}(k \geqslant 1)$ 独立；$\alpha = (\alpha_1, \alpha_2, \cdots, \alpha_p)^{\mathrm{T}}$ 为自回归系数，p 表示阶数。保证式(1-50)存在的条件是：

$$1 - \alpha_1 u - \alpha_2 u^2 - \cdots - \alpha_p u^p \neq 0 \text{ (对任何 } |u| \leqslant 1) \tag{1-51}$$

为了确定式(1-50)中回归系数 α，使用最小二乘估计(亦可用尤尔—沃克估计度)，相应的极小值问题为

$$\min_{\alpha_1, \cdots, \alpha_p} \sum_{t=p+1}^{n} (x_t - \alpha_1 x_{t-1} - \cdots - \alpha_p x_{t-p})^2 \tag{1-52}$$

求解式(1-50)可得出

$$\begin{cases} \alpha_1 + \alpha_2 \rho_1 + \cdots + \alpha_p \rho_{p-1} = \rho_1 \\ \alpha_1 \rho_1 + \alpha_2 + \cdots + \alpha_p \rho_{p-2} = \rho_2 \\ \cdots\cdots \\ \alpha_1 \rho_{p-1} + \alpha_2 \rho_{p-2} + \cdots + \alpha_p = \rho_p \end{cases} \tag{1-53}$$

式中,

$$\rho_t = \frac{r_t}{r_0} \tag{1-54}$$

$$\gamma_t = \frac{1}{n}\sum_{s=1}^{n-t}(x_{t+s}-\bar{x})(x_s-\bar{x}) \quad t=0, \pm 1, \cdots \tag{1-55}$$

$$\bar{x} = \frac{1}{n}\sum_{t=1}^{n} x_t \tag{1-56}$$

分别称为样本自相关函数、样本自协方差函数和样本均值。

式(1-39)即尤尔—沃克(Yule—Walker)方程,其系数矩阵:

$$\boldsymbol{w} = \begin{bmatrix} 1 & \cdots & \rho_{p-1} \\ \vdots & \ddots & \vdots \\ \rho_{p-1} & \cdots & 1 \end{bmatrix}$$

为正定矩阵,其解可表示为:

$$\boldsymbol{\alpha} = \boldsymbol{w}^{-1}\boldsymbol{\rho} \tag{1-57}$$

式中,$\boldsymbol{\rho} = (\rho_1, \rho_2, \cdots, \rho_p)^{\mathrm{T}}$ 为样本的自相关函数向量。

串行校正的结果是用$\{\hat{x}_t\}$表示,且有

$$\hat{x}_t = \alpha_1 x_{t-1} + \alpha_2 x_{t-2} + \cdots + \alpha_p x_{t-p}$$

取代$\{x_t\}$,相应的预报误差在均方意义上减小。

下面给出逐次校正算法。

已知预报误差序列$\{x_t\}$,将其表示为

$$x_t = \alpha_1 x_{t-1} + x_t^{(1)}$$
$$\alpha_1 = \mathrm{E}(x_t x_{t-1})/\mathrm{E}(x_t^2)$$
$$x_t^{(1)} = x_t - \alpha_1 x_{t-1}$$

再将序列$\{x_t^{(1)}\}$表示为

$$x_t^{(1)} = \alpha_2 x_{t-1}^{(1)} + x_t^{(2)}$$
$$\alpha_2 = \mathrm{E}(x_t^{(1)} x_{t-1}^{(1)})/\mathrm{E}(x_t^{(1)2})$$
$$x_t^{(2)} = x_t^{(1)} - \alpha_2 x_{t-1}^{(1)}$$

再将序列$\{x_t^{(2)}\}$表示为

$$x_t^{(2)} = \alpha_3 x_{t-1}^{(2)} + x_t^{(3)}$$
$$\alpha_3 = \mathrm{E}(x_t^{(2)} x_{t-1}^{(2)})/\mathrm{E}(x_t^{(2)2})$$
$$x_t^{(3)} = x_t^{(2)} - \alpha_3 x_{t-1}^{(2)}$$

依次进行下去到 p 次时，求得 $\alpha_1, \alpha_2, \cdots, \alpha_p$ 得出的预报误差自回归表达式为

$$x_t = \left(\sum^{p}\alpha_i\right)x_{t-1} - \left(\sum_{i\neq j}^{p}\alpha_i\alpha_j\right)x_{t-1} + \left(\sum_{i\neq j\neq k}^{p}\alpha_i\alpha_j\alpha_k\right)x_{t-2} - \left(\sum_{i\neq j\neq k\neq w}^{p}\alpha_i\alpha_j\alpha_k\alpha_w\right)x_{t-3} + \cdots \tag{1-58}$$

这种逐次算法的优点是编程容易，且容易观察预报误差方差随着自回归阶数增加而减小的动态变化情况。

1.6.2　并行校正

前述串行校正是对某一预报模型而言，亦称自校正；而并行校正是对几个预报的校正，亦称为互校正。研究三种预报模型的并行耦合校正，三个模型的预报序列、观测序列以及预报误差序列分别表示为

$$\{X_t\} = \{X_1, X_2, \cdots, X_n\}$$
$$\{Y_t\} = \{Y_1, Y_2, \cdots, Y_n\}$$
$$\{Z_t\} = \{Z_1, Z_2, \cdots, Z_n\}$$
$$\{R_t\} = \{R_1, R_2, \cdots, R_n\}$$
$$\{x_t\} = \{x_t = (X_t - R_t)\}$$
$$\{y_t\} = \{y_t = (Y_t - R_t)\}$$
$$\{z_t\} = \{z_t = (Z_t - R_t)\}$$

设耦合的新预报是三种预报的合成，且设用线性方式：

$$F_t = aX_t + bY_t + cZ_t \tag{1-59}$$

式中，a、b、c 为待定系数。

此时，耦合预报的误差为 $f_t = F_t - R_t$，而其误差方差为

$$\begin{aligned}
&\mathrm{E}(F_t - R_t)^2 \\
&= \mathrm{E}(aX_t + bY_t + cZ_t - R_t)^2 \\
&= \mathrm{E}[a(x_t + R_t) + b(y_t + R_t) + c(z_t + R_t) - R_t]^2 \\
&= \mathrm{E}[ax_t + by_t + cz_t + (a + b + c - 1)R_t]^2
\end{aligned} \tag{1-60}$$

式中，E 表示数学期望。

由式(1-59)可知，构成新的预报的前提条件是系数 a、b 和 c 不能同时为零，否则就没有新预报 F_t。

由式(1-60)可知，被平方再取数学期望是由 $(ax_t + by_t + cz_t)$ 和 $(a+b+c-1)R_t$ 两部分组成，而误差 (X_t, Y_t, Z_t) 和 z_t 是较 R_t 小一个数量级以上的量，更重要的是，新的预报是基于误差空间 (x_t, y_t, z_t) 各预报间的相互关联关系构成的，这种关联关系是一种客观

存在，它不受(X_t, Y_t, Z_t)空间横坐标的向下平行移动的影响(而当横坐标向下平移ΔR时，式(1-60)中的R_t便应代之以$(R_t+\Delta R)$。于是可知，以耦合预报误差方差最小来选取a、b和c，即

$$(a, b, c) = \arg\min \mathrm{E}(F_t - R_t)^2 = \arg\min \mathrm{E}(ax_t + by_t + cz_t + (a+b+c-1)R_t)^2$$

便应和R_t无关，由此得出

$$a+b+c=1 \tag{1-61}$$

利用这个关系，式(1-60)简化为

$$\mathrm{E}(F_t - R_t)^2 = \mathrm{E}(ax_t + by_t + cz_t)^2 \tag{1-62}$$

优选参数a、b、c的数学模型成为

$$\begin{aligned} &\min \mathrm{E}(ax_t + by_t + cz_t)^2 \\ &= \min[a^2\mathrm{E}x_t^2 + b^2\mathrm{E}y_t^2 + c^2\mathrm{E}z_t^2 + 2ab\,\mathrm{E}(x_ty_t) + 2ac\,\mathrm{E}(x_tz_t) + 2bc\,\mathrm{E}(y_tz_t)] \\ &\qquad \text{s. t. } a+b+c=1 \end{aligned} \tag{1-63}$$

实际计算时，式(1-63)中的方差值和协方差值均由样本统计值代替：

$$\mathrm{E}x_t^2 = \frac{1}{n}\sum_{t=1}^{n} x_t^2 \qquad \mathrm{E}(x_ty_t) = \frac{1}{n}\sum_{t=1}^{n} x_ty_t$$

$$\mathrm{E}y_t^2 = \frac{1}{n}\sum_{t=1}^{n} y_t^2 \qquad \mathrm{E}(x_tz_t) = \frac{1}{n}\sum_{t=1}^{n} x_tz_t$$

$$\mathrm{E}z_t^2 = \frac{1}{n}\sum_{t=1}^{n} z_t^2 \qquad \mathrm{E}(y_tz_t) = \frac{1}{n}\sum_{t=1}^{n} y_tz_t$$

式中，n为样本数。

由优化问题式(1-63)解得a、b、c的具体数值，代入式(1-59)得到所求的耦合预报。

需要指出，式(1-63)的解是存在的，因为$a=1, b=c=0$；或$b=1, a=c=0$；或$c=1, a=b=0$都是可行解，而且耦合预报至少不比任何被耦合的任一预报差，极端情况下，假设：

$$\mathrm{E}x_t^2 = \min(\mathrm{E}x_t^2, \mathrm{E}y_t^2, \mathrm{E}z_t^2)$$

且三种预报的误差相互独立，则模型式(1-63)的解是$a=1, b=c=0$，此时的耦合预报即

$$F_t = aX_t + bY_t + cZ_t = X_t$$

多种预报耦合的效果通常是十分显著的，其预报误差方差会有明显降低，例如，在被耦合的三种预报误差彼此独立，且三种预报误差的方差也接近的情况下，此时一般都是在三种预报中任选一种代用，若利用耦合预报，将$\mathrm{E}(x_t^2) = \mathrm{E}(y_t^2) = \mathrm{E}z_t^2$，$\mathrm{E}(x_ty_t) =$

$E(y_t z_t) = E(x_t y_t) = 0$ 代入模型式(1-63),可得

$$\min E(F_t - R_t)^2 = \min(a^2 + b^2 + c^2) E x_t^2$$
$$\text{s.t. } a + b + c = 1$$

解之可得

$$a = b = c = 1/3$$

此时相应的耦合预报误差方差为

$$E(F_t - R_t)^2 = \frac{1}{3} E x_t^2$$

这比单一预报的误差方差减少了 2/3,十分显著。类似情况如果发生在二种预报耦合,则误差方差可减少 1/2,而四个预报的耦合误差方差可减少 3/4,尽管各自的预报误差 x_t, y_t, z_t, …相互独立,但其间存在着随机补偿关系。

耦合预报(并行校正法)的效果,还来源于两种预报的误差协方差可能存在负值。当两种被耦合预报中显现一个偏大一个偏小时,其协方差 $E x_t y_t$ 仍呈现负值,此时我们便容易从物理上理解:两种预报的折中能提高预报的准确程度。举一个极端类的例子,假定两个不被耦合的预报 X_t, Y_t,有

$$E x_t^2 = E x_t^2 = -E x_t y_t$$

则依据式(1-63)有

$$\begin{aligned} & \min E(F_t - R_t)^2 \\ = & \min[(a^2 + b^2) E x_t^2 - 2ab\, E x_t^2] \\ = & \min[(a - b)^2 E x_t^2] \\ & \text{s.t. } a + b = 1 \end{aligned}$$

解得 $a = b = 1/2$,而这一耦合预报为

$$F_t = \frac{1}{2}(x_t + y_t)$$

对应的预报误差理论上将接近于零,这是可以理解的,但实际问题中很难遇到这种情况。

对于有多种预报的耦合 X 建议采用逐次耦合算法。如图 1-6 所示,设被耦合的预报有 N 个。

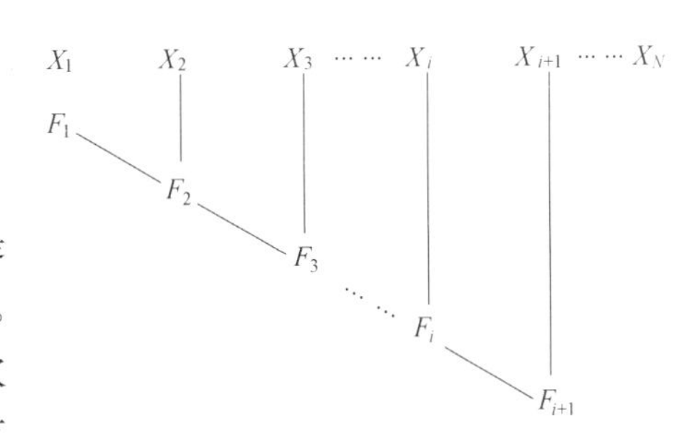

图 1-6 逐次耦合算法示意图

X_1, X_2, X_3, …, X_i, X_{i+1}, …, X_N 表示待耦合的 N 种预报,令

$$F_1 = X_1$$
$$F_2 = a_1 F_1 + b_1 X_2$$

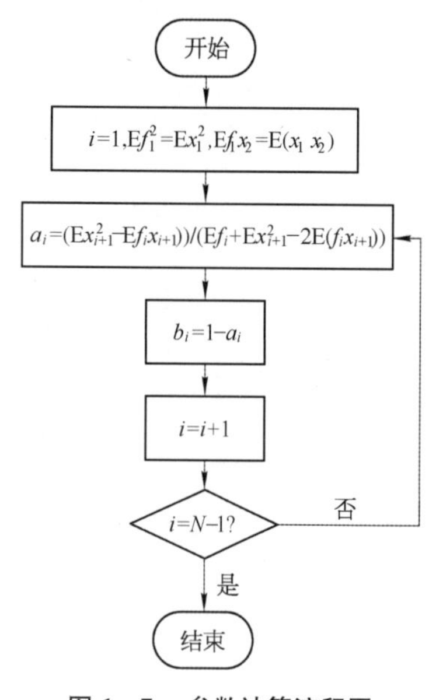

图 1-7　参数计算流程图

$$F_3 = a_2F_2 + b_2X_3$$

$$\cdots$$

$$F_{i+1} = a_iF_i + b_iX_{i+1} \tag{1-64}$$

F_1和X_1相同，F_2是F_1和X_2的耦合，F_3是F_2和X_3的耦合，依次类推，a_N和b_N是第N次耦合的待定系数$i=1, 2, 3, \cdots$，用f_i表示耦合预报F_i的预报误差，则依模型式(1-63)，两预报耦合的参数优化问题为

$$\min[a_i^2\mathrm{E}f_i^2 + b_i^2\mathrm{E}x_{i+1}^2 + 2a_ib_i\mathrm{E}(f_ix_{i+1})]$$

$$\text{s.t. } a_i + b_i = 1$$

解之可得

$$\begin{cases} a_i = \dfrac{\mathrm{E}x_{i+1}^2 - \mathrm{E}(f_ix_{i+1})}{\mathrm{E}f_i^2 + \mathrm{E}x_{i+1}^2 - 2\mathrm{E}(f_ix_{i+1})} \\ b_i = 1 - a_i \end{cases} \tag{1-65}$$

于是参数a_i、b_i（$i=1, 2, 3, \cdots, N-1$）便可由图 1-7 所示的计算流程确定。

1.6.3　耦合校正

前面介绍的串行校正，适用于只有一种预报的情况，如果有多种预报，则可先对每种预报施行串行校正，然后再将串行校正后的多种预报结果施行并行校正，称为先串后并。

但在有多种预报的情况下，前述串行校正方法忽略了各种预报误差序列之间的相互影响(这种影响总是存在的)。对于有三种预报且串行校正只取二阶的情况，可采用如下模型优化选择回归系数。

$$\min_{\alpha}\mathrm{E}(x_t - \alpha_{11}x_{t-1} - \alpha_{12}x_{t-2} - \alpha_{21}y_{t-1} - \alpha_{22}y_{t-2} - \alpha_{31}z_{t-1} - \alpha_{32}z_{t-2})^2$$

$$\min_{\beta}\mathrm{E}(y_t - \beta_{11}x_{t-1} - \beta_{12}x_{t-2} - \beta_{21}y_{t-1} - \beta_{22}y_{t-2} - \beta_{31}z_{t-1} - \beta_{32}z_{t-2})^2$$

$$\min_{\gamma}\mathrm{E}(z_t - \gamma_{11}x_{t-1} - \gamma_{12}x_{t-2} - \gamma_{21}y_{t-1} - \gamma_{22}y_{t-2} - \gamma_{31}z_{t-1} - \gamma_{32}z_{t-2})^2$$

即每种预报误差的串行校正，都考虑另两种预报误差对其影响。

在此基础上的先串后并，回归系数的数量增加了，但因考虑因素的增加会带来更好一些的效果。

另一种做法是先并后串，优化模型是

$$\min_{a,b,c}\mathrm{E}(ax_t + by_t + cz_t)^2$$

$$\text{s.t. } a + b + c = 1$$

$$f_t = ax_t + by_t + cz_t$$

$$\min_{d}\mathrm{E}(f_t - d_1f_{t-1} - d_2f_{t-2})^2$$

式中，d_1，d_2是并行校正后，所得$\{x\}$序列的串行校正回归系数。显然先并后串的做法较之先串后并要简单得多。

但是，先串后并和先并后串都是把预报误差的优化校正问题分解为两个优化问题，一个是优选耦合系数 a、b、c 称为并校，一个是优选回归系数（优选 α、β、γ 或优选 d）称为串校。实际上，这两种系数的最佳数值会受到先后做法的影响，至少在理论上会影响最终的校正结果。

下面介绍串并一体化方法，即耦合系数与回归系数同时优化。其优化模型为

$$
\begin{aligned}
&\min \mathrm{E}(ax_t + by_t + cz_t)^2 \\
= &\min \mathrm{E}[a(\alpha_{11}x_{t-1} + \alpha_{12}x_{t-2} + \alpha_{21}y_{t-1} + \alpha_{22}y_{t-1} + \alpha_{31}z_{t-1} + \alpha_{32}z_{t-1}) + \\
&b(\beta_{11}x_{t-1} + \beta_{12}x_{t-2} + \beta_{21}y_{t-1} + \beta_{22}y_{t-2} + \beta_{31}z_{t-1} + \beta_{32}z_{t-2}) + \\
&c(\gamma_{11}x_{t-1} + \gamma_{12}x_{t-2} + \gamma_{21}y_{t-1} + \gamma_{22}y_{t-2} + \gamma_{31}z_{t-1} + \gamma_{32}z_{t-2})]^2 \\
= &\min \mathrm{E}[(a\alpha_{11} + b\beta_{11} + c\gamma_{11})x_{t-1} + (a\alpha_{12} + b\beta_{12} + c\gamma_{12})x_{t-2} + \\
&(a\alpha_{21} + b\beta_{21} + c\gamma_{21})y_{t-1} + (a\alpha_{22} + b\beta_{22} + c\gamma_{22})y_{t-2} + \\
&(a\alpha_{31} + b\beta_{21} + c\gamma_{21})z_{t-1} + (a\alpha_{32} + b\beta_{32} + c\gamma_{32})z_{t-2}]^2 \\
&\text{s.t.}\ \ a + b + c = 1
\end{aligned}
$$

模型中符号意义同前。

模型中共有 21 个待定参数，由约束 $a+b+c=1$ 作用，还有 20 个参数，优化计算变得更为复杂。

1.6.4　非线性校正

前面讨论的串并校正都是线性校正，一般情况下都有着明显的减少预报误差的效果，但有时也遇到非线性的问题。误差序列$\{x_t\}$的非线性自回归（以三阶为例），可表示为

$$x_t = f(x_{t-1},\ x_{t-2},\ x_{t-3}) + \varepsilon_t \tag{1-66}$$

此时需要研究 x_t 与 x_{t-1}、x_{t-2}、x_{t-3}的非线性回归问题，在单相关的情况下，图 1-8 表示了几种非线性相关情况。虽然具体分析计算都是可能的，但检查发现：它们的相关十分麻烦，而且有时还需考虑复相关问题，而一个随机变量与另一个随机变量的相关分析还要考虑其他随机变量的关联和影响。

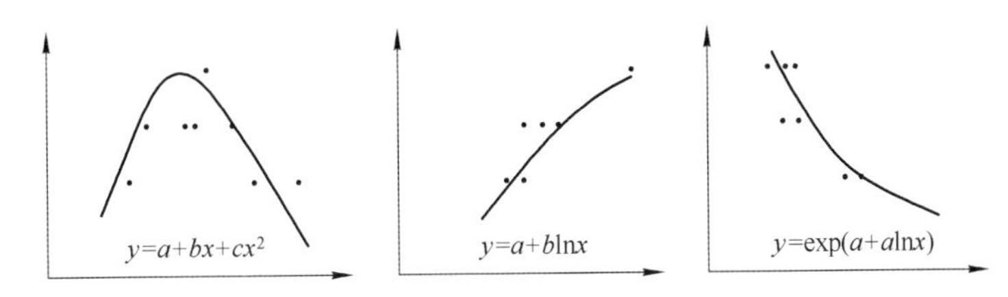

图 1-8　非线性相关情形

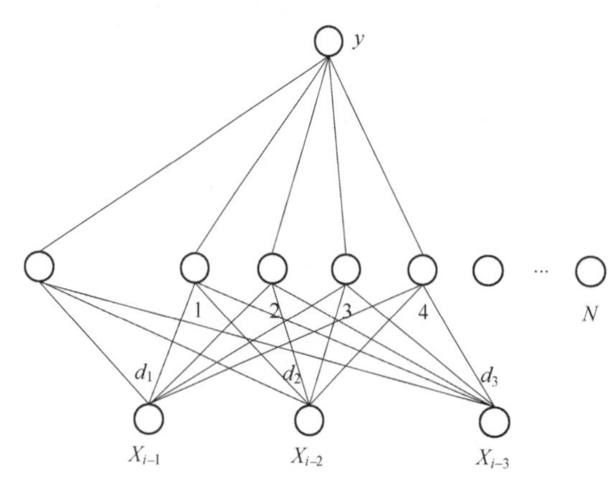

图 1-9　基于人工神经网络的非线性串行校正结构

特殊情况下，随机变量经过某种变增后可将非线性问题化为线性问题，例如当点在对数格纸（或半对数格纸）的抽样点差不多呈现一条直线。当然，随机变量的变换并不限于对数变换。

下面介绍基于人工神经网络的非线性串行校正算法。针对式(1-52)，构建网络(图 1-9)，输入节点 3 个，中间○由一个线性节点和 N 个神经节点组成，输出节点取线性函数。

网络和输出 y 表示为

$$y_i = \sum_{i=1}^{3} \alpha_i x_{t-i} + \sum_{i=1}^{N} w_i^{(2)} f_s\Big(\sum_{j=1}^{3} w_{ij}^{(1)} x_{t-j} + p_i\Big) \tag{1-67}$$

式中，$f_s(\cdot)$为 Sigmoid 函数；α_i、$w_{ij}^{(1)}$、$w_i^{(2)}$ 为待定常数，优选这些常系数的目标函数取

$$E(y_i - x_i)^2 \rightarrow \min \tag{1-68}$$

即校正后的预报误差方差最小。

由式(1-67)的形式可见，误差校正可分为两部分，一部分为线性校正，另一部分为非线性校正，它们分别代表线性或非线性校正效果。

这种算法也可以用来进行多种预报的非线性并行校正。以三种预报序列 $\{x_{1t}\}$、$\{x_{2t}\}$、$\{x_{3t}\}$ 的并行校正为例，以 x_{1t}、x_{2t} 和 x_{3t}，代替图 1-9 中的 x_{t-1}、x_{t-2} 和 x_{t-3}，网络输出改用 F_t 表示，则有

$$F_t = \sum_{i=1}^{3} \alpha_i x_{it} + \sum_{i=1}^{N} w_i^{(2)} f_s\Big(\sum_{j=1}^{3} w_{ij}^{(1)} x_{jt} + p_i\Big)$$

优化参数的目标为

$$E(F_t - R_t)^2 \rightarrow \min$$

对于流域径流预报，由于径流过程具有随机性及季节变化规律，因此预报模型常按季节分段，即不同季节（如夏秋、冬春）采用不同的预报模型。对于上面讨论的耦合校正也可以采用分段（按季）校正的方法进行，以适应各误差特性的各段间差别。

分段数的确定应考虑两个方面的因素：一方面是分段多能更好地反映误差的非平稳性，从而提高耦合预报的准确度；另一方面分段可能因样本数的减少，使得以样本统计得出的样本方差、样本协方差，取代方差和协方差带来的抽样误差增加，又影响最终耦合预报的准确度。一般而言，分为丰水季和枯水季是必要的。

很容易将其推广到更多预报耦合的情况。此外，所采用的线性耦合模式和使用的耦

合误差的方差最小目标也可以扩展或改变，以适应不同误差评价的偏好。

一般来说，串并校正耦合可以串和并分步进行，也可以将两种方法组合而成，将两种校正同时完成。

1.7　水量平衡校正原理及方法

1.7.1　原理

关于预报误差的并串联校正的讨论，都是为了提高预报的精度。实际问题中还有一种校正，是为了保证径流之间的平衡。例如图 1-10 表示的两条河流汇合的情况。

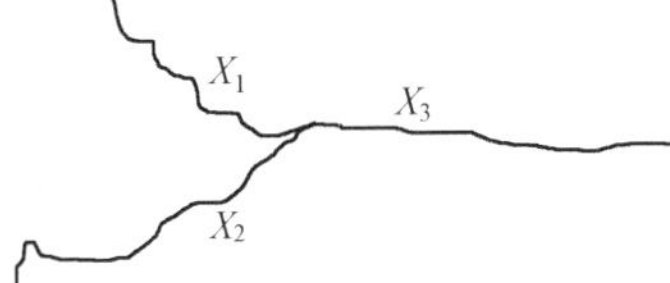

图 1-10　两条河流汇合图

图 1-10 中，X_1、X_2 和 X_3 分别表示经校正后的三条河的预报流量，其各自的预报误差均方差分别为 σ_1、σ_2 和 σ_3，经检查

$$X_1 + X_2 - X_3 = \Delta\ (\Delta \neq 0) \tag{1-69}$$

这便与径流平衡条件相违背，此时便需要对预报进行校正，以使

$$X_1' + X_2' - X_3' = 0 \tag{1-70}$$

式中，X_1'、X_2' 和 X_3' 表示校正后的预报值。

$$\begin{cases} X_1' = X_1 + \Delta_1 \\ X_2' = X_2 + \Delta_2 \\ X_3' = X_3 + \Delta_3 \end{cases} \tag{1-71}$$

由式(1-69)、式(1-70)和式(1-71)可以得到

$$\Delta = \Delta_3 - (\Delta_1 + \Delta_2) \tag{1-72}$$

这种校正称为平衡校正。

1.7.2　方法

下面给出确定 Δ_1、Δ_2 和 Δ_3 的方法。

设预报径流 X_1、X_2 和 X_3 的预报误差都是均值为零的正态分布，且彼此独立，则预报误差的联合分布密度可表示为

$$\frac{1}{2\pi\sigma_1\sigma_2\sigma_3}\exp\left\{-\frac{1}{2}\left[\left(\frac{\Delta_1}{\sigma_1}\right)^2 + \left(\frac{\Delta_2}{\sigma_2}\right)^2 + \left(\frac{\Delta_3}{\sigma_3}\right)^2\right]\right\} \tag{1-73}$$

在平衡条件

$$\Delta = \Delta_3 - (\Delta_1 + \Delta_2)$$

的约束下，Δ_1、Δ_2 和 Δ_3 的确定应使联合分布密度达到最大。

经简化后可得

$$\begin{cases} \min\left[\left(\dfrac{\Delta_1}{\sigma_1}\right)^2 + \left(\dfrac{\Delta_2}{\sigma_2}\right)^2 + \left(\dfrac{\Delta_3}{\sigma_3}\right)^2\right] \\ \text{s. t. } \ \Delta = \Delta_3 - (\Delta_1 + \Delta_2) \end{cases} \tag{1-74}$$

做拉格朗日变换：

$$L = \left(\frac{\Delta_1}{\sigma_1}\right)^2 + \left(\frac{\Delta_2}{\sigma_2}\right)^2 + \left(\frac{\Delta_3}{\sigma_3}\right)^2 + \lambda(\Delta + \Delta_1 + \Delta_2 - \Delta_3) \tag{1-75}$$

由 $\dfrac{\partial L}{\partial \Delta_i} = 0\ (i = 1,\ 2,\ 3)$ 得

$$\begin{cases} \Delta_1 = -\dfrac{\sigma_1^2}{2}\lambda \\ \Delta_2 = -\dfrac{\sigma_2^2}{2}\lambda \\ \Delta_3 = \dfrac{\sigma_3^2}{2}\lambda \end{cases}$$

由此，

$$\Delta_1 + \Delta_2 - \Delta_3 = -\frac{\lambda}{2}(\sigma_1^2 + \sigma_2^2 + \sigma_3^2) = -\Delta$$

得

$$\lambda = \frac{2\Delta}{\sigma_1^2 + \sigma_2^2 + \sigma_3^2}$$

从而得出

$$\begin{cases} \Delta_1 = \dfrac{-\sigma_1^2\Delta}{\sigma_1^2 + \sigma_2^2 + \sigma_3^2} \\ \Delta_2 = \dfrac{-\sigma_2^2\Delta}{\sigma_1^2 + \sigma_2^2 + \sigma_3^2} \\ \Delta_3 = \dfrac{\sigma_3^2\Delta}{\sigma_1^2 + \sigma_2^2 + \sigma_3^2} \end{cases} \tag{1-76}$$

需要指出的是，径流平衡条件的成立须根据实际问题的具体情况而定，有无细小支流、地下水和蒸发损失等。此外，观测值的误差随着观测方法的不同而不同，当观测误差

较大时，相对于观测值的预报误差和相对于径流真值（并不确切知道）的预报误差是不同的。利用一系列的径流观测值并借助于径流状态方程等方法可求得径流真值的估计值，并将其应用于预报校正，也能取得一定的效果。

1.8　径流的长期变化趋势预测

近年来，气候在变化，高空臭氧层空洞被发现，温室效应提出并被实验证实，极地和冰川雪线升高被证实，工业化的能源需求带来大量的煤、气、油的燃烧，人口增加等都导致 CO_2 等大量排放，而具有逆向作用（$CO_2 \to O_2$）的森林被大量砍伐和荒漠化都加剧，都是径流可能存在变化的原因。几次联合国世界气候大会的政治家和科学家们做出了“地球在变暖已是不争的事实”的结论。这是十分正确，十分重要的。但作为科学问题，一些科学家继续对“变暖”做深入研究。例如：雪线上升是对该地区，怎样影响到全球？人类活动造成的 CO_2 排放与自然作用火山爆发产生的大量 CO_2 相比（非常大量），能够占多少比例？从已知的地球史看，冰川时代不止一次，变冷变暖都经历过，特别在地球之初是炽热的，液固化后而在生命出现之前，火山爆发是有的，把 CO_2 转为 O_2 的树木是没有的，CO_2 怎样取得平衡？地球的大趋势是否在变冷？

对于水资源，比如一条河流，气候变暖怎样影响其径流量呢？说变少，因为降雨下来蒸发随变暖而增加；说增加，因为海洋中水增加，变暖使蒸发增加，气流中增加的水汽增加，降雨自然增加。从定性的角度分析都有道理，但需要定量研究。一些学者以已有的径流观测资料为依据，以近 200 年或更长的着眼期来研究河流的径流变化，也许是一种值得广泛关注的热点问题。

1.8.1　勒让德多项式分析研究

勒让德(legendre)多项式是下列勒让德方程：

$$(1-x^2)y''(x)-2xy'(x)+n(n-1)y(x)=0 \tag{1-77}$$

的多项式解，即 $P_n(x)$表示为

$$P_n(x)=\sum_{m=0}^{[n/2]}(-1)^m\frac{(2n-2m)!}{2^n m!(n-m)!(n-2m)!}x^{n-2m} \tag{1-78}$$

式中，$[n/2]=n/2$（n 为偶数时），或$[n/2]=(n-1)/2$（n 为奇数时）。

特别地，前面几个勒让德多项式是

$$P_0(x)=1,$$

$$P_1(x)=x,$$

$$P_2(x)=\frac{1}{2}(3x^2-1),$$

$$P_3(x)=\frac{1}{2}(5x^3-3x),$$

$$P_4(x)=\frac{1}{8}(35x^4-30x^2+3),$$

$$P_5(x)=\frac{1}{8}(63x^5-70x^3+15x),$$

$$P_6(x)=\frac{1}{16}(231x^6-315x^4+105x^2-5),$$

而勒让德多项式是勒让德方程的多项式形式的解，是定义在[−1, 1]的闭区间，其重要性质：

$$\int_{-1}^{1}P_n(x)P_k(x)\mathrm{d}x=\begin{cases}0 & (k\neq n)\\ N_n^2 & (k=n)\end{cases} \tag{1-79}$$

$$N_n^2=\int_{-1}^{1}P_n^2(x)\mathrm{d}x=\frac{2}{2n+1} \tag{1-80}$$

后者称为完备的带权1正交性。

设有200年(或更多)某河流的径流观测资料 $Q(t)$，$t\in[0, 200]$年，将时间转换到对应于[−1, 1]，并用 x 表示，而用1表示50年，$x\in[-1, 1]$，进一步将径流表示为 $Q(x)$。

为了拟合径流过程 $Q(x)$，可用勒让德多项式构造一个函数：

$$P(x)=\sum_i a_iP_i(x)\quad (i=0, 1, 2, 3, \cdots) \tag{1-81}$$

式中，a_i $(i=0, 1, 2, 3, \cdots)$ 为待定系数。

在函数逼近理解中，维尔斯基拉斯证明：设 $f(x)\in[a, b]$，则对于任意给定的 $\varepsilon>0$，都存在这样的多项式 $P(x)$，使得

$$\max_{a\leqslant x\leqslant b}|P(x)-f(x)|<\varepsilon$$

表明：凡是 $c\in[a, b]$ 类的任何函数都可用多项式近似表示，并各有预先指定的精确度。还有学者证明，用勒让德多项式构造的逼近函数，在逼近计算中具有良好的一致收敛性等。

为了确定系数 a_i $(i=0, 1, 2, 3, \cdots)$，使用逼近误差平方积分最小原则：

$$\int_{-1}^{1}[P(x)-Q(x)]^2\mathrm{d}x\rightarrow \min \tag{1-82}$$

注意到

$$\begin{aligned}&\min\int_{-1}^{1}[P(x)-Q(x)]^2\mathrm{d}x\\=&\min\int_{-1}^{1}\Big[\sum_i a_iP_i(x)-Q(x)\Big]^2\mathrm{d}x\\=&\min\int_{-1}^{1}\Big[\sum_i a_i^2P_i^2(x)+\sum_{i,j}a_ia_jP_i(x)P_j(x)-\sum_i 2a_iP_i(x)Q(x)+Q^2(x)\Big]\mathrm{d}x\end{aligned}$$

而

$$\int_{-1}^{1}a_i^2P_i^2(x)\mathrm{d}x=a_i^2N_i^2\quad(i=0,1,2,3,\cdots)$$

$$\int_{-1}^{1}a_ia_jP_i(x)P_j(x)\mathrm{d}x\ (\forall\ i、j,\ j\neq i)$$

$$\int_{-1}^{1}Q^2(x)\mathrm{d}x=\text{常数（因 }Q(x)\text{ 已确定）}$$

故知

$$\min\int_{-1}^{1}[P(x)-Q(x)]^2\mathrm{d}x$$

等价于

$$\begin{aligned}&\min\int_{-1}^{1}\Big[\sum_i a_i^2P_i^2(x)-\sum_i 2a_iP_i(x)Q(x)\Big]\mathrm{d}x\\=&\min\Big[\sum_i a_i^2N_i^2-\sum_i 2a_i\int_{-1}^{1}P_i(x)Q(x)\mathrm{d}x\Big]\end{aligned}$$

从而有

$$2a_iN_i^2-2\int_{-1}^{1}P_i(x)Q(x)\mathrm{d}x=0\qquad i=0,1,2,3,\cdots$$

$$a_i=\frac{1}{N_i^2}\int_{-1}^{1}P_i(x)Q(x)\mathrm{d}x\qquad i=0,1,2,3,\cdots\tag{1-83}$$

特别当 $i=0$ 时，$N_0^2=2$，$P_0(x)=1$，可得

$$a_0=\frac{1}{\pi}\int_{-1}^{1}Q(x)\mathrm{d}x\tag{1-84}$$

从以上的推导中可以看出勒让德多项式的正交特性带来了很大方便。而且系数 a_i 之间不互助依赖也给逼近计算中选择勒让德多项式的数目带来方便，例如原空闲几个勒让德多项式，而计算完成后对逼近效果还满意，增加多项式时，就只需对新增多项式的系数进行计算就够了。

得到的系数 a_t 和相应的勒让德多项式 $P_i(x)$ 的特征可用来分析径流变化和趋势特征。特别当 $i=1$ 时，$D_1(x)=x$，a_0 的正负表示了径流量增减，而 a_1 为负则表示径流量减

少,a_1的数值表明了增减的强度。当然,这种是在某种意义上的。

$$a_1 = \frac{2}{3}\int_{-1}^{1} xQ(x)\mathrm{d}x \tag{1-85}$$

关于勒让德多项式数目 n 的选择,单就拟合精度而言,理论 n 越大越好,但考虑到观测得来的径流资料不可避免地存在误差,而且有限数的观测只是无穷序列的一种抽样,对抽样误差的考虑,只要求拟合误差[式(1－82)]被判定为白噪声即可,这就需要实际计算时注意核查拟合误差是否认为是白噪声。

另外,径流观测资料多为离散时间序列,这只需将上述计算中的积分运算改为可求和运算即可。

1.8.2　傅里叶级数分析法

傅里叶级数法是把径流过程 $Q(t)$,$t\in[0, 100]$年,按 $x=(t-50)\pi/50$,转换时间坐标设 $Q(x)$,$x\in[-\pi, \pi]$,再表示为傅里叶级数:

$$Q(x) \sim a_0 + \sum_{k=1}^{n}(a_k\cos kx + b_k\sin kx) \tag{1-86}$$

式中,系数 a_0,a_k和 b_k按下式确定:

$$a_0 = 1/2\pi\int_{-\pi}^{\pi} Q(x)\mathrm{d}x$$

$$a_k = 1/\pi\int_{-\pi}^{\pi} Q(x)\cos kx\,\mathrm{d}x$$

$$b_k = 1/\pi\int_{-\pi}^{\pi} Q(x)\sin kx\,\mathrm{d}x$$

导出这些算式利用了三角函数关系 1,$\sin x$,$\cos x$,$\cos 2x$,$\sin 2x$,…是定义在[$-\pi$, π]上的正交性质,因而比较简单。

设为 $Q(x)$为傅里叶级数的部分和:

$$S_n[Q]=a_0+\sum_{k=0}^{n}(a_k\cos kx+b_k\sin kx) \tag{1-87}$$

勒贝格(Lebergue)给出了保证部分和 $S_n[Q]$一致收敛到 $Q(x)$充分条件。

当针对观测资料 $Q(x)$计算出傅里叶级数表达的系数 a_0, a_1, b_1, b_2, b_3, …, b_k, …后,可从这些系数看出径流过程的各周期分量的大小和周期,这对径流过程的认识会从周期角度得到加强。特别地,由于气候变化具有周期性,它导致径流变化也具有周期性,只是总不具有非常长时间的观测资料(多少万年或更长),从而找到它并用以判断现时是处于这个大周期的什么阶段。小周期的径流变化通常与太阳黑子的周期变化等有关,它是一种客观存在。

假设有更长一些的径流资料，可将其分为二级分别进行傅里叶级数计算，这样便可以从二级中相应的系数 a_0，a_i，b_i $(i=1, 2, \cdots)$ 的比较中发现径流的长期(较长期)变化趋势。

1.8.3 线性组合及预报

前述两种方法(勒让德多项式和傅里叶级数)各有优点，适用于径流逼近，可从不同侧面分析径流变化，可以将两者线性组合起来，令

$$L_n[Q]=a_k P_k(x)$$

$$S_n[Q]=a_0+\sum_{k=0}^{n}(a_k \cos kx+b_k \sin kx)$$

分别表示两种方法的 n 阶拟合多项式(注意两式中的 x 对时间 t 有不同的对应关系)，则线性拟合便是

$$\alpha L_n[Q]+\beta S_n[Q]$$

$$\alpha+\beta=1\ (\alpha, \beta \geqslant 0)$$

式中，α，β 的确定，使得组合具有更好的逼近效果。

另外，两种方法及其组合结果，除了用于径流特征和变化趋势分析外，也可以用于径流的长期预报估计。实际上，各种预报(尤其长期)都在于建立模型，优选模型中参数，使其对有限观测资料有较多的拟合或逼近，只是这里的勒让德多项式和傅里叶级数及其组合模型，在确定时应更加注意拟合误差的白噪声检验，以期用于预报时，排除抽样误差的干扰而得出较为满意的结果。

1.8.4 可信程度

研究径流的长期变化，由于受到观测样本系列长度的限制，不同方法得到的结果都存在可信程度问题。例如，研究年径流量 x 的变化，若 x 的总体分布是正态的，即

$$x \in \mathrm{N}(\mu, \delta^2) \tag{1-88}$$

那么，m 年的年径流量均值 $\bar{x}_m$，也具有正态分布：

$$\bar{x}_m \sim \mathrm{N}(\mu, \delta^2) \tag{1-89}$$

当观察实际样本序列发现 m 年的均值 $\bar{x}_m$ 小于 μ 时，由式(1-89)可计算得这种情况出现的概率，而不再简单地做出肯定结论，年径流量在减少。由式(1-89)也可以计算出 $\alpha > \bar{x}'_m > \beta$ 的概率，并进一步引入假设检验的方法，在某一置信度条件下对某一判断做出接受或拒绝的结论。

当然，x 的整体分布是否是正态分布，需要根据实际观测资料(较长的系列)进行检验。

1.9 小　结

本章给出了水文预报模型的基本数学表达式，并推导了模型的参数优选方法；介绍了两种常用的水文预报模型，即人工神经网络模型和非线性 ARMA 预测模型；针对水文预报的误差，提出了预报误差的串并校正方法；基于全球气候变化对水文水资源的影响，分析了径流的长期变化趋势。

第2章

水文预报不确定性分析与模拟

在考虑水文预报信息的水库防洪调度中，预报不确定性会直接导致水文预报偏差，从而降低调度决策可靠性，增加水库上下游防洪风险。因此，定量地分析水文预报不确定性对防洪调度的影响，已成为防洪调度风险分析中的关键问题。

目前，常采用预报误差对水文预报不确定性进行定量描述。冯平等基于随机模拟方法得到考虑预报误差的入库流量序列，分析了预报误差对水库动态汛限水位控制调度的影响。闫宝伟等认为洪水预报误差近似服从正态分布，计算了不同预报精度下水库防洪调度风险。但在实际防洪预报调度中，水文预报不确定性会随着预见期的增大而增大，以上的研究没有考虑预报不确定性随时间的演化特性。为克服以上模型的瓶颈，Zhao 等采用鞅模型描述预报不确定性的逐时段演化特征，并分析预报不确定性对水库实时调度的影响。然而，传统的鞅模型对预报误差序列提出无偏性、正态性，以及稳定性假设，而这些假设降低了模型模拟的准确性。为此，Zhao 等提出了改进的鞅模型，其克服了无偏性、正态性和稳定性的假设，但该模型需要将非正态数据进行正态变换，此变换增加了模型的计算量和误差。近几年，Copula 函数在水文中得到广泛应用，可用于构造边际分布为任意分布的联合分布，并可准确地描述变量之间的相关性特征。

因此，本章在 Zhao 等研究的基础上，提出了基于 Copula 函数的不确定性演化模型（Copula-based uncertainty evolution model，CUEM），用以描述水文预报不确定性随时间的演化特征，从而模拟水文预报误差序列。最后，基于 Monte-Carlo 随机模拟方法，分析水文预报不确定性对水库调度的影响。

2.1 水文预报不确定性随时间的演化过程分析

1994 年，Heath 等提出一种鞅模型，用于模拟商品需求预测不确定性随时间的演变特性。Zhao 等和 Zhao 等率先将鞅模型和改进的鞅模型应用于水文预报中，描述预报不确定性随时间的演化特性。故本章采用鞅模型模拟水文预报不确定性的演化过程。

径流预报中，随着降雨量、流域蓄水量等水文基本信息的实时更新，每一时段，需对预见期内的径流进行预报。这一过程如图 2-1 所示。将 s 记为进行径流预报的时刻，t 记为预报对应的时刻，h 记为径流预报的预见期。图 2-1(a) 中，在 s 时刻时，对未来 $s \sim s+h$ 时刻的径流进行预报；在 $s+1$ 时刻时，对未来 $s+1 \sim s+h+1$ 时刻径流进行预报。图 2-1(b) 中，在时刻 $t-h \sim t$ 时，逐时对 t 时刻径流进行预报；在时刻 $t-h+1 \sim t+1$ 时，逐时对 $t+1$ 时刻径流进行预报，如此不断更新径流预报数据。

将 $Q_{s,t}$ 记为在 s 时刻预报 t 时刻的流量值，q_t 记为 t 时刻实测流量值。基于预报误差描述预报的不确定性，预报径流 $Q_{s,t}$ 对应的预报误差或预报的不确定性 $e_{s,t}$ 可表示为

$$e_{s,t} = Q_{s,t} - q_t \tag{2-1}$$

由图 2-1 可得，在 s 时刻预报对应的预报误差向量 $e_{s,-}$、预报 t 时刻对应的预报误差

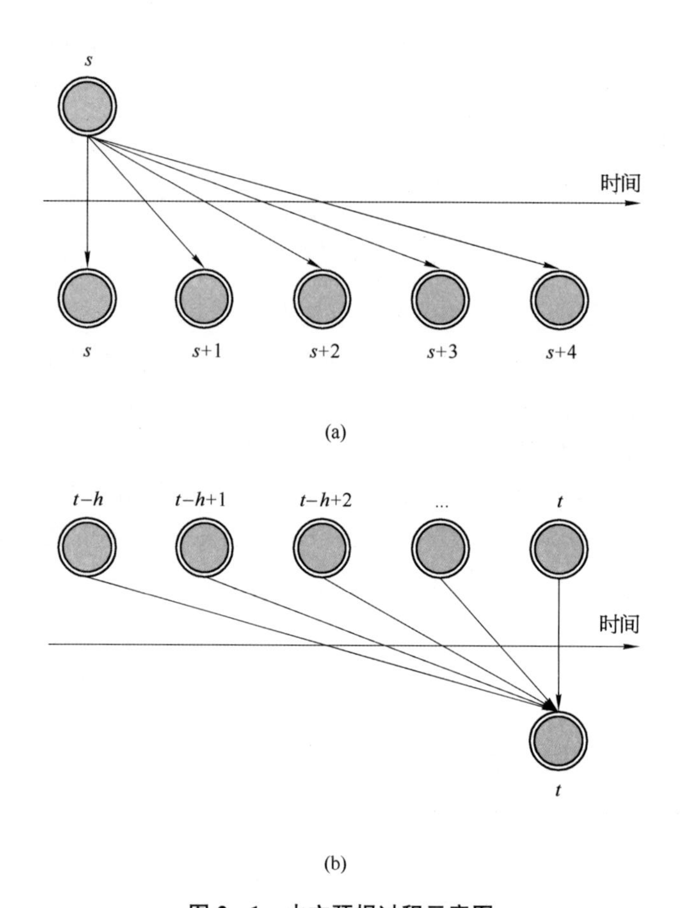

图 2-1 水文预报过程示意图

(a) s 时刻实施预报；(b) 预报 t 时刻的流量

向量 $\boldsymbol{e}_{-,t}$ 可表示为

$$\boldsymbol{e}_{s,-} = [e_{s,s},\ e_{s,s+1},\ \cdots,\ e_{s,s+h}] = [Q_{s,s} - q_s,\ Q_{s,s+1} - q_{s+1},\ \cdots,\ Q_{s,s+h} - q_{s+h}] \tag{2-2}$$

$$\boldsymbol{e}_{-,t} = [e_{t-h,t},\ e_{t-h+1,t},\ \cdots,\ e_{t,t}] = [Q_{t-h,t} - q_t,\ Q_{t-h+1,t} - q_t,\ \cdots,\ Q_{t,t} - q_t] \tag{2-3}$$

式中，$e_{s,s} = Q_{s,s} - q_s = 0,\ e_{t,t} = Q_{t,t} - q_t = 0$。

在时刻 s 进行预报，随着预见期 $i\ (i=0,\ 1,\ \cdots,\ h)$ 的增大，预报误差 $e_{s,s+i}$ 逐步增大；对同一时刻 t 的预报值而言，随着预见期 $i\ (i=0,\ 1,\ \cdots,\ h)$ 的减小，预报误差 $e_{t-i,t}$ 逐步减小。故临近时段预报不确定性的改进值 $w_{s,t}$ 可表示为

$$w_{s,t} = e_{s,t} - e_{s-1,t} \tag{2-4}$$

式(2-4)给出了在预报相同时刻 t 的流量时，预见期减小一个时段，预报不确定性或误差的改进值。

以预见期为 3 天为例，图 2 - 2 详细描述了预报不确定性随时间的演化过程。第一行变量表示在第 1 时段预报第 1、2、3、4 时段的预报误差值；第二列变量表示，不同的预见期预报第 2 个时段时的误差值。预报不确定性之间的关系，满足图 2 - 2 中各式。因此，可知预报不确定性的值可分解为各时段预报改进值的总和，即预报误差 $e_{t-i,\,t}$ $(i=0,\ 1,\ \cdots,\ h)$ 可表示为

$$e_{t-i,\,t}=-\sum_{j=t-i+1}^{t}w_{j,\,t}(i=0,\ 1,\ 2,\ \cdots,\ h) \tag{2-5}$$

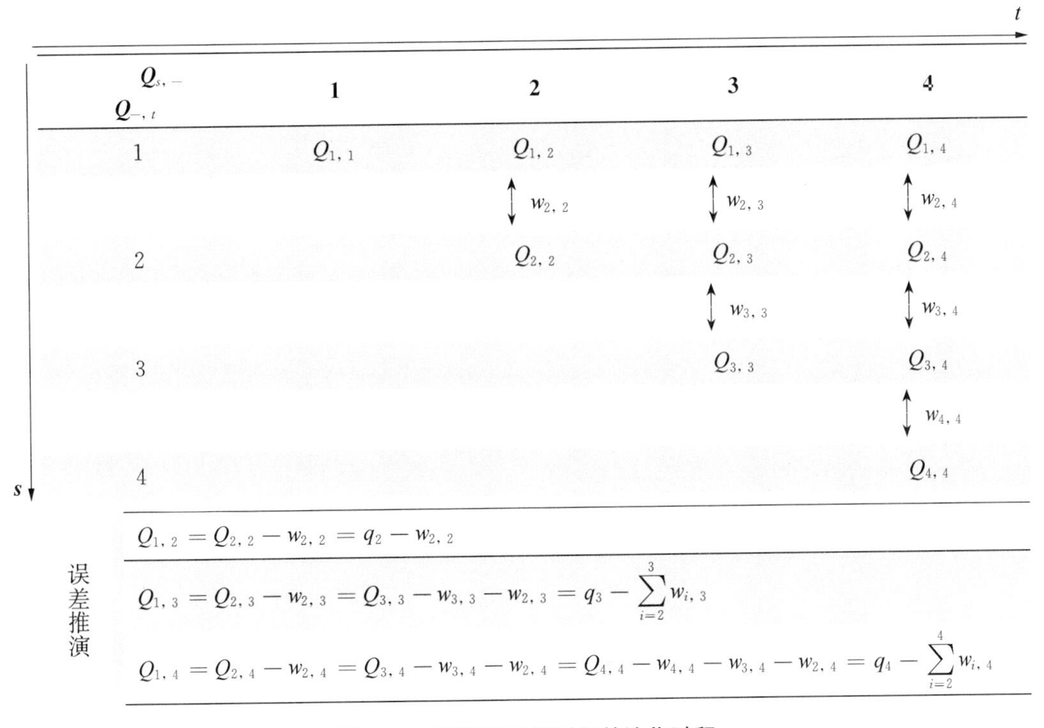

图 2 - 2　预报误差随时间的演化过程

传统鞅模型的预报不确定性计算如式(2 - 5)所示，其采用绝对误差值定量分析预报不确定性。但在实际应用中，绝对误差值往往受洪水量级的影响，不能准确反映水文模型的预报精度。预报相对误差常被用于描述预报径流的不确定性，故本章采用预报相对误差替代传统鞅模型中的绝对误差值。由式(2 - 1)、式(2 - 4)可得，基于相对误差的预报不确定性 $re_{s,\,t}$、临近时段预报改进 $rw_{s,\,t}$ 可表示为

$$re_{s,\,t}=\frac{Q_{s,\,t}-q_t}{q_t}=\frac{e_{s,\,t}}{q_t} \tag{2-6}$$

$$rw_{s,\,t}=\frac{w_{s,\,t}}{q_t}=\frac{e_{s,\,t}-e_{s-1,\,t}}{q_t}=re_{s,\,t}-re_{s-1,\,t} \tag{2-7}$$

结合式(2 - 4)至式(2 - 7)可得，预报相对误差 $re_{t-i,\,t}$ $(i=0,\ 1,\ \cdots,\ h)$ 为

$$re_{t-i,\,t}=-\sum_{j=t-i+1}^{t} rw_{j,\,t}(i=0,\,1,\,2,\,\cdots,\,h) \tag{2-8}$$

由式(2-8)可知，欲确定不确定性值 re，首先要得到各个时段的 rw 值。模拟预报的不确定性转化为模拟临近时段的预报改进值 rw。例如，当预见期为 4 天时，在时刻 s ($s=1$, 2, $\cdots$, $t-1$) 预报未来 4 个时段径流时，各时刻预报相对误差的推演过程如图 2-3 所示。例如，$re_{1,2}$和 $re_{2,2}$的预报改进值为 $rw_{2,2}$、$re_{1,3}$和 $re_{2,3}$的预报改进值为 $rw_{2,3}$；$re_{1,4}$和 $re_{2,4}$的预报改进值为 $rw_{2,4}$、$re_{1,5}$和 $re_{2,5}$的预报改进值为 $rw_{2,5}$；以此类推，得到变量 $rw_{t-1,t-1}$、$rw_{t-1,t}$、$rw_{t-1,t+1}$和 $rw_{t-1,t+2}$。第一、二、三、四列值分别组成变量 $\boldsymbol{X}_1$、$\boldsymbol{X}_2$、$\boldsymbol{X}_3$和 $\boldsymbol{X}_4$。为模拟预报相对误差的演进过程，须随机生成预报改进 $rw_{t-1,t-1}$、$rw_{t-1,t}$、$rw_{t-1,t+1}$、$rw_{t-1,t+2}$。Zhao 等指出各时段的 rw 值之间具有较强的相关性特征，而 Copula 函数能够较好地模拟多个变量的相关性特征，且已广泛地应用于水文变量的随机模拟中。本书将建立基于 Copula 函数的不确定性演化模型，用以模拟预报的不确定性。

	$h=0$	$h=1$	$h=2$	$h=3$	$h=4$
$\boldsymbol{re}_{1,-}$	$re_{1,1}$ $rw_{2,2}$	$re_{1,2}$ $rw_{2,3}$	$re_{1,3}$ $rw_{2,4}$	$re_{1,4}$ $rw_{2,5}$	$re_{1,5}$
$\boldsymbol{re}_{2,-}$	$re_{2,2}$ $rw_{3,3}$	$re_{2,3}$ $rw_{3,4}$	$re_{2,4}$ $rw_{3,5}$	$re_{2,5}$ $rw_{3,6}$	$re_{2,6}$
$\boldsymbol{re}_{3,-}$	$re_{3,3}$ $rw_{4,4}$	$re_{3,4}$ $rw_{4,5}$	$re_{3,5}$ $rw_{4,6}$	$re_{3,6}$ $rw_{4,7}$	$re_{3,7}$
$\boldsymbol{re}_{4,-}$	$re_{4,4}$	$re_{4,5}$	$re_{4,6}$	$re_{4,7}$	$re_{4,8}$
⋮	⋮ $rw_{t-1,t-1}$	⋮ $rw_{t-1,t}$	⋮ $rw_{t-1,t+1}$	⋮ $rw_{t-1,t+2}$	⋮
$\boldsymbol{re}_{t-1,-}$	$re_{t-1,t-1}$	$re_{t-1,t}$	$re_{t-1,t+1}$	$re_{t-1,t+2}$	$re_{t-1,t+3}$

x_1	x_2	x_3	x_4
$rw_{2,2}$	$rw_{2,3}$	$rw_{2,4}$	$rw_{2,5}$
$rw_{3,3}$	$rw_{3,4}$	$rw_{3,5}$	$rw_{3,6}$
⋮	⋮	⋮	⋮
⋮	⋮	⋮	⋮
⋮	⋮	⋮	⋮
$rw_{t-1,t-1}$	$rw_{t-1,t}$	$rw_{t-1,t+1}$	$rw_{t-1,t+2}$

图 2-3　预报相对误差演进过程

2.2　基于 CUE 模型的预报不确定性随机模拟

本节采用 Copula 函数建立图 2－3 中变量 X_1、X_2、X_3和 X_4的联合分布函数。具体分为两个部分，即边缘分布函数的建立和联合分布函数的建立。

2.2.1　边缘分布的选择

指数分布、广义极值分布(GEV)、广义逻辑分布(GL)、GP 分布、广义正态分布、Gumbel 分布、Kappa 分布、lognormal 分布、正态分布和 Wakeby 分布已经广泛地应用于水文领域。因此，本章将在以上分布函数中，选择拟合较优的参与计算，采用线性矩法估计其参数。

2.2.2　联合分布的建立

假设随机变量 X_i $(i=1,2,\cdots,n)$ 的边缘分布函数分别为 $Fx_i(x)=u_i$，其中 n 为随机变量的个数，x_i 为随机变量 X_i 的值，那么他们的联合分布 $F(x_1,x_2,\cdots,x_n)$ 可以表示为

$$F(x_1,x_2,\cdots,x_n)=C[F(x_1),F(x_2),\cdots,F(x_n)]=C(u_1,\cdots,u_n) \tag{2-9}$$

式中，C 表示 Copula 函数；$U_i\sim U(0,1)$。

2.2.3　预报不确定性随机模拟

以预见期 4 天为例，采用 CUE 模型随机模拟径流预报不确定性的具体步骤如下：

(1) 选取预报改进 $rw_{t-1,t-1}$，$rw_{t-1,t}$，$rw_{t-1,t+1}$，$rw_{t-1,t+2}$的边缘分布函数；

(2) 针对预报改进的变量相关特性，选取适合的 Copula 函数，并采用 Copula 函数建立 $rw_{t-1,t-1}$，$rw_{t-1,t}$，$rw_{t-1,t+1}$，$rw_{t-1,t+2}$的联合分布函数；

(3) 基于已建立的 Copula 函数，随机生成大量预报改进序列 $rw_{t-1,t-1}$，$rw_{t-1,t}$，$rw_{t-1,t+1}$，$rw_{t-1,t+2}$；

(4) 根据式(2－8)，通过生成的预报改进序列计算得到预报相对误差序列。

2.3　水文预报序列的随机模拟

通常采用随机模拟法研究水文预报不确定性对水库防洪调度的风险，该方法需要模拟长系列的水文预报数据。由式(2－1)可知，预报的流量等于实测径流量加预报误差值(预报不确定性)，即

$$Q_{s,t}=q_t+e_{s,t}=q_t(1+re_{s,t}) \tag{2-10}$$

通过式(2-2)、式(2-3)部分的计算，可生成长系列的预报误差序列，即 $re_{s,t}$ 已经得到。同样基于 Copula 函数，可生成长系列的流量数据，用以代表实测径流序列 q_t，模拟过程参见 Lee 和 Salas(2011)。

2.4　水库防洪预报调度风险分析计算方法

在水库防洪预报调度中，常采用预报预泄法进行水库预报调度，以期在大洪水来临之前增大下泄，腾出库容，减轻水库防洪压力。结合预见期 h 内有效的实时入库预报径流，提前下泄流量可表示为：

$$\bar{O}=\int_{t_0}^{t_0+h}\frac{I_t}{h}\mathrm{d}t \tag{2-11}$$

式中，$\bar{O}$ 为预见期内的平均下泄流量；I_t 为时刻 t 的预报入库流量；t_0 为进行预报的时刻。

在水库调度防洪风险中，风险事件通常为最高库水位超过校核或设计水位，其对应的水库防洪风险率 R 可表示为

$$R=P(\max\{Z(t),\ t=1,\ 2,\ \cdots,\ L\}>Z_c) \tag{2-12}$$

式中，L 为入库流量序列长度；$Z(t)$ 为对应的水库水位序列；Z_c 为校核水位。

推求水库防洪预报调度风险率 R 的具体步骤为：采用 Copula 函数生成日径流序列 q_t；将日径流序列 q_t 与上述生成的预报相对误差序列 $re_{s,t}$ 进行迭加，得到径流预报序列 $Q_{s,t}$；根据水库调度规则，通过 $Q_{s,t}$ 确定库水位过程，结合式(2-12)计算得到风险率 R。

2.5　实 例 研 究

2.5.1　三峡水库概况

本章针对三峡入库洪水预报的不确定性进行研究，采用三峡水库 2003—2009 年汛期(6～9 月份)逐日实测预报的入库流量，预报的预见期为 4 天。三峡水库正常蓄水位为 175 m，死水位为 145 m，校核洪水位为 180.4 m。

2.5.2　三峡水库水文预报不确定性模拟

本章采用 2003—2009 年汛期三峡预报入库流量的相对误差定量分析三峡水库预报不确定性。根据式(2-8)、式(2-9)，计算得到入库流量的单时段预报改进序列 $rw_{t-1,t-1}$，$rw_{t-1,t}$，$rw_{t-1,t+1}$，$rw_{t-1,t+2}$。考虑整个汛期样本的非稳态性，将汛期(6～9 月份)分为初汛期(6 月份)和主汛期(7～9 月份)。对初汛期和主汛期的 $rw_{t-1,t-1}$，$rw_{t-1,t}$，$rw_{t-1,t+1}$，$rw_{t-1,t+2}$，分别建立联合分布函数。

选用水文领域常用的指数分布、广义极值分布、广义回归分布、广义帕累托分布、广义正态分布、Gumbel分布、Kappa分布、对数正态分布、正态分布、P-Ⅲ型分布、Wakeby分布等拟合预报改进变量的边缘分布函数，并采用L-矩法进行参数估计。初汛期和主汛期预报改进的边缘分布拟合效果见表2-1、表2-2，表中列出预报改进的偏差率、RMSE及K-S假设检验的p值，其中"√"表示预报改进服从该边缘分布。由表2-1、表2-2可知：相比于其他分布函数，广义回归分布函数对初汛期及主汛期预报改进的拟合效果更好。因此，选用广义回归分布函数拟合预报改进的边缘分布函数。

表2-1　初汛期边缘分布检验结果

分布函数	1			2			3			4		
	Bias	RMSE	K-S	Bias	RMSE	K-S	Bias	RMSE	K-S	Bias	RMSE	K-S
指数	0.052	0.085	0.005	0.050	0.087	0.002	0.051	0.085	0.007	0.052	0.092	0.002
广义极值	0.006	0.045	0.263 √	0.002	0.033	0.734 √	0.002	0.027	0.924 √	0.000	0.013	0.996 √
广义回归	0.004	0.034	0.581 √	0.001	0.023	0.924 √	0.001	0.015	0.985 √	0.000	0.015	0.996 √
GP	0.006	0.045	0.263 √	0.002	0.032	0.734 √	0.001	0.025	0.924 √	0.000	0.011	0.999 √
广义正态	0.011	0.072	0.028	0.004	0.059	0.218 √	0.004	0.055	0.263 √	−0.002	0.041	0.373 √
Gumbel	0.017	0.046	0.218 √	0.020	0.042	0.218 √	0.023	0.039	0.373 √	0.029	0.050	0.146 √
Kappa	−0.50	0.577	0.000	−0.50	0.577	0.000	−0.50	0.577	0.000	−0.50	0.577	0.000
对数正态	−0.50	0.577	0.000	−0.50	0.577	0.000	−0.50	0.577	0.000	−0.50	0.577	0.000
正态	−0.018	0.056	0.075 √	−0.011	0.037	0.373 √	−0.007	0.028	0.658 √	0.003	0.012	0.999 √
P-Ⅲ	0.006	0.047	0.218 √	0.002	0.033	0.734 √	0.001	0.025	0.924 √	0.000	0.011	0.999 √
Wakeby	0.007	0.053	0.146 √	−0.004	0.057	0.095 √	0.048	0.108	0.000	0.055	0.154	0.000

表2-2　主汛期边缘分布检验结果

分布函数	1			2			3			4		
	Bias	RMSE	K-S	Bias	RMSE	K-S	Bias	RMSE	K-S	Bias	RMSE	K-S
指数	0.081	0.126	0.000	0.062	0.087	0.000	0.051	0.087	0.000	0.046	0.079	0.000
广义极值	0.001	0.063	0.001	0.004	0.033	0.008	0.004	0.040	0.075 √	0.002	0.021	0.623 √
广义回归	−0.001	0.048	0.008 √	0.002	0.023	0.075 √	0.002	0.028	0.366 √	0.000	0.011	0.978 √
GP	0.000	0.058	0.002	0.003	0.032	0.011	0.004	0.039	0.086 √	0.001	0.020	0.670 √
广义正态	0.002	0.090	0.000	0.006	0.059	0.000	0.008	0.066	0.000	0.005	0.048	0.022
Gumbel	0.046	0.080	0.000	0.028	0.042	0.000	0.019	0.043	0.013	0.020	0.031	0.147 √
Kappa	−0.500	0.577	0.000	−0.500	0.577	0.000	−0.500	0.577	0.000	−0.500	0.577	0.000
对数正态	−0.500	0.577	0.000	−0.500	0.577	0.000	−0.500	0.577	0.000	−0.500	0.577	0.000
正态	0.009	0.058	0.002	−0.008	0.037	0.011	−0.014	0.047	0.009	−0.009	0.028	0.238 √
P-Ⅲ	0.000	0.059	0.002	0.003	0.033	0.011	0.004	0.040	0.075 √	0.002	0.020	0.670 √
Wakeby	0.000	0.061	0.001	−0.004	0.057	0.167 √	0.025	0.052	0.000	0.047	0.110	0.000

当多变量之间存在多种相关关系时，相比常用的 Archimedean Copula 函数，Student t Copula 函数借助相关关系矩阵，可以准确描述变量之间复杂的相关性结构。因此，本章采用四维 Student t Copula 函数分别建立汛前期和主汛期预报改进 $rw_{t-1,t-1}$，$rw_{t-1,t}$，$rw_{t-1,t+1}$，$rw_{t-1,t+2}$ 的联合分布函数，并采用极大似然法进行估计。表 2-3 列出汛前期和主汛期预报改进的四维 Student t Copula 函数参数以及 K-S 检验的 p 值。由表 2-3 可知，汛前期和主汛期预报改进的 Copula 函数均通过假设检验。图 2-4 为汛前期和主汛期联合分布的经验点据和理论分布曲线，可知拟合效果较好。

表 2-3　初汛期和主汛期的 Student t 参数及拟合检验结果

汛　期	θ_1	θ_2	θ_3	θ_4	θ_5	θ_6	自由度	p 值
初汛期	0.337	0.034	0.032	0.490	0.078	0.500	3	0.21
主汛期	0.418	0.087	−0.030	0.600	0.200	0.546	3	0.10

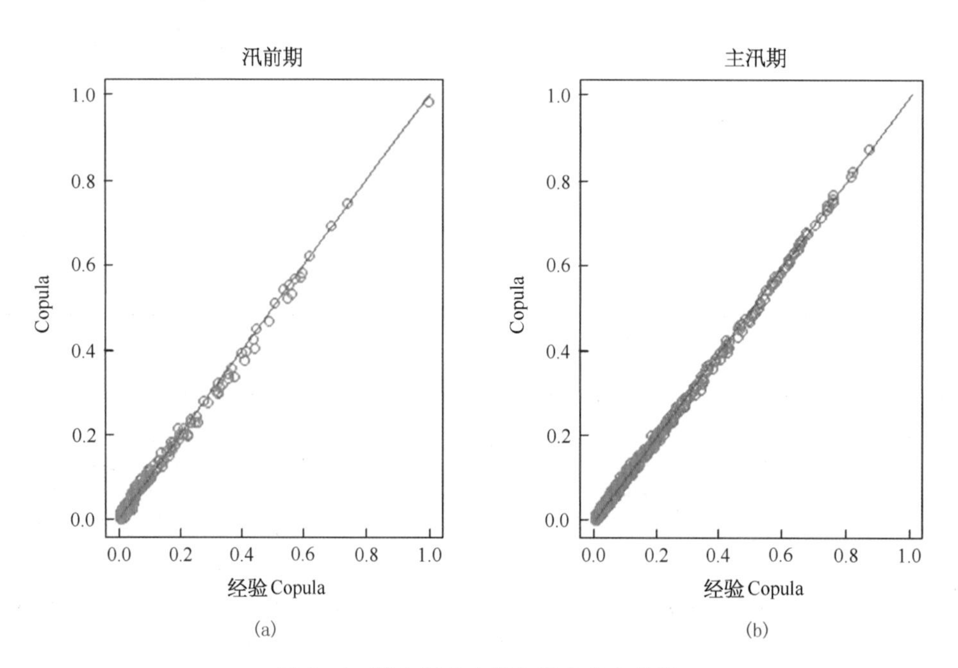

图 2-4　联合经验点据与理论分布曲线

运用已建立的汛前期和主汛期的四维 Student t Copula 函数，采用上述方法模拟 1 000组汛前期和主汛期预报改进 $rw_{t-1,t-1}$，$rw_{t-1,t}$，$rw_{t-1,t+1}$，$rw_{t-1,t+2}$ 序列，并得到预见期为 1、2、3、4 天时的预报相对误差序列。分别计算汛前期和主汛期预报相对误差序列的统计量，即均值，C_v 和 C_s，如图 2-5 所示。由图 2-5 可知，生成的预报相对误差序列与实测值相比，统计特征值相差较小，预报不确定系列的模拟效果较好。

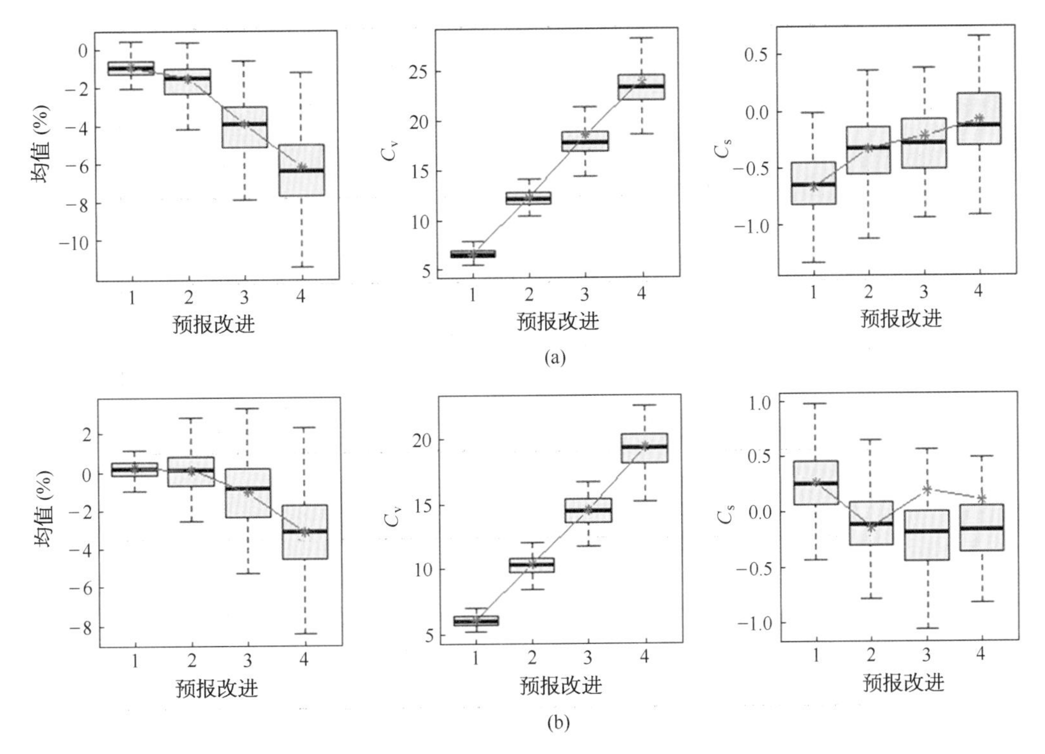

图 2-5　汛前期和主汛期预报相对误差实测和模拟的统计特征值

2.5.3　三峡水库防洪预报调度的风险分析

Lee 和 Salas 采用 Frank Copula、Clayton Copula 及 Gumbel Copula 函数模拟三峡水库日径流序列，发现相比 Frank Copula、Clayton Copula，Gumbel Copula 函数的拟合效果更好。因此，本章选用 Gumbel Copula 函数模拟三峡水库日径流序列。图 2-6 为实测和模拟序列的统计特征值。由图 2-6 可知，实测和模拟序列的统计特征值拟合较优。将 Gumbel Copula 函数模拟得到的三峡水库日径流序列与上述生成的预报相对误差序列迭加，生成三峡水库预见期为 1、2、3、4 天时的预报径流序列。

根据三峡调度规程，三峡发生 10 000 年一遇洪水时，库水位应达到 180.4 m，洪水风险率应为 0.1%，如式(2-11)所示。采用预泄法对三峡进行调度时，通过模拟的日径流预报序列计算得到的洪水风险率为 0。结果表明：当 10 000 年一遇洪水发生时，采用预泄法进行水库预报调度可有效降低风险率。

2.6　小　结

本章基于 Copula 函数提出一种新的预报不确定性模拟方法。所提方法克服传统预

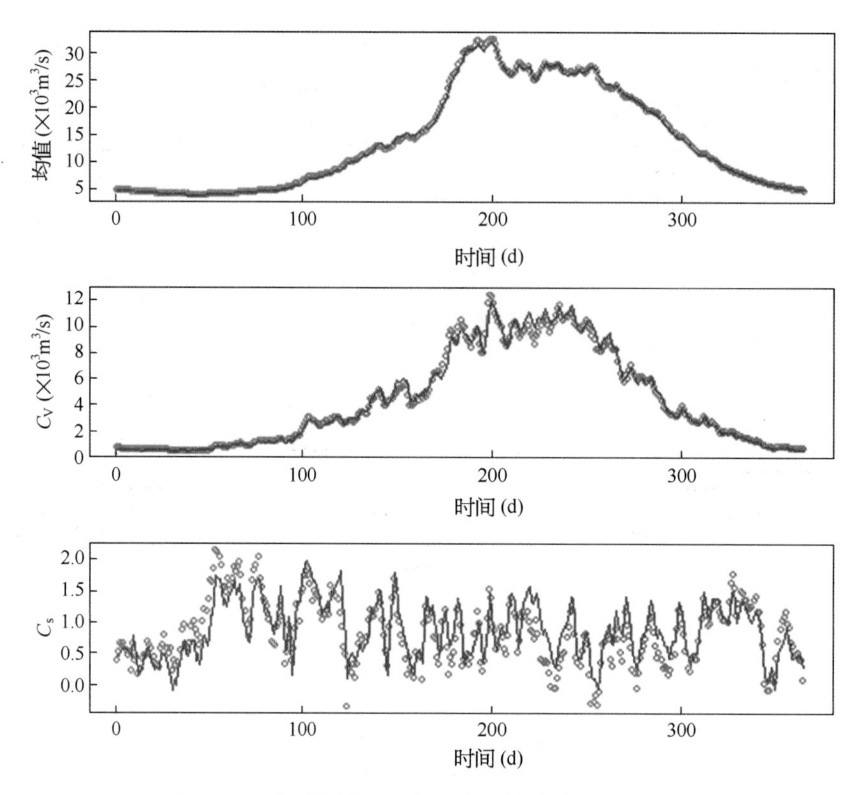

图 2-6　实测和模拟日径流序列的统计特征值比较

报不确定性演进模型的无偏性、正态分布、时序独立稳态性等假设条件的缺陷。以三峡水库为研究对象，模拟三峡水库预报不确定性，并分析预报不确定性对水库防洪预报调度风险分析的影响。结果表明：模拟不确定性序列的特征值与实测不确定性序列特征值差别较小；目前三峡水库调度采用预泄法进行预报调度可保障水库安全运行，基于水文预报的调度方式不会增加调度风险率。本书将预报不确定性纳入防洪调度风险分析的考虑因素，进一步丰富了防洪调度风险分析方法，为水库防洪预报调度风险分析奠定了基础。

第3章 多站日流量随机模拟

目前，对水文序列随机模拟的研究主要集中于单站的随机模拟技术；然而，随着梯级水库和水库群的建设，不仅需要单站的信息，还需要流域内各站的综合信息，以便科学地确定水资源开发方案，预测可能产生的风险，实现对水资源的合理开发和可持续利用。现有的多站随机模拟方法主要可归纳为：多站自回归模型、空间（多站）解集模型及主站模型（主站法）。多站自回归模型及空间解集模型，计算较为繁琐，为简化计算，常认为自相关和互相关系数是近似平稳的，一般用来模拟年径流序列。熊明曾采用平稳的解集模型模拟时段（天）洪水过程线，但随着模拟时段的增长，误差有明显增大的趋势。主站法是将主站和从站之间的相关关系用一线性关系表示，该法可以描述截口的季节性特征，但不能考虑截口间非0时滞的互相关特性。基于以上不足，本章提出了一种新的多站随机模拟方法，建立了非平稳的季节性多站随机模拟模型，用以模拟多站的日径流序列。

日流量随机模拟的核心问题是描述多个变量间的相关关系，Copula函数是描述多变量相关性的有效工具，现已广泛应用于洪水事件及干旱事件的频率分析中。相比较而言，Copula函数在随机模拟中的应用较少，目前国内外的研究成果主要有：肖义等基于Copula函数同时模拟洪峰和洪量系列，并将其转化成洪水过程线，提出了一种新的洪水过程线模拟方法；Lee和Salas应用Copula函数模拟了尼罗河流域的年径流量；Bárdossy和Pegram采用Copula函数模拟了多站的降水量；闫宝伟等基于Copula函数，建立了一阶非平稳时间序列模型，用以生成月径流序列。这些研究表明Copula函数可作为一种科学、有效的工具，应用于水文的随机模拟中。然而，到目前为止，国内外学者还未曾利用Copula函数的这种优良特性模拟多站日流量序列。

多站随机模拟的相关结构较为复杂，其关键及难点为既要考虑站点间的空间相关性，又要体现站点时间序列的自相关特性，需要模拟时间、空间两个相关结构。因此，二维的Copula函数已不能满足研究的需要，本文引入多维Archimedean Copula函数来实现多站的日流量随机模拟。

3.1　多维Archimedean Copula函数的构建

3.1.1　多维Archimedean Copula函数

多种Copula函数都可应用于建立水文变量的多维联合分布。其中Archimedean Copula函数因其结构简单，计算简便，可以构造出多种形式多样、适应性强的多变量联合分布函数，能够满足大多数领域的应用要求，在实际应用中占有很重要的地位。如Zhang和Singh应用Archimedean Copula函数，建立了降雨的二维概率分布函数。Wang等采用Archimedean Copula函数研究了两江交汇处的洪水频率。Chen等基于二维Archimedean Copula函数，提出了一种新的分期设计洪水方法。水文领域常用的几种Archimedean Copula函数包括：Gumbel Copula、Frank Copula及Clayton Copula函数。

多维Archimedean Copula的构造通常都是基于二维Archimedean Copula嵌套而成，不同的构造方式可以分别构造出对称型和非对称型两种 Copula 函数。对称型 Archimedean Copula 函数所构造的d维联合分布只有一个参数，仅可描述一种相关结构；非对称型 Archimedean Copula 函数具有 $d-1$ 个参数，可描述 $d-1$ 个相关结构。

本研究针对的是多站日流量序列，须对日径流的每个截口，模拟两种相关结构：站点间流量序列的空间相关性，单站流量序列在时间上的自相关性。由于两种相关性的值并不相等，因此须采用不对称型 Archimedean Copula 函数建立三维联合分布。传统方法是基于二维嵌套的方式构造多维 Archimedean Copula 的联合分布，应用极大似然法估计其参数；但由于日流量模拟截口较多，采用上述方法计算量较大，且参数估计困难。为解决此难题，本文引入一种新的方法，即条件混合法建立多维的联合分布。

3.1.2 条件混合法

Joe 和 De Michele 等提出了一种基于条件分布和二维 Copula 构造多维联合分布函数的方法，命名为条件混合法。令 X、Y、Z 为三个变量，其三维概率分布函数的表达式为：

$$F_{XYZ}(x, y, z)=\int_{-\infty}^{y} C_{XZ}[F_{X|Y}(x \mid y), F_{Z|Y}(z \mid y)]F_Y \mathrm{d}y \tag{3-1}$$

式中，C 为 Copula 函数；$F_{X|Y}(x \mid y)$ 和 $F_{Z|Y}(z \mid y)$ 分别为 y 已知的条件下，X 和 Z 的条件分布。

$F_{X|Y}(x \mid y)$ 可借助二维 Copula 函数表示：

$$F_{X|Y}(x \mid y)=P(X \leqslant x \mid Y=y)=Q[F_X(x), F_Y(y)] \tag{3-2}$$

$$Q(u, v)=\frac{\partial C_{XY}(u, v)}{\partial u} \tag{3-3}$$

式中，$F_X(x)$、$F_Y(y)$ 分别为随机变量的边缘分布。

3.2 多站随机模拟

当同时模拟几个站的洪水过程时，可以从中选择一个站作为主站，其余测站当作为从站；主站选择以控制面积大、资料条件好及考虑水资源开发利用的要求综合确定。首先模拟主站的日流量序列，$t-1$ 时刻从站的流量值可通过上轮计算求得，则多站的随机模拟问题可归结为：在已知主站 t 时刻的流量 Y_t及从站 $t-1$ 时刻的流量 X_{t-1}的情况下，推求从站 t 时刻的流量值 X_t。其主要步骤为：① 采用 AR(1)模拟主站 N 年的日流量序列；② 建立变量 Y_t、X_t和 X_{t-1}的三维联合分布，并估计其参数；③ 在已知 Y_t、X_{t-1}的条件下，推求从站 t 时刻的流量值 X_t。

3.2.1 多维联合分布函数建立

采用条件混合法构建各截口的三维 Copula 函数：

$$
\begin{aligned}
C(u_1, u_2, u_3) &= F_{y_t x_{t-1} x_t}[F(y_t), F(x_{t-1}), F(x_t)] \\
&= \int_{-\infty}^{x_{t-1}} C_{XZ}[F_{y_t|x_{t-1}}(y_t \mid x_{t-1}), F_{x_t|x_{t-1}}(z \mid x_{t-1})] F \mathrm{d} x_{t-1}
\end{aligned} \tag{3-4}
$$

式中，x_t、x_{t-1}分别为从站的 t 和 $t-1$ 时刻的模拟值；y_t 为主站 t 时刻的模拟值；$u_1 = F(y_t)$，$u_2 = F(x_{t-1})$，$u_3 = F(x_t)$。

边缘分布采用 P-Ⅲ型分布，其概率密度函数为

$$
f(x) = \frac{\beta^{\alpha}}{\Gamma(\alpha)}(x-\delta)^{\alpha-1}\exp[-\beta(x-\delta)] \ (\alpha > 0, \beta > 0, \delta \leqslant y < \infty) \tag{3-5}
$$

式中，α、β 和 δ 分别为 P-Ⅲ型分布的形状、尺度和位置参数；$\Gamma(\cdot)$ 为伽马函数。

P-Ⅲ分布的参数采用线性矩法估计；Copula 函数的参数 θ 可根据 θ 与 Kendall 秩相关系数 τ_t 的关系间接得出，其相关关系可定义为

$$
\tau_t = 4\int_0^1\int_0^1 C(u, v)\mathrm{d}(u, v) - 1 \tag{3-6}
$$

式中，τ_t 为第 t 个截口的一阶非线性自相关系数。

由式(3-4)可知，需求在 x_{t-1} 已知条件下，x_t、y_t 的条件分布 $F_{x_t|x_{t-1}}$、$F_{y_t|x_{t-1}}$。因此，要建立 x_{t-1} 与 x_t、x_{t-1} 与 y_t 的 Copula 函数，其相关系数可通过下式计算：

$$
\tau_t = \begin{cases}
(C_n^2)^{-1} \sum\limits_{j>i=2}^{n} \mathrm{sgn}[(x_{1,i} - x_{1,j})(x_{m,i-1} - x_{m,j-1})] \ (t=1) \\
(C_n^2)^{-1} \sum\limits_{j>i=1}^{n} \mathrm{sgn}[(x_{t,i} - x_{t,j})(x_{t-1,i} - x_{t-1,j})] \ (t=2, 3, \cdots, m)
\end{cases} \tag{3-7}
$$

式中，C_n^2 是组合数；sgn( )是符号函数；$x_{t,i}$ 为第 t 个截口第 i 年观测值；m 为截口数；n 为观测样本容量。

除此之外，还需在 x_{t-1} 已知条件下，建立 x_t 和 y_t 的条件分布的联合分布。因此，要计算 x_t 和 y_t 的条件相关性，即偏相关系数。条件相关性表示在消除 x_{t-1} 影响下，x_t、y_t 的相关性。其计算公式如下：

$$
\tau_{x_t y_t, x_{t-1}} = \frac{\tau_{x_t y_t} - \tau_{x_t x_{t-1}} \tau_{y_t x_{t-1}}}{\sqrt{(1-\tau_{x_t x_{t-1}}^2)(1-\tau_{y_t x_{t-1}}^2)}} \tag{3-8}
$$

式中，$\tau_{x_t y_t, x_{t-1}}$ 表示 t 时刻的偏相关系数；$\tau_{x_t y_t}$、$\tau_{x_t x_{t-1}}$ 和 $\tau_{y_t x_{t-1}}$ 分别表示 x_t 和 y_t、x_t 和 x_{t-1}、y_t 和 x_{t-1} 的相关系数，采用式(3-7)计算。

3.2.2　多站随机模拟的步骤

从站 t 时刻的流量值 X_t 可通过条件分布推求。当 X_{t-1}、Y_t 已知时，$u_1 = F(y_t)$、$u_2 = F(x_{t-1})$，则 u_3 的条件分布可定义为

$$G(u_3 \mid u_1, u_2) = \frac{\partial_{u_1, u_2} C(u_1, u_2, u_3)}{\partial_{u_1, u_2} C(u_1, u_2)} = \frac{\partial_{u_1} C_{u_1 u_3}[\partial_{u_2} C_{u_1 u_2}(u_1, u_2), \partial_{u_2} C_{u_2 u_3}(u_2, u_3)]}{\partial_{u_1, u_2} C(u_1, u_2)} \tag{3-9}$$

令

$$Q_1(u_1, u_2) = \frac{\partial C_{u_1 u_2}(u_1, u_2)}{\partial u_2}; \ Q_2(u_2, u_3) = \frac{\partial C_{u_2 u_3}(u_2, u_3)}{\partial u_2}$$

则

$$\begin{aligned} G(u_3 \mid u_1, u_2) &= \frac{\partial_{u_1} C_{u_1 u_3}[Q_1(u_1, u_2), Q_2(u_3, u_2)]}{\partial_{u_1, u_2} C(u_1, u_2)} \\ &= \frac{\dfrac{\partial C_{u_1 u_3}}{\partial Q_1} \dfrac{\partial Q_1}{\partial u_1} + \dfrac{\partial C_{u_1 u_3}}{\partial Q_2} \dfrac{\partial Q_2}{\partial u_1}}{\partial_{u_1, u_2} C(u_1, u_2)} = \frac{\partial C_{u_1 u_3}(Q_1, Q_2)}{\partial Q_1} \end{aligned} \tag{3-10}$$

u_1、u_2 为已知值，则 Q_1 可知，随机生成条件分布 G 的值 ε_t，基于式(3-9)，依据反函数法可求得 t 时刻的分布函数 Q_2 的值，从站 t 时刻模拟的径流量 $x_t = Q_2^{-1}(u_3 \mid u_2)$。

多站随机模拟的具体步骤为：

(1) 采用非平稳一阶自回归模型生成主站 N 年的模拟序列 $y_{t,j}(t = 1, \cdots, 365; j = 1, \cdots, N)$ 。

(2) 分析实测洪水的统计特性，计算统计特征值，包括均值、变差系数 C_v 和偏态系数 C_s。计算主站和从站时滞为 0 和 1 的互相关系数，以及从站时滞为 1 的自相关系数。

(3) 对每个截口，建立以下联合分布函数：① t 时刻主站和 $t-1$ 时刻从站的日流量序列联合分布；② t 时刻和 $t-1$ 时刻从站流量序列的联合分布；③ t 时刻主站和从站的流量序列的联合分布。对联合分布①、②，根据式(3-7)求出 Copula 函数的参数；对联合分布③，根据式(3-7)、式(3-8)求出 Copula 函数的参数。

(4) 已知 $x_{t-1,j}$ 和 $y_{t,j}$，可求得联合分布的条件分布 $G(u_1 \mid u_2)$，即 $Q_1(u_3, u_2)$。

(5) 随机生成服从(0,1)均匀分布的随机数 ε_t，通过式(3-10)求得 Q_2，继而求得 t 时刻从站的流量 $x_{t,j}$。

(6) 重复步骤(4)、(5)，直至生成 N 年的日径流序列。

本算法假设从站第 1 年的第 1 个流量值 $x_{1,1}$，仅与主站的第 1 个流量值 $y_{1,1}$ 有关，通过两者的条件分布，可得到从站 $x_{1,1}$ 的流量值；第 j 年的第 1 个流量值 $x_{1,j}$ $(j = 2, \cdots,$

N) 与该年主站的第 1 个流量值 $y_{1,j}$ 和从站 $j-1$ 年的最后一个流量值 $x_{365,j-1}$ 相关。

3.3 实 例 研 究

选取长江上游为研究对象，长江上游干支流洪水先后叠加后，汇集到宜昌后，易形成峰高量大的洪水。长江上游流域面积超过 8 万 km^2 的支流有 4 条，其中左岸有金沙江段的雅砻江，川江的岷江、嘉陵江，右岸有乌江汇入。以长江干流的宜昌站、金沙江的屏山站(该站包括了雅砻江的流量)、岷江的高场站、嘉陵江的北碚站以及乌江的武隆站作为多站洪水随机模拟的对象，采用各站 1951—2007 年共计 57 年的同步观测日流量资料参与计算。宜昌站是长江干流的主要水文站，且是长江出三峡后的控制站，集水面积 1 005 501 km^2，多年平均流量 14 300 m^3/s，多年平均径流量为 4 510 亿 m^3，选为主站，其他各站为从站。本书将采用上述方法，模拟 5 个测站的日流量序列，并验证所提模型的适用性及合理性。

3.3.1 多维联合分布的建立

采用一阶非平稳自回归模型[AR(1)]模拟宜昌站 N 年的日径流序列；应用 P-Ⅲ分布拟合主站和从站各截口的边缘分布。考虑到枯水期和汛期水文特性变化较大，采用 Gumbel、Frank 和 Clayton 三种 Copula 函数进行试算。通过比较理论计算值与经验 Copula 函数的拟合情况，对所建模型的合理性进行分析。联合观测值的经验频率采用下式计算：

$$F_{emp}(y_i, x_j, x_k) = P(Y_t \leqslant y_i, X_t \leqslant x_j, X_{t-1} \leqslant x_k) = \frac{\sum_{p=1}^{i}\sum_{q=1}^{k}\sum_{s=1}^{j} n_{pqs} - 0.44}{n + 0.12} \tag{3-11}$$

式中，y_i，x_j，x_k 为实测洪水序列($1 \leqslant i, j, k \leqslant n$，$n$ 为样本容量)；$F_{emp}(y_i, x_j, x_k)$ 为经验频率；n_{pqs} 为实测样本中发生 $Y_t \leqslant y_i$，$X_t \leqslant x_j$，$X_{t-1} \leqslant x_k$ 的情况。本书采用离差平方和准则(E_{OLS})评价联合分布的拟合情况。

$$E_{OLS} = \left\{\frac{1}{n}\left(\sum_{i=1}^{n}[F_{emp}(y_i, x_j, x_k) - F(y_i, x_j, x_k)]^2\right)\right\}^{1/2} \tag{3-12}$$

图 3-1 所示为岷江高场站一年中各截口的 E_{OLS} 值，可知 E_{OLS} 值基本介于 0.02～0.04，经计算得 E_{OLS} 值的平均值为 0.031 6。图 3-2 所示为岷江高场站 E_{OLS} 近似于平均值的截口，实测和模拟值的拟合情况，可知拟合情况较好。表 3-1 列出了各控制站 E_{OLS} 的最小值、最大值及平均值，可知 E_{OLS} 的取值范围介于 0.016 4～0.064，各截口的平均值约为 0.03。图 3-1、图 3-2 及表 3-2 的结果表明采用式(3-1)、式(3-4)建立的三维 Copula 函数是合理的。

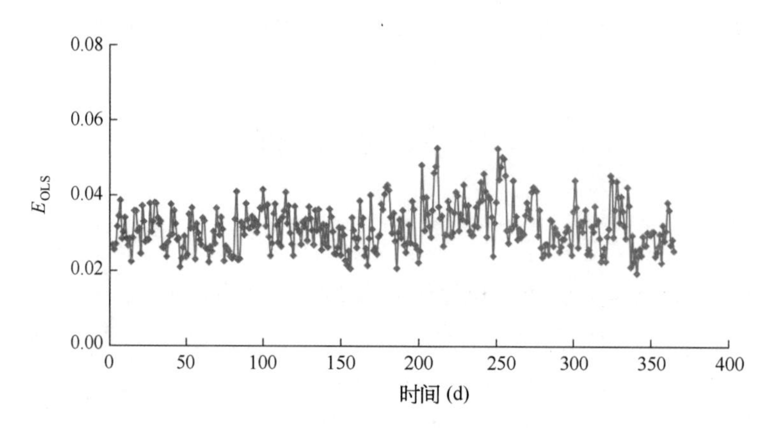

图 3-1　岷江高场站各截口 E_{OLS} 值

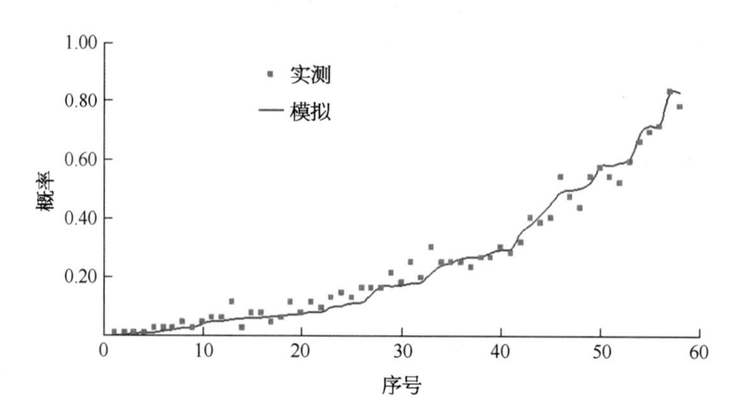

图 3-2　理论值和经验频率的平均拟合误差

表 3-1　各从站联合分布的 E_{OLS} 计算值

E_{OLS}	金沙江	岷　江	沱　江	嘉陵江	乌　江	多站均值
最小值	0.015 9	0.019 4	0.016 4	0.018 1	0.019 4	0.017 8
最大值	0.064 3	0.052 6	0.064 9	0.071 4	0.056 7	0.062 0
平均值	0.030 4	0.031 6	0.033 5	0.034 2	0.033 8	0.032 7

3.3.2　多站日流量的模拟及检验

采用上述方法，随机生成金沙江、岷江、沱江、嘉陵江和乌江控制站的日流量序列。为评价模型的合理性与适用性，须进一步对模型的模拟效果进行验证。由于主站数据模拟的优劣直接关系到从站的模拟结果，首先对主站的模拟数据进行检验。图 3-3 给出了宜昌站实测和模拟序列的各截口均值、C_v 和 C_s。表 3-2 给出了长江宜昌站实测和模拟序列截口均值、C_v、C_s 的绝对误差和相对误差的平均值。由图 3-3、表 3-2 可知，实测的均值、C_v、C_s 值与模拟的拟合较好。因此，该数据可用于从站数据的模拟。

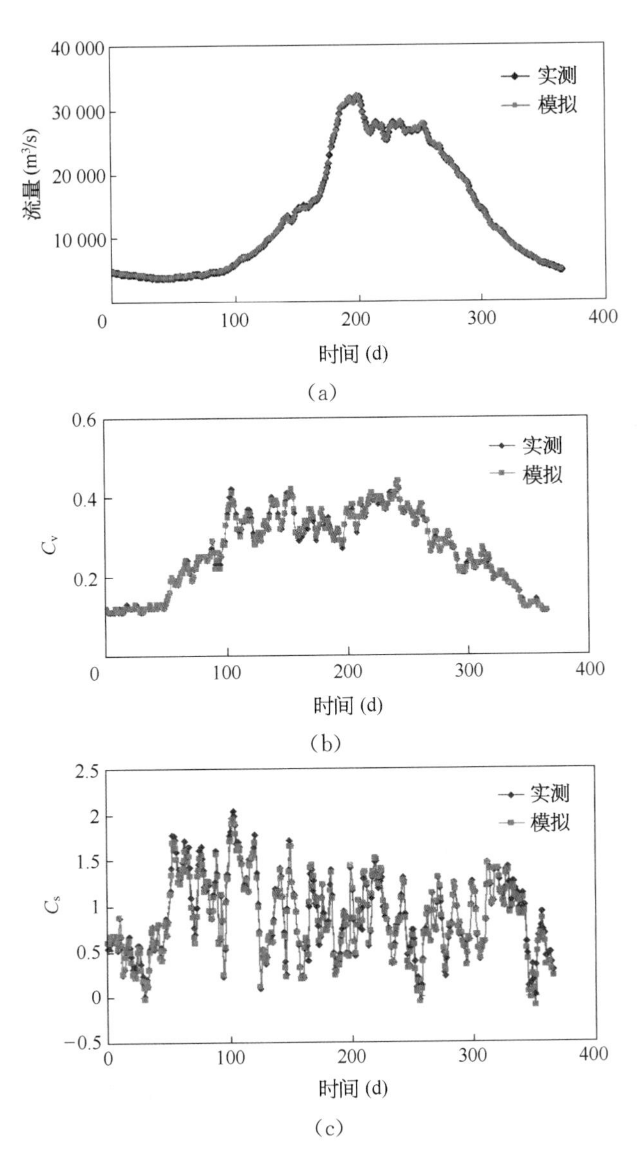

图 3-3　宜昌站实测和模拟序列的均值、C_v 和 C_s

(a) 流量；(b) C_v；(c) C_s

对从站模拟序列进行合理性分析，具体步骤为：模拟 100 组与实测样本容量(57 年)相等的序列，共计 5 700 个年日流量序列，计算截口统计量，即均值 C_v 和 C_s，结果如图 3-4 所示。计算实测和模拟序列各截口平均绝对误差和相对误差值，结果见表 3-2。由图3-4、表 3-2 得各站实测与模拟序列截口特征值拟合较优。

多站随机模拟既要体现站内相关性，又要体现主站与从站之间的相关性。表 3-3 列出了实测和模拟日流量序列，主站与从站时滞为 0 和时滞为 1 的互相关系数、从站时滞为 1 的自相关系数，以及绝对误差、相对误差值。可知，各站实测资料的相关系数与模拟资料的相关系数差别不大，表明该方法能够较好地模拟站内和站间的相关性特征。

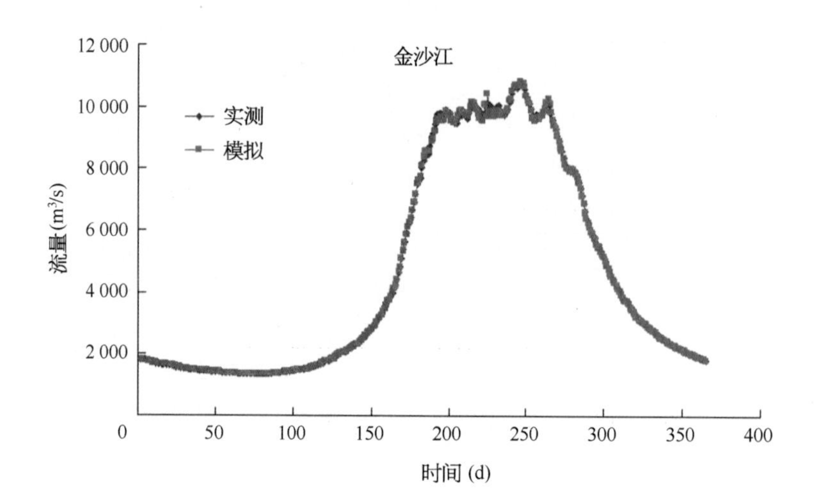
金沙江
实测
模拟
流量(m³/s)
12 000
10 000
8 000
6 000
4 000
2 000
0
50
100
150
200
250
300
350
400
时间 (d)

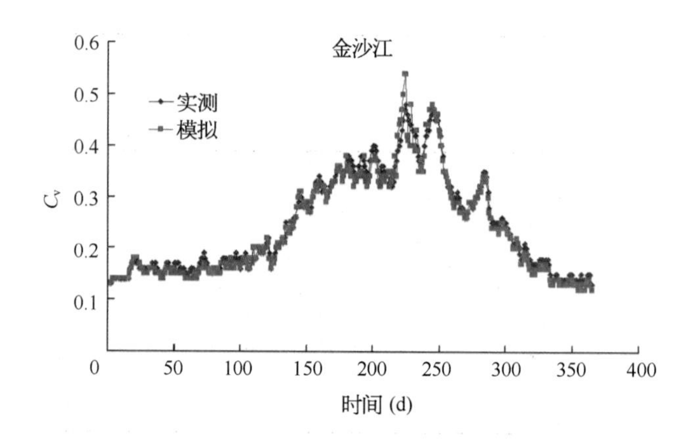
金沙江
实测
模拟
C_v
0.6
0.5
0.4
0.3
0.2
0.1
0
50
100
150
200
250
300
350
400
时间 (d)

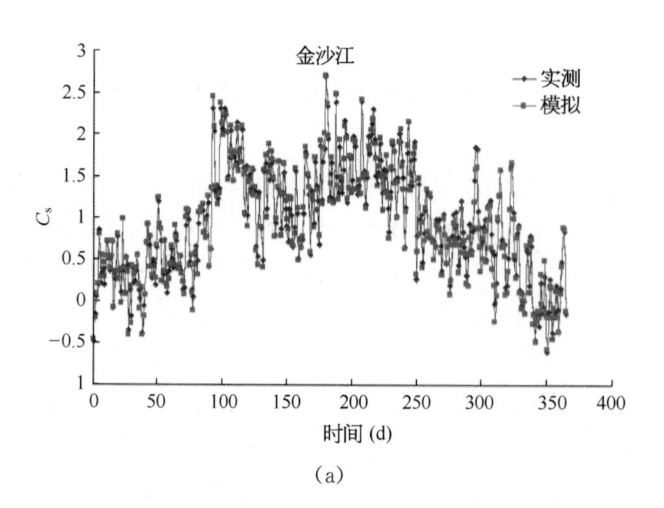
金沙江
实测
模拟
C_s
3
2.5
2
1.5
1
0.5
0
−0.5
1
0
50
100
150
200
250
300
350
400
时间 (d)

(a)

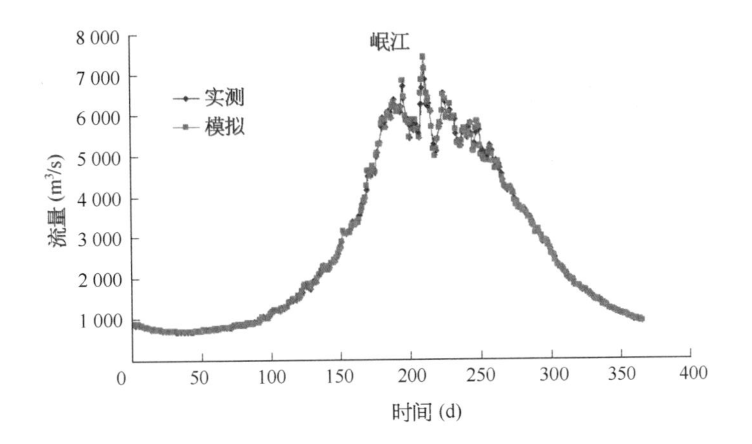
岷江
实测
模拟
流量 (m³/s)
8 000
7 000
6 000
5 000
4 000
3 000
2 000
1 000
0
50
100
150
200
250
300
350
400
时间 (d)

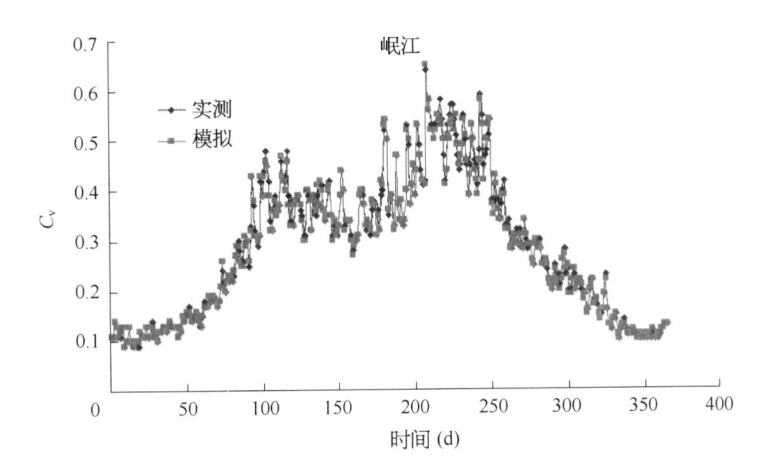
岷江
实测
模拟
Cv
0.7
0.6
0.5
0.4
0.3
0.2
0.1
0
50
100
150
200
250
300
350
400
时间 (d)

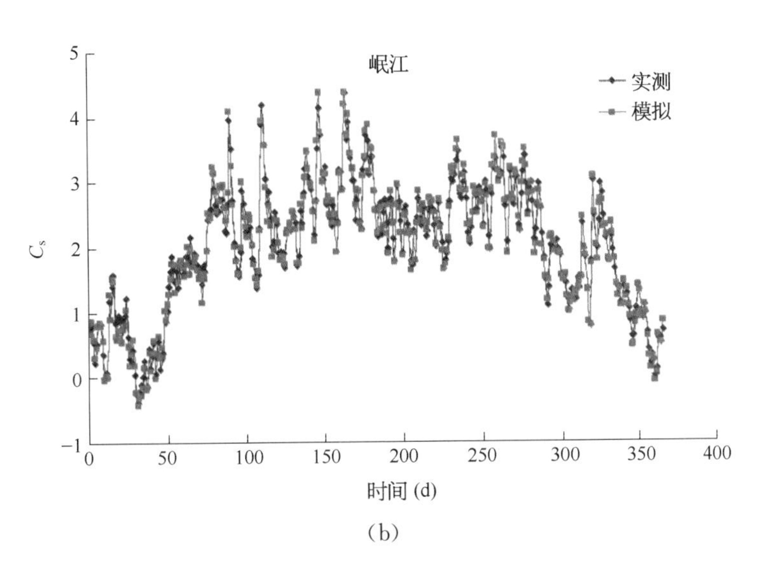
岷江
实测
模拟
Cs
5
4
3
2
1
0
−1
0
50
100
150
200
250
300
350
400
时间 (d)

(b)

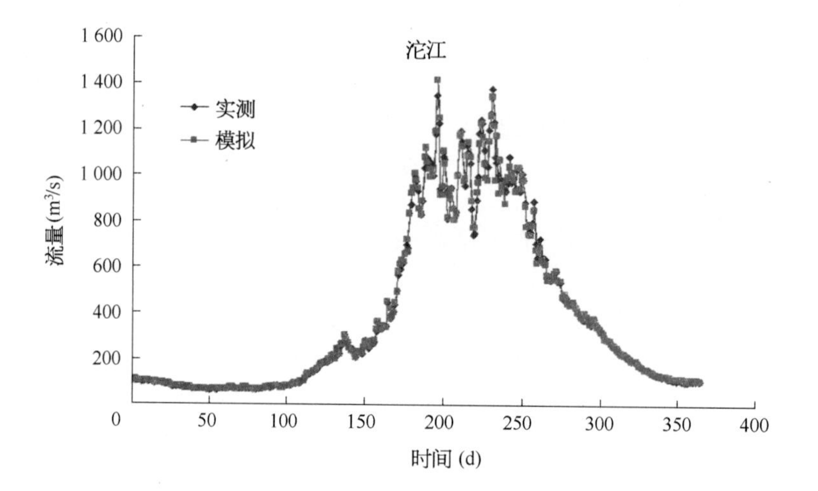

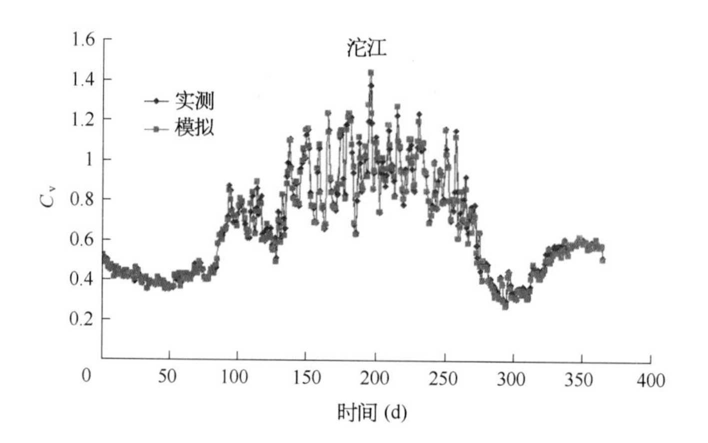

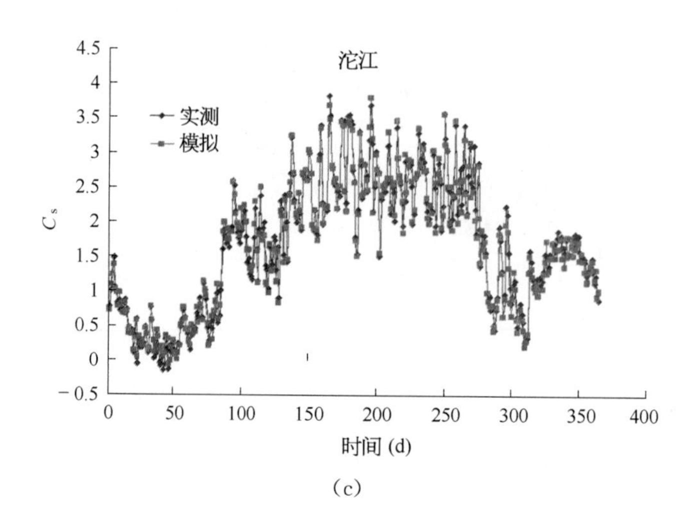

(c)

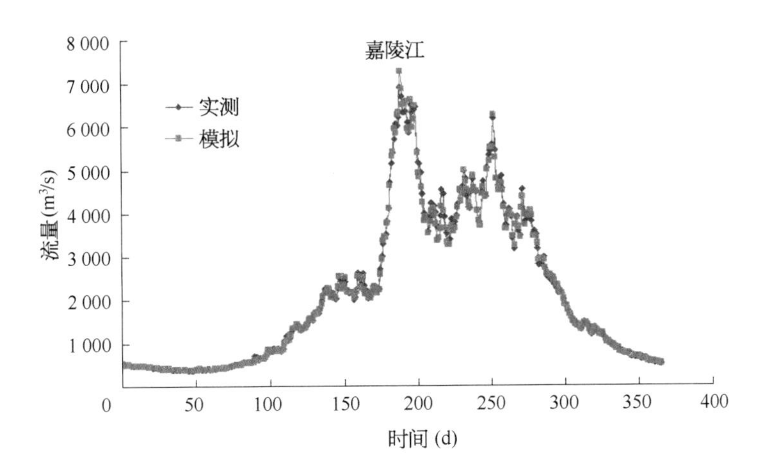
嘉陵江
实测
模拟
流量(m³/s)
8 000
7 000
6 000
5 000
4 000
3 000
2 000
1 000
0
50
100
150
200
250
300
350
400
时间 (d)

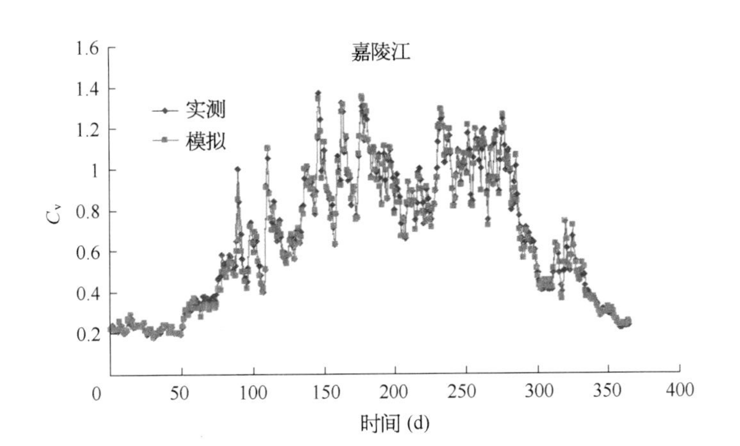
嘉陵江
实测
模拟
C_v
1.6
1.4
1.2
1
0.8
0.6
0.4
0.2
0
50
100
150
200
250
300
350
400
时间 (d)

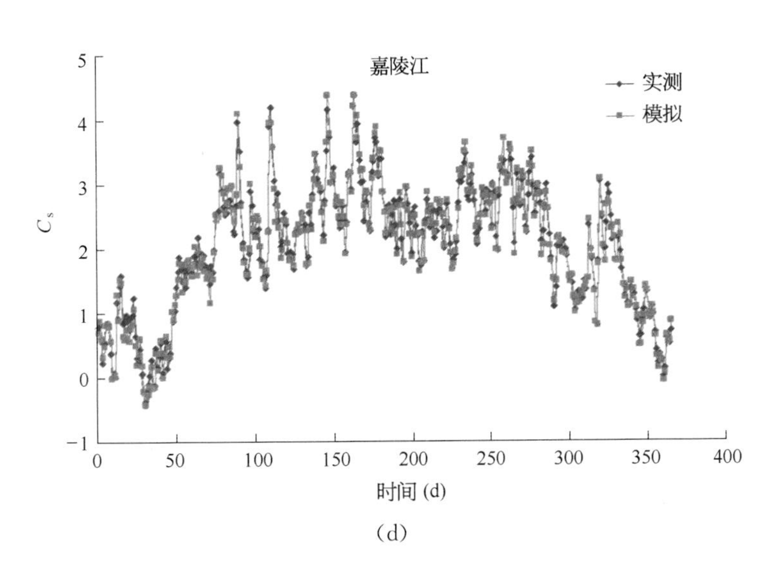
嘉陵江
实测
模拟
C_s
5
4
3
2
1
0
−1
0
50
100
150
200
250
300
350
400
时间 (d)

(d)

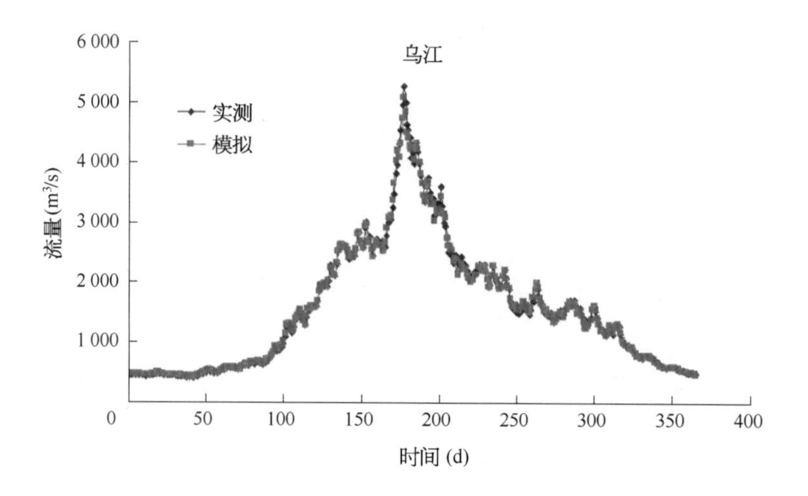

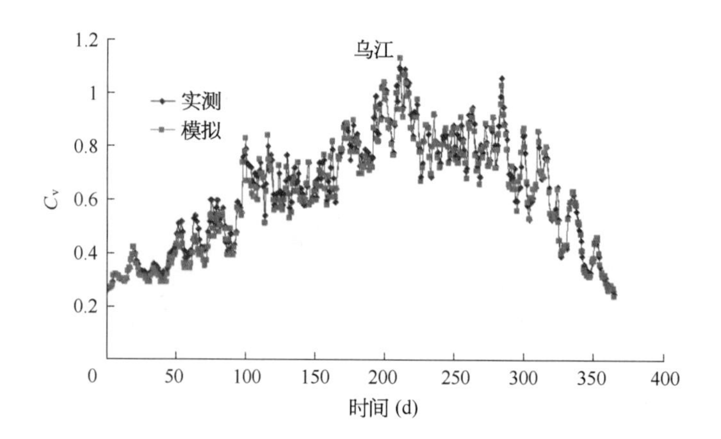

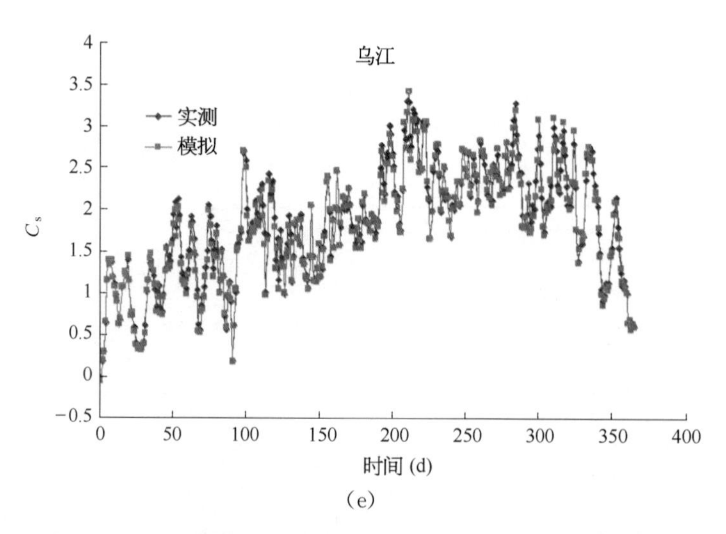

(e)

图 3-4 长江上游干支流主要测站模拟与实测洪水统计特征比较

(a) 金沙江;(b) 岷江;(c) 沱江;(d) 嘉陵江;(e) 乌江

表3-2　从站实测值和模拟值统计特征值的绝对误差和相对误差

河　流	均　值		C_v		C_s	
	绝对误差(m^3/s)	相对误差(%)	绝对误差	相对误差(%)	绝对误差	相对误差(%)
长江(宜昌站)	40.37	0.27	0.00	0.69	0.04	8.52
金沙江	42.66	0.67	0.01	2.30	0.06	6.45
岷江	27.10	0.84	0.01	1.86	0.07	8.89
沱江	8.34	1.71	0.02	2.45	0.08	5.64
嘉陵江	19.38	0.51	0.00	1.40	0.04	4.14
乌江	27.00	1.47	0.01	2.05	0.06	3.79

表3-3　宜昌站与各从站截口平均 Kendall 相关系数统计

		金沙江	岷　江	沱　江	嘉陵江	乌　江	多站平均值
$\tau_{x_t y_t}$	实测	0.319	0.311	0.262	0.409	0.389	0.338
	模拟	0.315	0.317	0.258	0.403	0.378	0.334
	绝对误差	0.004	0.006	0.004	0.006	0.011	0.004
	相对误差(%)	1.25	1.93	1.53	1.47	2.83	1.18
$\tau_{y_t x_{t-1}}$	实测	0.324	0.338	0.287	0.427	0.412	0.358
	模拟	0.31	0.336	0.260	0.405	0.399	0.342
	绝对误差	0.014	0.002	0.027	0.022	0.013	0.016
	相对误差(%)	4.32	0.59	9.41	5.15	3.16	4.47
$\tau_{x_t x_{t-1}}$	实测	0.892	0.686	0.785	0.819	0.812	0.799
	模拟	0.89	0.685	0.782	0.817	0.81	0.797
	绝对误差	0.002	0.001	0.003	0.002	0.002	0.002
	相对误差(%)	0.22	0.15	0.38	0.24	0.25	0.25

3.4　方法比较

本书采用主站法分别模拟长江宜昌站、金沙江屏山站、岷江高场站、沱江李家湾站、嘉陵江北碚站及乌江武隆站的日流量序列，并与所提方法进行比较分析。主站法的基本思路是：当同时模拟几个站的水文序列时，可以从中选择一个站作为主站，其他站看作为从站。先对主站单独建立自回归模型；然后由主站模拟的水文序列分别转移到各从站去，以达到多站序列模拟的目的。本文选用长江宜昌站作为主站，其余各站为从站，模拟各站的日流量序列，采用相对误差和综合评价指标均方根误差 E_{RMS}，评价主站法和所提模型的效果，E_{RMS}的定义如下：

$$E_{RMS} = \sqrt{\frac{1}{m}\sum_{j=1}^{m}\left(\frac{\delta_{o,j} - \delta_{s,j}}{\delta_{o,j}}\right)^2} \tag{3-13}$$

式中，$\delta_{o,j}$ 为实测的第 j 个截口的统计参数；$\delta_{s,j}$ 为模拟的第 j 个截口的统计参数；m 为截口数，此处 $m = 365$。

E_{RMS}表示模拟值与实测值之间的拟合程度，一定程度上可以反映模型的模拟效果，E_{RMS}值越小，整体模拟越好。

表 3-4 给出了主站法与 Copula 方法实测序列与模拟序列统计参数的相对误差及均方根误差值 E_{RMS}。可知，所提方法的相对误差和 E_{RMS}值都明显地小于主站法。因此，所提方法的模拟效果要优于主站法。

表 3-4　主站法与所提方法模拟序列统计参数的比较

河流	均值				C_v				C_s			
	主站		Copula		主站		Copula		主站		Copula	
	误差(%)	E_{RMS}	误差(%)	E_{RMS}	误差(%)	E_{RMS}	误差(%)	E_{RMS}	误差(%)	E_{RMS}	误差(%)	E_{RMS}
金沙江	1.06	0.012	0.67	0.004	6.97	0.048	2.30	0.033	12.62	0.601	6.45	0.055
岷江	1.08	0.014	0.84	0.004	6.43	0.036	1.86	0.02	13.50	0.678	8.89	0.202
沱江	3.02	0.043	1.71	0.01	5.72	0.087	2.45	0.023	11.61	1.914	5.64	0.137
嘉陵江	3.37	0.035	0.51	0.029	7.06	0.045	1.40	0.031	12.61	0.771	4.14	0.312
乌江	2.98	0.041	1.47	0.012	6.14	0.083	2.05	0.029	7.82	0.334	3.79	0.092
均值	2.30	0.03	1.04	0.01	6.46	0.06	2.01	0.03	11.63	0.86	5.78	0.16

3.5 小　结

本章基于多变量分析理论提出了一种新的多站随机模拟方法。该方法首先采用季节性自回归模型模拟主站的日流量序列；其次，建立多维 Copula 函数描述主站和从站之间的时空相关性特征；最后，依据 Copula 函数，生成从站的日流量序列。所提方法克服了非平稳的多站自回归模型计算复杂、平稳的季节性模型不能表示截口季节性变化的缺陷；弥补了主站法不能考虑非 0 时滞互相关性的不足。以长江上游为研究对象，模拟了长江宜昌站、金沙江屏山站、岷江高场站、沱江李家湾站、嘉陵江北碚站和乌江武隆站的日流量序列。结果表明，模拟序列的特征值与实测序列的特征值差别较小；所提方法的模拟效果要优于主站法。本研究为进一步进行防洪设计和风险分析奠定了基础。

第4章 梯级水电日优化

梯级水电日优化调度是典型的多阶段决策问题，不同时段间的优化决策既相互制约又彼此关联，其优化求解面临系统维度高、模型非线性和约束条件耦合等一系列问题。由于相邻阶段的最优决策函数特性迥异，不同阶段的最优函数值存在震荡，从而影响梯级水电日优化决策的收敛性和平稳性。此外，在梯级水电日优化过程中，梯级电站间水流通常需要一定的传播时间，导致当前日优化决策与前后日的优化决策相互关联，成为制定当前日发电计划面临的重要难题。近年来，众多学者致力于多阶段决策的优化求解，提出了大量的数学规划和智能优化方法，然而在优化决策理论方面的实质性成果较少。为此，亟须分析相邻阶段最优决策的相关关系，研究最优决策的稳定性和最优过程的周期性，建立合理的周期优化模型和过渡优化模型，实现优化决策理论和实际工程应用的高效衔接。

本章围绕梯级水电日优化决策问题，以多阶段优化调度模型为基础，分析相邻阶段最优决策间的相关关系，推导最优策略的收敛条件以及最优过程的周期，进而建立周期优化模型和过渡优化模型，并进行周期优化和过渡优化的求解计算，获得梯级电站面临阶段的最优运行计划。此外，本章以两个水电站组成的梯级系统为研究对象，确定了不同流达时间下优化过程的决策变量和状态变量，进而推求梯级日优化问题的递推方程，结合周期优化和过渡优化理论方法，探究流达时间对梯级电站最优决策过程的影响机理。

4.1　确定性过程优化的平稳性质

在水库调度和水资源管理中，可将整个调度过程分成若干个互相关联的阶段，在每个阶段都需要做出相应的合理决策，从而使整个水资源系统发挥最大的社会经济效益。然而，各个阶段决策的选取不能任意确定，它既依赖于当前面临的状态，又影响以后的发展。这种把一个问题分解成前后关联具有链状结构的多个过程就称为多阶段决策过程，解决这一问题的方法称为多阶段决策最优化策略。不少学者一直在为寻求适合求解各种多阶段问题的方法而不懈努力，本节通过讨论过程优化的平稳性质，给出最优策略的几个相关定理，进而推导直接计算最优状态、最优决策的方法。本研究为制定阶段最优运行计划奠定了基础。

4.1.1　多阶段优化模型

各种生产日计划优化问题，都着眼于日经济效益，同时又必须考虑相邻日之间的影响。如果把日作为一个阶段，那么就需要从多阶段优化来把握每一个阶段的优化计划。按照动态规划最优性原则，问题归结为递推方程：

$$\begin{aligned} V_k(s_k) &= \max_{d_k \in D}\{r(s_k,\ d_k) + V_{k-1}(s_{k-1})\} \\ &= \max_{d_k \in D}\{r(s_k,\ d_k) + V_{k-1}[T(s_k,\ d_k)]\} \end{aligned} \tag{4-1}$$

式中，$k=1, 2, 3, \cdots$ 表示阶段，为逆时序排列；s_k 表示 k 阶段状态，$s_k \in s$，这是 k 阶段初的状态；d_k 表示 k 阶段的决策，$d_k \in D$；r_k 表示 k 阶段的报酬；$s_{k-1}=r(s_k, d_k)$，它是 k 阶段状态和决策的确定函数；$V_k(s_k)$ 为最优值函数，它是按式(4-1)逐次递推计算出的结果，表示从状态 s_k 出发 $1 \sim k$ 时段的总报酬；$s_{k-1}=T(s_k, d_k)$ 称为状态转移，表示从阶段初状态 S_0 出发在决策 d_i 作用下转移到 k 阶段末状态 S_{k-1}（S_{k-1} 也正是 $k-1$ 阶段初的状态）；$V_0(s_0)$ 为初始条件（即第一阶段的初状态）。

若对每一状态（s_k 的每一取值），应选用相应的优化决策 d_k，即 $d_k=f_k(s_k)$，则 f_k 称为 k 阶段决策函数，而 $\boldsymbol{\pi}=\{f_1, f_2, f_3, \cdots\}$ 称为策略，若策略中对某个 k 有 $f_k \doteq f_{k+1} \doteq f_{k+2} \doteq \cdots \doteq f$ 个决策函数相同，则称策略 $\pi=\{f_1, f_2, \cdots, f, \cdots, f, \cdots\}$ 趋于平稳。

式(4-1)是一个向后归纳的递推方程，逐次令 $k=1, 2, 3, \cdots$ 计算可得出最优策略函数 $d_k=f_k^0(s_k)(k=1, 2, 3, \cdots)$ 和最优策略 $\pi^0=\{f_1^0, f_2^0, \cdots, f_k^0, \cdots\}$，以及最优值函数 $V_k(s_k)$ $(k=1, 2, 3, \cdots)$。

4.1.2　最优决策和最优状态

4.1.2.1　相邻阶段最优决策之间的关系

首先，对多阶段优化问题中的相邻阶段进行研究，分析其最优决策函数值之间的关系，提出如下定理1。

定理 4-1　若 k 足够大，有

$$[V_k(s_k)-V_{k-1}(s_{k-1})]_{s_k=s_{k-1}}=g \qquad (k\text{ 足够大})$$

即 k 足够大时对同一状态（s_k 与 s_{k-1} 取相同值）相邻阶段的最优值函数值相差一个常数 g（阶段最优报酬）。

证：令

$$M_k(s_k)=[V_k(s_k)-V_{k-1}(s_{k-1})]_{s_k=s_{k-1}}$$
$$\overline{M_k}=\max_{s_k} M_k(s_k)$$
$$\underline{M_k}=\min_{s_k} M_k(s_k)$$

则

$$\begin{aligned}M_k(s_k)&=[V_k(s_k)-V_{k-1}(s_{k-1})]_{s_k=s_{k-1}}\\&=\{\max_{d_k\in D}[r(s_k, d_k)+V_{k-1}(s_{k-1})]-\max_{d_{k-1}\in D}[r(s_{k-1}, d_{k-1})+V_{k-2}(s_{k-2})]\}_{s_k=s_{k-1}}\\&=\{[r(s_k, d_k^0)+V_{k-1}(T(s_k, d_k^0))]-[r(s_{k-1}, d_{k-1}^0)+\\&\quad V_{k-1}(T(s_{k-1}, d_{k-1}^0))]\}_{s_k=s_{k-1}}\\&>\{[r(s_k, d_{k-1}^0)+V_{k-1}(T(s_k, d_{k-1}^0))]-[r(s_{k-1}, d_{k-1}^0)+\\&\quad V_{k-2}(T(s_{k-1}, d_{k-1}^0))]\}_{s_k=s_{k-1}}\end{aligned}$$

第 k 阶段的最优决策 d_k^0 改为第 $k-1$ 阶段的最优决策，在最优决策条件下，k 阶段报酬将减少，故有上式中的“$>$”。

此外在 $s_k = s_{k-1}$ 条件下，有 $r(s_k, d_{k-1}^0) = r(s_{k-1}, d_{k-1}^0)$，且由 $s_{k-1} = T(s_k, d_{k-1}^0)$ 和 $s_{k-2} = T(s_{k-1}, d_{k-1}^0)$ 可知有 $s_{k-1} = s_{k-2}$，即两者亦取相同值。则

$$\begin{aligned}&\{[r(s_k, d_{k-1}^0) + V_{k-1}(T(s_k, d_{k-1}^0))] - [r(s_{k-1}, d_{k-1}^0) + V_{k-2}(T(s_{k-1}, d_{k-1}^0))]\}_{s_k=s_{k-1}}\\&= [V_{k-1}(s_{k-1}) - V_{k-2}(s_{k-2})]_{s_{k-1}=s_{k-2}}\\&\doteq M_{k-1}(s_{k-1})\end{aligned} \tag{4-2}$$

一般情况下，不同 $s_{k-1}(s_{k-1} = s_{k-2})$ 取值时，$M_{k-1}(s_{k-1})$ 不为常数，表示为

$$\overline{M}_{k-1} \neq \underline{M}_{k-1} \tag{4-3}$$

由式(4-2)可得

$$M_k(s_k) > M_{k-1}(s_{k-1}) \geqslant \underline{M}_{k-1} \tag{4-4}$$

注意到以上结果对 $s_k = s_{k-1}$ 的任意取值都是成立的，因而使 $M_k(s_k)$ 最小的 s_k 也是成立的，故由式(4-4)可得

$$\underline{M}_k > \underline{M}_{k-1} \tag{4-5}$$

使用类似方法[式(4-2)推导时改用 d_k^0 取代 d_{k-1}^0]可得

$$\overline{M}_k < \overline{M}_{k-1} \tag{4-6}$$

由式(4-5)和式(4-6)可得

$$\overline{M}_{k-1} - \underline{M}_{k-1} > \overline{M}_k - M_k \tag{4-7}$$

注意到 $B > (\overline{M}_1 - \underline{M}_1)$，$\overline{M}_k - \underline{M}_k \geqslant 0$，$B$ 为某有限大数，可知序列：

$$(\overline{M}_1 - \underline{M}_1),\ (\overline{M}_2 - \underline{M}_2),\ \cdots,\ (\overline{M}_k - \underline{M}_k),\ \cdots$$

随着 k 增加而单调收敛，即

$$\overline{M}_{k-1} - \underline{M}_{k-1} = \overline{M}_k - M_k\ (k\ \text{足够大}) \tag{4-8}$$

比较式(4-7)、式(4-8)的不同，前者是一般情况的结果，后者是极限情况(k 足够大或 $k\to\infty$)的结果。不妨假定式(4-7)以前的推导是在极限情况下，从而寻找把式(4-7)中“$>$”变为“$=$”的条件，由于式(4-7)中的“$>$”来自式(4-2)中的“$>$”，式(4-4)中的“$>$”号、式(4-5)、式(4-6)中的“$>$”和“$<$”中的号实际上都归结到式(4-3)，这样如果将一般情况下的式(4-3)改变为

$$\overline{M}_{k-1} = \underline{M}_{k-1}(k\ \text{足够大}) \tag{4-9}$$

即极限情况下不同 $s_k(= s_{k-1})$ 取值时，$M_{k-1}(s_{k-1})$ 保持为常数(亦即 $M_{k-1}(s_{k-1})$ 与

s_{k-1} 取值无关)，则容易验证：式(4-2)有 $d_k^0 = d_{k-1}^0$，从而式中的“$>$”将变为等号；式(4-4)、式(4-5)、式(4-6)中的不等号都将变为等号；从而式(4-7)中“$>$”亦将变为等号，这就是说式(4-9)表示的条件是充分的。

另外，序列 $(\overline{M}_1 - \underline{M}_1)$，$(\overline{M}_k - \underline{M}_k)$，… 的收敛亦可写作：

$$\lim_{k\to\infty}[\overline{M}_{k-1} - \underline{M}_{k-1}] = c\ (B > c \geqslant 0)$$

或

$$\overline{M}_{k-1} = \underline{M}_{k-1} + c\ (k\text{ 足够大}) \tag{4-10}$$

但使用这个结果去考察式(4-2)、式(4-4)、式(4-5)、式(4-6)时，除非 $c=0$，否则式(4-2)、式(4-4)、式(4-5)、式(4-6)中的不等号都不能变为等号，而 $c=0$ 又使式(4-9)和式(4-10)变到相同。也就是说式(4-9)的成立也是必要的。

将式(4-9)写成

$$\lim_{k\to\infty}(\overline{M}_k - \underline{M}_k) = 0 \tag{4-11}$$

表明当 $k\to\infty$，对 $s_k = s_{k-1}$ 的不同取值，$[V_k(s_k) - V_{k-1}(s_{k-1})]_{s_k=s_{k-1}}$ 将趋近于常数 g，即

$$[V_k(s_k) - V_{k-1}(s_{k-1})]_{s_k=s_{k-1}} = g\ (k\text{ 足够大}) \tag{4-12}$$

式(4-12)即为所要证明的。关于 g 的意义，由

$$\begin{aligned} V_k(s_k) &= V_{k-1}(s_{k-1}) + g\ (s_k = s_{k-1}) \\ &= V_{k-2}(s_{k-2}) + 2g\ (s_k = s_{k-2}) \\ &= V_{k-3}(s_{k-3}) + 3g\ (s_k = s_{k-3}) \\ &= V_{k-k_1}(s_{k-k_1}) + k_1 g\ (s_k = s_{k-k_1})\ (k\text{ 足够大}) \end{aligned}$$

依最优值函数的定义，阶段最优报酬为

$$[V_k(s_k) - V_{k-k_1}(s_{k-k_1})]/k_1 = g \tag{4-13}$$

4.1.2.2 最优策略的平稳性

在相邻最优值函数分析的基础上，讨论当 k 趋于无穷大时，最优决策表现的特征，得出定理 4-2。

定理 4-2 若 k 足够大，有

$$f_k^0 = f_{k+1}^0 = \cdots = f\ (k\text{ 足够大})$$

即 k 足够大时各阶段最优决策函数相同，最优策略趋于平稳。

证：若

$$V_k(s_k) = \max_{d_{k+1}\in D}[r(s_k,\ d_k) + V_{k-1}(T(s_k,\ d_k))]$$

$$= r(s_k,\ d_k^0) + V_{k-1}(T(s_k,\ d_k^0)) \tag{4-14}$$

递推计算中 $d_k^0 = f_k^0(s_k)$ 为第 k 阶段的最优决策函数，利用式(4－12)则有

$$\begin{aligned} V_{k+1}(s_{k+1}) &= \max_{d_{k+1}\in D}[r(s_{k+1},\ d_{k+1}) + V_k(s_k)] \\ &= g + \max_{d_{k+1}\in D}[r(s_{k+1},\ d_{k+1}) + V_k(T(s_{k+1},\ d_{k+1}))] \\ &= g + r(s_{k+1},\ d^0{}_{k+1}) + V_k(T(s_{k+1},\ d^0{}_{k+1})) \end{aligned} \tag{4-15}$$

式中，$d_{k+1}^0 = f_{k+1}^0(s_{k+1})$ 为第 $k+1$ 阶段的最优决策函数。比较式(4－14)和式(4－15)，注意到常数 g 不影响优选，所以当 s_k 和 s_{k+1} 取相同值时，两个阶段的最优决策函数是相同的，写作：

$$f_k^0(s_k) = f_{k+1}^0(s_{k+1})\ |_{s_k = s_{k+1}}\ (k \text{ 足够大}) \tag{4-16}$$

或

$$f_k^0 = f_{k+1}^0 = \cdots f^0\ (k \text{ 足够大})$$

得所证。

4.1.2.3　最优运行的周期性

基于最优策略的平稳性，研究最优运行过程的特性，给出定理 4－3、定理 4－4 如下：

定理 4－3　若 k 足够大，存在一个最优状态 s^0，以这个最优状态为起点，最优运行以阶段为周期。

证：若 k 足够大，由定理 4－2 知 k，$k+1$，… 诸阶段的最优决策函数都相同，于是由 k 阶段的状态可得出 k 阶段最优决策 $d_k^0 = f^0(s_k)$，由 s_k 和 d_k^0 按状态转移方程 $s_{k-1} = T(s_k,\ d_k^0)$ 可求得 s_{k+1}。从拓扑学的观点看，这是一个从 $s_k \in S$ 到 $s_{k-1} \in S$ 的连续映射，按照布劳韦尔不动点定理：至少存在一个状态 s^0，当 $s_k = s^0$ 时映射后有 $s_{k-1} = s^0$。s^0 称为最优状态，它就是式(4－17)的解：

$$\begin{cases} d^0 = f^0(s^0) \\ s^0 = T(s^0,\ d^0) \end{cases} \tag{4-17}$$

而在这个最优状态下，各阶段的状态都相同(都是这个最优状态)，各阶段的最优决策也都相同(都是同样的最优决策)，整个最优运行便表示出以阶段为周期的特征。

证毕。

定理 4－3 表明了最优状态 s^0 和最优决策 d^0 的存在，但使用式(4－17)以求得 s^0 和 d^0 是不方便的，因为需要先求出最优决策函数 $d^0 = f^0(s^0)$，它都是由复杂的递推计算才能求出的。为了解决这个问题可利用如下定理。

定理 4－4　最优状态 s^0 和最优决策 d^0 满足：

$$\begin{cases} d^0 = \arg\max\limits_{d\in D} r(s^0,\ d) \\ \text{s. t. }\ s^0 = T(s^0,\ d) \end{cases} \tag{4-18}$$

证：$s^0 = T(s^0, d)$ 是以阶段为周期所需求的，而 $\max\limits_{d \in D} r(s^0, d)$ 指阶段报酬最大化，按最优化原理，多阶段总体优化中的每一个阶段都必须是最优的。证毕。

4.1.3　周期优化和过渡优化

在实际问题中，可把面临阶段定为第 k 阶段，如图 4-1 所示。

图 4-1　阶段示意图

此时由式(4-18)可决定面临阶段(第 k 阶段)的运行计划。但有时面临阶段的状态 s_k 是由以往的实际运行决定的，不是最优状态 $s_k \neq s^0$，此时，可将面临阶段看做过渡阶段，即先从 s_k 过渡到 $s_{k-1} = s^0$，第 $k-1$ 阶段再开始周期优化，如图 4-2 所示。

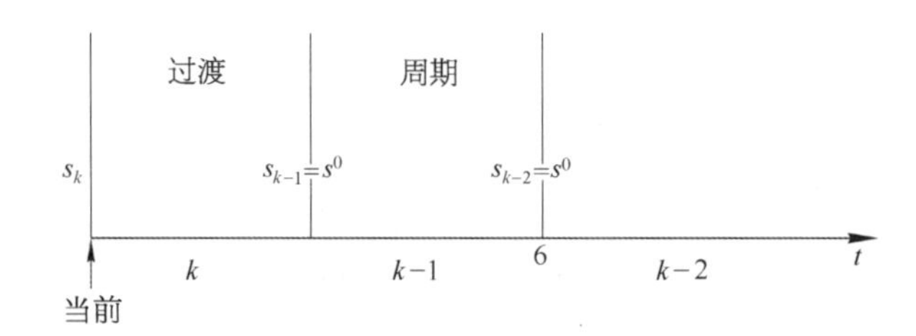

图 4-2　优化阶段示意图

周期优化的模型为

$$\begin{cases} \max\limits_{d_{k-1} \in D} r(s_{k-1}, d_{k-1}) \\ \text{s.t.}\ \ s_{k-1} = s_{k-2} \end{cases} \tag{4-19}$$

式中，s_{k-1}，s_{k-2} 都是待求的，得出的 $s_{k-1} = s_{k-2} = s^0$，即最优状态。

过渡优化的模型为

$$\begin{cases} \max\limits_{d_k \in D} r(s_k, d_k) \\ \text{s.t.}\ \ s_{k-1} = s^0 \end{cases} \tag{4-20}$$

式中，s_k 已知，是由以往的运行所决定(实际状态)。

解式(4-20)即可得出面临阶段的最优运行计划(称过渡优化计划)。

顺便指出，上述是指过渡期只含一个阶段的情况，如果实际的 s_k 与最优状态差别较大，则需要用两个阶段(或更多一点)来实现过渡。不过多阶段优化是一个过程，在开展这项工作时，s_k 一般都不会与 s^0 有较大的偏离，一个阶段的过渡通常就足够了。

最后，k 足够大，在理论上是指 $k \to \infty$，但就实际需要的精度而言，按式(4-1)进行的递推计算的收敛性是很好的。特别地，如果初始条件 $V_0(s_0)$ 接近最优，那么 1～2 个阶段就会出现收敛结果。

4.2　考虑流达时间的梯级水电优化问题

4.2.1　问题描述

考虑由两个水电站组成的梯级日优化运行问题，如图 4－3 所示，问题是制定面临日(k 日)的运行计划，日计划以小时为时段，如图 4－4 所示。

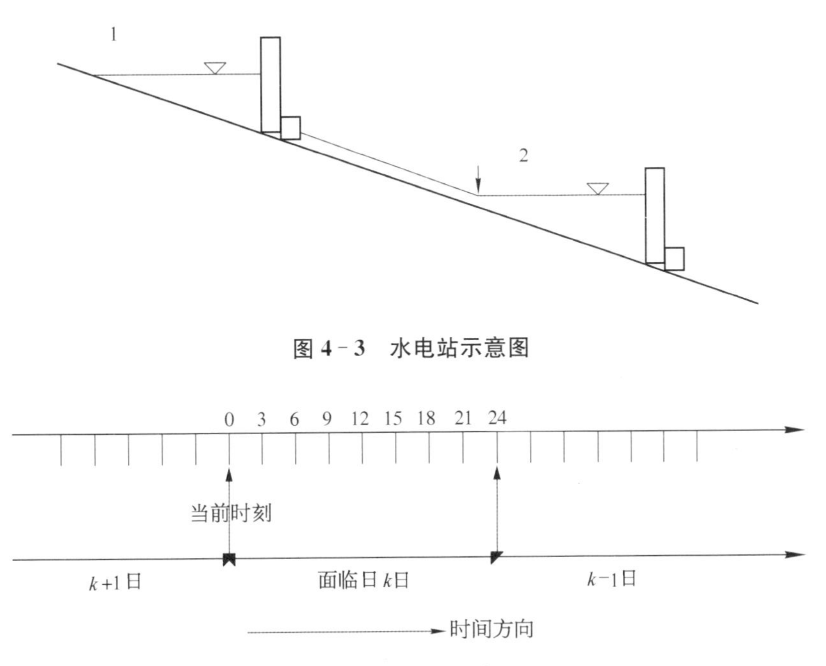

图 4－3　水电站示意图

图 4－4　时段示意图

当制定 k 日运行计划时，$k+1$(前一日)已成为过去，但需要考虑且影响 k 日运行的有两水库的初始水位 Z_k^1 和 Z_k^2(上脚注表示电站，下脚注表示 k 日)，以及两电站流达时间(不失一般 $t=2$ h)造成的前一日($k+1$ 日)上游电站最后两小时的发电流量 $Q_{23,k+1}^1$、$Q_{24,k+1}^1$，这两个流量正在两电站之间的河道中，而且将分别成为 k 日下游电站的前两个时段的流量 $Q_{1,k}^2$、$Q_{2,k}^2$ 的组成部分。于是将 k 日的状态取作：

$$s_k=(Z_k^1,\ Z_k^2,\ Q_{23,k+1}^1,\ Q_{24,k+1}^1) \tag{4-21}$$

当流达时间更长，甚至大于 24 h，只需将上游电站 $k-1$ 日甚至 $k-2$ 日的流量引入 k 日状态即可。取 k 日两电站的各时段流量和日末的水库水位为决策变量：

$$d_k=(Q_{1,k}^1,\ Q_{2,k}^1,\ \cdots,\ Q_{23,k}^1,\ \cdots,\ Q_{24,k}^1,\ Z_{1,k}^1;Q_{1,k}^2,\ Q_{24,k}^2,\ Z_{k-1}^2) \tag{4-22}$$

则 k 日两电站的运行情况便全由状态 s_k 和决策变量 d_k 确定，而 k 日的梯级发电效益，不管是按时段或者是按水电替代发电所得的节煤效益都可以计算出，表示为

$$r_k = r_k(s_k,\ d_k) \tag{4-23}$$

而且 k 日末($k-1$ 日初)的状态 s_{k-1} 也将由下式决定：

$$s_{k-1} = T_k(s_k,\ d_k) \tag{4-24}$$

注意到式(4-23)和式(4-24)表示的 k 日发电效益和 $k-1$ 日状态 s_{k-1} 都和 k 日梯级电站的天然来水(上游电站的入库径流和区间径流)有关。现假定天然来水为已知且为常数，则式(4-23)、式(4-24)可表示为 $r_k = r(s_k,\ d_k)$、$s_{k-1} = T(s_k,\ d_k)$，从而梯级日优化就归结为由式(4-1)表示的递推方程求解：

$$\begin{aligned} &V_k(s_k) = \max_{d_k \in D}\{r(s_k,\ d_k) + V_{k-1}(T(s_k,\ d_k))\} \\ &V_0(s_0) = 0 \end{aligned} \tag{4-25}$$

式中，$d_k \in D$，D 表示决策选取是各种约束决定的可行域，各种约束包括水库水位约束、流量约束和水库水量平衡等；方程 $V_k(s_k)$ 称为最优值函数；$V_{k-1}(s_{k-1})$ 也称为余留效益函数。

显然，假定梯级的天然来水(上游电站的入库流量和区间入流)已知且为常数，从而能够把梯级日优化问题归结为递推方程式(4-1)的求解，并可以应用前节中表述过程优化的四个定理。但这一假定与实际情况不符，按照现有的径流预报水平，短期预报的可信水平一般只有 3～7 天。但这不妨碍前节中几个定理的应用，虽然定理的理论证明中使用了阶段数(日数)k 足够大这一条件，以保证过程特性的稳定收敛，而实际计算则表明收敛相当快，在满足工程需要的数值精度条件下，3～5 天(阶段)就足够了，而如果初始条件接近最优，其计算收敛更快。

4.2.2　同期优化和过渡优化的计算

首先，根据工程实际需求，讨论周期优化和过渡优化的计算。

依式(4-19)中，周期优化的模型是

$$\begin{aligned} &\max_{d_{k-1} \in D} r(s_{k-1},\ d_{k-1}) \\ &\text{s.t.}\ \ s_{k-1} = s_{k-2} \end{aligned} \tag{4-26}$$

使用式(4-21)和式(4-22)可得

$$\begin{aligned} &\max r(Z_{k-1}^1,\ Z_{k-1}^2,\ Q_{23,\,k}^1,\ Q_{24,\,k}^1;\ Q_{1,\,k-1}^1,\ \cdots,\ Q_{24,\,k-1}^1, \\ &\quad Z_{k-2}^1;\ Q_{1,\,k-1}^2,\ \cdots,\ Q_{24,\,k-1}^2,\ Z_{k-1}^2) \end{aligned} \tag{4-27}$$

$$\text{s.t.}\ \ Z_{k-1}^1 = Z_{k-2}^1$$

$$Z_{k-1}^{2}=Z_{k-1}^{2}$$

$$Q_{23,k}^{1}=Q_{23,k-1}^{1}$$

$$Q_{24,k}^{1}=Q_{24,k-1}^{1}$$

周期优化的目标是梯级日效益最大，目标函数 $r(\cdot)$ 中共有 54 个变量，但有 4 个约束条件必须得到满足，这就要求初始方案给定时满足这四个约束条件，同时在寻优过程中保持这四个条件成立。例如在进行逐次优化计算时，Z_{k-1}^{1} 和 $Z_{24,k-1}^{1}$、Z_{k-1}^{2} 和 $Z_{24,k-1}^{2}$ 必须同步改变以进行寻优比较。同样 $Q_{23,k}^{1}$ 和 $Q_{23,k-1}^{1}$、$Q_{24,k}^{1}$ 和 $Q_{24,k-1}^{1}$ 也要同步改变再进行寻优比较。

依式(4－20)过渡优化的模型为

$$\text{s.t.}\ s_{k-1}=s^{0}(s_{k}\text{ 已知}) \tag{4-28}$$

使用式(4－21)和式(4－22)可得

$$\max_{d_k\in D} r(Z_{k}^{1},\ Z_{k}^{2},\ Q_{23,k+1}^{1},\ Q_{24,k+1}^{1},\ Q_{1,k}^{1},\ \cdots,\ Q_{24,k}^{1},\ Z_{k-1}^{1},\ Q_{1,k}^{2},\ \cdots,\ Q_{24,k}^{2},\ Z_{k-1}^{2}) \tag{4-29}$$

$$\text{s.t.}\ Z_{k-1}^{1}=(Z_{k-1}^{1})^{0}$$

$$Z_{k-1}^{2}=(Z_{k-1}^{2})^{0}$$

$$Q_{23,k}^{1}=(Q_{23,k}^{1})^{0}$$

$$Q_{24,k}^{2}=(Q_{24,k}^{2})^{0}$$

式中，Z_{k}^{1}、Z_{k}^{2}、$Q_{23,k+1}^{1}$ 和 $Q_{24,k+1}^{1}$ 已知；$(\cdot)^{0}$ 表示最优状态，即周期优化计算所得的结果。而过渡优化计算即是从已知的 k 日的初状态 $s_{k}=(Z_{k}^{1},\ Z_{k}^{2},\ Q_{23,k+1}^{1},\ Q_{24,k+1}^{1})$ 过渡到最优状态 s_{0} 的优化计算。由于 k 日的初末状态已被指定，所以过渡优化计算比前述周期优化计算简单。

需要补充以下几点：

首先，上述把优化划分为周期优化和过渡优化两部分是为了带来计算的方便，实际上它仍是过程整体优化。过渡期也不一定取为一天，当初始优化状态较最优状态相差较大时，或可通过两天时间来过渡。

其次，日计划的制定和执行有多种原因会导致偏离，此外，梯级电站的来水和预报之间存在误差，而预报本身也在改变，这就导致梯级最优状态 s^{0} 发生改变，这样周期优化和过渡优化实际上是不断寻优、及时调整跟踪的过程。导致最优状态 s^{0} 改变的因素还有电力系统日负荷图缓慢变化(几日之内的变化较小甚至可认为是不变)。而“跟踪”是不可避免的最自然的一种方式。

最后，梯级日优化递推方程式(4－1)中 $V_{k-1}(s_{k-1})$ 也称为余留效益函数，有的文献建议采用近似方法直接确定，例如将

$$V_{k-1}(s_{k-1}) = V_{k-1}(Z_{k-1}^1, Z_{k-1}^2, Q_{23,k}^1, Q_{24,k}^1) \tag{4-30}$$

式中的 Z_{k-1}^1、Z_{k-1}^2 用其相应的水库电能交替，$Q_{23,k}^1$、$Q_{24,k}^1$ 通过某一设定水头折合成发电量，再将水库电能和发电量近似折算出发电效益，从而把多阶段优化问题式(4-1)简化为简单的日优化问题。这样做，计算变简单了，虽然有时也说得过去，但不会总能保证优化结果，特别是对水头较低，流达时间较长的梯级水电站。

4.3 小　结

本章围绕梯级水电日优化决策问题，建立了多阶段优化模型，研究了确定性过程优化的平稳性质，分析了最优决策和最优状态，进而建立周期优化模型和过渡优化模型，并进行周期优化和过渡优化的求解计算，获得梯级电站面临阶段的最优运行计划。此外，以两个水电站组成的梯级系统为研究对象，制定了不同流达时间下优化过程的决策变量和状态变量，进而推求了梯级日优化问题的递推方程，结合周期优化和过渡优化理论方法，探究了流达时间对梯级电站最优决策过程的影响机理。

第5章
全局优化算法

求解有约束非线性函数的解，是一个长期困扰研究工作者的实际问题。目前，已发展的方法有罚函数法（内、外点）、可行方向法（Zontendijk G. 的 Topkis-Veinnop 修正）、既约梯度法（reduced gradient，RG）或广义既约梯度法（generalized reduced gradient，GRG）、梯度投影法、序列二次规划法（sequence quadratic program，SQP）等，然而这些方法都只能寻求到局部最优解。由于问题有多个局部值，而真正需要的解在可行域的任何地方都可能出现，因此如何寻求全局最优是一个亟待解决的问题。穷举法可以用于解决局部最优的问题，但穷举法的缺陷是计算工作量随着问题规模增大而呈指数增长。为克服此缺陷，一类启发、演进、随机搜索的方法，如遗传算法、模拟退火法、粒子群法等，目前倍受青睐。这类算法有三个特点：一是以满足应用精度要求而取近似；二是直接寻求全局最优；三是基于计算机数学力求简单（程序）和快速。

下面分别针对遗传算法、模拟退火算法及粒子群优化算法等进行分析讨论，给出使用这些方法中的某些疑惑及改进措施，以便能在保持直接求全局最优解的条件下，使计算更为简单和快速。

5.1　遗传算法

遗传算法又称基因算法（genetic algorithm，GA）是模拟自然进化过程的随机搜索算法。地球上生物繁殖后代，既有遗传也有变异，依“优胜劣汰”原则使生物种群不断进化。优化遗传算法仿效这一过程，采用适者生存的原则在演化过程中搜索问题的最优解。以单目标数学规划为例，其一般形式为

$$\begin{aligned} &\max f(x) \\ &\text{s. t. } x \in \boldsymbol{\Omega} \equiv \{g_j(x) \leqslant 0\}\ (j = 1,\ 2,\ \cdots,\ p) \end{aligned} \tag{5-1}$$

在遗传算法中：x 称为染色体；若 $x \in \boldsymbol{\Omega}$，则称 x 为可行染色体；$f(x)$ 称为 x 的目标值；$x_1,\ x_2,\ \cdots,\ x_N$ 称为一个种群；$eval(x)$ 称为种群中 x 的评价函数。评价函数的定义有两种方式，一是将种群中 N 个染色体按其各自的目标函数值从大到小排序（目标值越大表明该染色体越好），得 $x_1,\ x_2,\ \cdots,\ x_N$（相应的目标值为 $f_1,\ f_2,\ \cdots,\ f_n$），设参数 $\alpha \in [0,\ 1]$，得出基于排序的评价函数：

$$eval(x_i) = \alpha(1-\alpha)^{i-1}\ (i = 1,\ 2,\ \cdots,\ N) \tag{5-2}$$

另一方式是 Goldberg 建议的线性定标法，评价函数表示为

$$eval(x_i) = f'_i / \sum_{i=1}^{n} f'_i\ (i = 1,\ 2,\ \cdots,\ N) \tag{5-3}$$

式中，$f'_i = af_i + b\ (i = 1,\ 2,\ \cdots,\ N)$ 为适应度；a，b 为两参数。

这两种方法有一个共同的出发点，染色体的适应性越强（适应度高），其选择的可能性

也越大。

遗传算法中，需要从一个种群演化到一个新的种群，有两种操作：一是交叉；二是变异。设原种群的染色体为 $x_1, x_2, \cdots, x_N$，定义 P_c 和 P_m 分别称为交叉率和变异率（$P_c + P_m \leqslant 1$），即有 $N_c = P_c N$ 个染色体参加交叉操作，$N_m = P_m N$ 个染色体参加变异操作。

具体交叉有两种做法。一种做法是随机从 N 个原染色体中选取 N_c 个染色体（称为父代），并随机将这 N_c 个染色体分成如下的对：

$$(x_1', x_2'), (x_3', x_4'), \cdots \tag{5-4}$$

每一对都进行交叉，例如，设 $x_1' = (a_1, a_2, \cdots, a_n)$，$x_2' = (b_1, b_2, \cdots, b_n)$，随机生成两个介于1与 n 之间的交叉点 j 和 k $(j<k)$，通过交换 x_1' 和 x_2' 的 j 到 k 基因来形成后代：

$$\begin{aligned} x_1 &= (a_1, \cdots, a_{j-1}, b_j, \cdots, b_k, a_{k+1}, \cdots, a_n) \\ x_2 &= (b_1, \cdots, b_{j-1}, a_j, \cdots, a_k, b_{k+1}, \cdots, b_n) \end{aligned} \tag{5-5}$$

另一种做法是只从区间(0, 1)产生随机数 c，形成的后代为

$$\begin{aligned} x_1 &= cx_1' + (1-c)x_2' \\ x_2 &= (1-c)x_1' + cx_2' \end{aligned} \tag{5-6}$$

不管哪种交叉方法，所形成的后代都可能不满足可行性要求，因为可行集不一定是凸的，而对复杂一点的实际问题也很难事先验证其凸性，所以交叉操作时对形成的后代要检查其可行性，如果不可行则需要重新交叉（也可以保留可行的解进行重新交叉）直到后代满足可行性为止。

变异操作是指先在原种群中随机选取 N_m 个染色体，再对 N_m 个染色体逐一进行变异，例如对染色体 $x_1' = (a_1, a_2, \cdots, a_n)$ 的变异法是：随机选择一个介于1与 n 之间的变异点 k，然后在 0, 1, 2, …, 9 中随机产生一个数 a_k'，用 a_k' 代替 x 中的 a_k，得到 x 的变异后代为

$$x_1 = (a_1, a_2, \cdots, a_{k-1}, a_k', a_{k+1}, \cdots, a_n) \tag{5-7}$$

产生 x' 的变异的另一种方法是在 R^n 中随机选择变异方向 d，再随机选择数 M，如果 $x = x' + Md$ 是可行的（否则重新选择 d 和 M），则 x' 的变异为

$$x = x' + Md \tag{5-8}$$

遗传算法的步骤为：① 输入参数 N, P_c, P_m；② 产生 N 个可行染色体；③ 计算染色体的评价函数；④ 对染色体进行交叉和变异操作；⑤ 重复以上操作，直到满足停止条件。

为了得到最好的染色体 x^0，在进化过程中若子代种群中最好的染色体比父代种群中最好的染色体好，则以子代种群中最好的染色体代之，在进化完成后，这个染色体就看作是优化问题的解。

下面转入分析和讨论：

(1) 模拟生物界种群按“优胜劣汰，适者生存”的原则进化，其要点“进化”。所谓进化，应是一代比一代好。算法中引入了评价函数(适应度)，但只是对种群内的各染色体计算评价指标，无法对不同种群进行总体适应度评价或比较，自然无法保证种群确实是在“进化”。这样一来，费劲地进行交叉和变异染色体的选择，以及实施不同方法的交叉变异操作，除了为模拟而模拟外，就找不出任何的必要性。

(2) 由父代种群产生子代种群，总希望最好(最好的标准是什么?)的染色体(它可能在可行域中的任何一个地方)“有可能”出现在子代种群中，这就要求出现子代的范围能覆盖整个可行域，但对既定的 N 个染色体组成的父代来说，随机生成而按式(5-5)、式(5-6)、式(5-7)生成的子代染色体出现范围不能保证覆盖整个可行域，这将影响寻优的效率和计算收敛的速度。

不过，当使用式(5-8)得 x' 的变异时，因为最好的染色体 $x^0 \in \Omega$ 和 x' 之间一定有关系：

$$x^0 = x' + M^0 d^0$$

在随机产生 M 和 d 时，有概率(尽管数字上很小) $P(M = M^0,\ d = d^0)$ 存在，且 $P(M = M^0,\ d = d^0) > 0$。从而“有可能”从 x' 变异为 x^0，“有可能”使最好的染色体进入到后代种群中。然而这种随机生成两个数(M 和 d)的方法从 x' 变异出染色体 x 的作法实际上是和 x' 无关的(任何可行染色体都“可能”变异到 x^0)，不如直接随机生成 $x \in \Omega$ 方便，它同样有可能是 x^0，只是变异的含义被省掉了。

(3) 种群的演进涉及的计算工作量大，包括：染色体目标值转化为评价指标及排序；交叉染色体的随机生成；染色体随机配对和交叉；用于基因交换的交叉点的随机生成；基因交换、变异染色体的随机选取和变异基因的随机生成等。

既然种群概念的引入和种群的一代代更替，还没一个指标能表明种群在“进化”，使得各种中间计算都缺乏明确的目的性，有理由去掉种群概念而将程序简化。

5.2　模拟退火算法

模拟退火算法(simulated annealing algorithm, SAA)由米特罗波利斯(Metropolis)提出，是一种启发式算法(heuristic algorithm, HA)，是由模拟退火过程而得，其基本思想是：物理系统总倾向于低能态而粒子热运动妨碍它，故金属的缓慢退火就是为了其在每一温度下进行充分热交换运动而达到平衡态，最终达到稳定基态。这个过程可描述为：

(1) 给定 i 表示系统的初始状态，其相应的能量为 E_i；

(2) 从状态 i 扰动得状态 j(即从状态 i 的邻域 N_i 中随机得到 j)，能量为 E_j，计算能量差 ΔE，$\Delta E = E_j - E_i$；

(3) 若 $\Delta E \leqslant 0$，则接受状态为当前状态，即 $j \rightarrow i$；否则，$\Delta E > 0$，计算 r，r 可表示为

$$r = \exp\left(-\frac{\Delta E}{t_k}\right) \tag{5-9}$$

再选取[0, 1]间一个随机数 ε,若 $r > \varepsilon$, 则 $j \to r$; 否则舍弃 j 而仍以 i 当前状态。

重复进行以上(2)、(3)步骤 L_k 次,在状态大量变迁之后,系统能量处于较低的状态,然后降低温度 t_k 重复以上过程,系统将处于更低的能量水平。r 称为分布函数比,式(5-9)是米特罗波利斯建议的,他引用波尔兹曼(Boltzmann)导出的波尔兹曼分布:

$$\rho_i = \frac{1}{Z}\exp\left(-\frac{E_i}{t_k}\right)$$

计算分布函数比。

式中,Z 称为配分函数;$t_k = kT$,k 为波尔兹曼常数;T 为绝对温度。

每重复(2)、(3)步骤一次相当于一次系统状态转移(转移包括状态不改变,是转移到自身),由于转移有相应的概率,所以 L_k 次转移就产生了长度为 L_k 的马尔可夫(Markov)过程。

把上述退火过程的模拟描述转化为一种求解优化问题的模拟退火算法的是 Kirkpatrick(1982),其后很多学者都做了贡献。这种转化主要是将式(5-10)的优化问题求解和模拟退火过程相对应:

$$\begin{aligned} & \min f(x) \\ & \text{s.t. } x \in \boldsymbol{\Omega} \equiv \{g_j(x) \leqslant 0\} \ (j = 1, 2, \cdots, p) \end{aligned} \tag{5-10}$$

系统状态对应优化问题的可行解 $x \in \boldsymbol{\Omega}$; 系统能量对应优化问题的目标函数 $f(x)$; 状态 i 扰动而得 j 对应于在 x 的邻域 $N(x)$ ($N(x) \subset \boldsymbol{\Omega}$) 中产生新的可行解;系统的稳定基态对应优化问题的最优解 x^0;系统温度 t_k 和长度 L_k 都看作优化计算过程的控制参数。于是模拟退火算法的步骤为: 输入参数 $t_0, L_0, k = 0$,给出初始可行解 x_0;重复 L_k 次,从 $N(x_0)$ 中产生新解 x,$\Delta f = f(x) - f(x_0)$,若 $\exp\left(-\frac{\Delta f}{t_k}\right) > \text{ran}(0, 1)$,则 $x_0 = x, k = k+1$;计算下一个 t_k, 直至满足终止条件。

作为控制参数的 t_k 应满足 $t_k \to 0$ 的条件,一个简单方法是 $t_k = \alpha t_{k-1}$,α 介于 0 ~ 1 之间,称为递减因子,一般取 $\alpha = 0.8$ (以保证退火的缓慢)。

控制参数 t_k 和 L_k 的选定影响计算的收敛性和复杂性,很多学者都对 t_k 和 L_k 的确定做了研究,以下就此问题进行分析讨论:

(1) 从物理的退火过程抽象概化为求解优化问题的算法,很巧妙也很成功,特别是在每一退火过程的参数为 t_k 时,算法重复(循环)L_k 次中每一次重复就是一次随机试验,每次重复仅取决于前一次重复的结果,因而形成马尔可夫链(长度为 L_k)。由此就可用马尔可夫过程的有关理论成果来研究和表述计算过程,如对平衡分布:

$$q(t_k) = (q_1(t_k), q_2(t_k), \cdots, q_i(t_k), \cdots)^{\mathrm{T}}, \ q_i(t_k) = \lim_{t_k \to \infty} p_r\{x(t_k) = i \mid x(0) = j\}$$

已证明：

$$\lim_{t_k \to \infty} \lim_{L_k \to \infty} p_r\{x(t_k) \in S_{\mathrm{opt}}\} = 1 \tag{5-11}$$

即这个算法以概率1找到整体(全局)最优解集，S_{opt}为最优解集(其中的解具有相同的最小目标值)，而$x^0 \in S_{\mathrm{opt}}$。又如，已找出目标函数期望值、均方差、平衡熵的许多统计量的基本性质等，这些工作在理论上都十分漂亮。

但对求解优化问题式(5-10)来说，模拟退火过程太细似乎没有必要。金属的退火需要“缓慢”，是为了保证其中分子的热交换有充分的时间，优化问题就不存在热交换问题，而将t_k逐次减小(t_0，t_1，…，t_{k-1}，t_k，…)直到接近零，也不能保证时间进程的“缓慢”，而且式(5-11)表示的计算收敛有两个取极限$L_k \to \infty$和$t_k \to 0$都使得计算工作量大增。

(2) 程序中“从$N(x_0)$中产生新解x”，而x_0的邻域$N(x_0)$可以有多种定义方法，并不确定。为什么不从x的整个可行域$\boldsymbol{\Omega}$中产生新解呢？从$N(x_0)$中随机产生新解，在$N(x_0)$较小时可能使目标值较快增加(尤其在接近最优解时)，但从$\boldsymbol{\Omega}$中随机产生新解，如果使用正态分布或Sigmoid分布随机产生新解也能使目标值较快增加。

(3) 关于状态转移。程序中有：

若$\exp\left(-\dfrac{\Delta f}{t_k}\right) > \mathrm{ran}(0,\ 1)$，则$x_0 = x$。

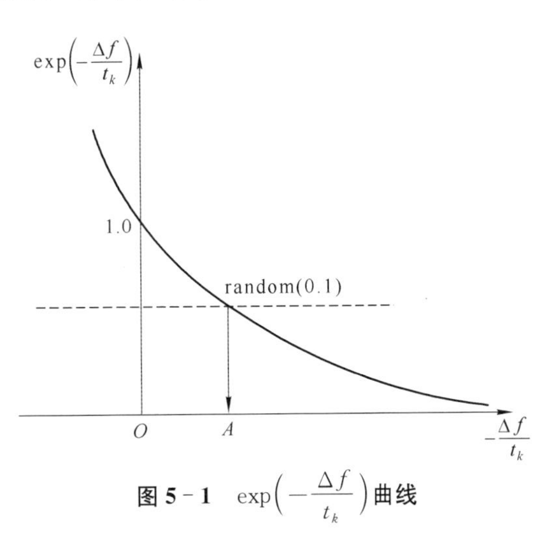

图5-1　$\exp\left(-\dfrac{\Delta f}{t_k}\right)$曲线

按照这一转移规则，当$\Delta f = f(x) - f(x_0) < 0$时，$\exp\left(-\dfrac{\Delta f}{t_k}\right) > 1$，状态自然转移$x_0 = x$。这是合理的，因为此时$f(x) < f(x_0)$，$x$优于$x_0$，但从$\exp\left(-\dfrac{\Delta f}{t_k}\right)$曲线(图5-1)看，$\left(-\dfrac{\Delta f}{t_k}\right)$取值在图5-1中$OA$部分相应的$x$也被转移了，令

$$\exp\left(-\frac{\Delta f}{t_k}\right) = \mathrm{ran}(0,\ 1)$$

得

$$f(x) = f(x_0) - t_k \ln \mathrm{Ran}(0,\ 1)$$

这表明OA区间相应的区间为

$$[f(x) = f(x_0),\ f(x) = f(x_0) - t_k \ln \mathrm{Ran}(0,\ 1)]$$

在这个区间均有 $f(x)>f(x_0)$，即 x 劣于 x_0，用劣替代优 $x_0=x$ 的转移与寻优的目的相违，显然是不合理的。

这样做的结果，优化计算过程的目标函数值会时增时减，虽然最终能减少到全局最小 $f(x^0)$，但增减波动无疑会拖长计算时间。

对优化问题计算来说，大家的希望是：程序简单、计算快速和能得到全局最优解。从这点出发，把模拟退火程序中的为了缓慢而引入的 t_k 和有关部分去掉，把目标函数差为正，使不该状态转移的部分保持原状态，即可得到简化。

5.3 粒子群算法

对生物群体的行为研究发现，单个生物的行为通过合作会表现出复杂的智能特性，Reynolds 最早(1986)建立了模拟鸟类群飞的模型。Eberhart 和 Kennedy 最早(1995)把鸟类群飞的目的性与优化问题联系起来，提出了粒子群优化(particle swarm optimization，PSO)算法，此时，每只鸟看作一个微粒，鸟群看作微粒群，群飞的目的(如寻食)就看作寻找优化问题的最优解。

5.3.1 基本 PSO 算法

PSO 属于群体演化算法，每个微粒群具有知道自己当前位置，飞行速度和微粒间通过信息共享的智能。算法首先在可行解空间和可行速度空间随机确定微粒的初始位置 x_0^i 和初始速度 v_0^i，按优化问题的目标函数计算出最佳位置 $P_0^i=f(x_0^i)$ 和粒群最佳位置 $P_{go}=\underset{i}{\mathrm{opt}}P_0^i$，然后逐次演化并按如下公式更新每个微粒的速度和位置等：

$$v_{t+1}^i=wv_t^i+c_1r_1(P_t^r-x_t^i)+c_2r_2(P_{gt}-x_t^i) \tag{5-12}$$

$$x_{t+1}^i=x_t^i+v_{t+1}^i \tag{5-13}$$

$$P_{t+1}^i=\mathrm{opt}(P_t^i,\ f(x_{t+1}^i)) \tag{5-14}$$

$$P_{gt+1}=\underset{i}{\mathrm{opt}}(P_{t+1}^i) \tag{5-15}$$

式中，w 称惯性常数；c_1 和 c_2 称加速常数；r_1 和 r_2 为相互独立，都为遵从均匀分布的随机数，$r_1,\ r_2\sim \mathrm{ran}(0,\ 1)$；opt 表示选优，可为 max 或 min，视优化问题而定。

这组计算式表示了粒群的状态从 t 时的 $v_t^i,\ x_t^i,\ P_t^i,\ P_{gt}^i\ (i=1,\ 2,\ \cdots,\ m)$ 到 $t+1$ 时的状态 v_{t+1}^i、x_{t+1}^i、P_{t+1}^i、P_{gt+1} 的转移关系，其基本关系是式(5-12)。

式(5-12)的模拟解释是转移后的速度 v_{t+1}^i 由三部分组成：第一部分是 wv_t^i，表示运动的惯性，其中惯性常数大小具有扩展或缩小搜索范围的作用；第二部分是认知(cognition)部分，表示微粒吸取自身经验，c_1 起加速作用，r_1 为随机数表示经验吸取多少的随机性;第三部分是“社会”(social)部分,表示微粒 i 对粒群中处于最佳位置 P_{gt} 的向往和模仿,其中的 c_2 起加速作用,作为随机数的 r_2 表示对于这种向往和追赶程度的随机性。c_1、c_2、r_1、r_2 和 w 一样都能起扩缩搜索范围的作用,出现在粒群中的最佳位置 P_{gt} 可为每个粒子在演化中使用,这体现了信息共享。

5.3.2　PSO 算法的改进算法

前面描述的算法称为基本算法,大量文献推导了各种改进算法,反映出对这一算法多侧面的有趣思路。

5.3.2.1　多微粒群及群的拓扑结构

将粒群划分为若干子群,子群间又有信息合作,各子群分工处理优化决策(演进过程的逐次决策)的不同部分;研究粒群的拓扑结构并认为这一结构影响搜索性能,协调从粒群的拓扑自组成形式和寻找优化问题最优点(全部)之间的倾向关系;引入临域算子以维持和保证粒群的多样性;根据微粒的运行状态,用新的微粒取代“不活泼”的微粒来改进算法(此想法源于受自然种群退化,甚至灭绝现象的启发)。

5.3.2.2　惯性权和速度更新

引进模糊方法,通过模糊规则决定惯性常数 w,模糊规则针对不同的粒群情况设置;将加速系数 c_1、c_2 改为时变的,根据运行演进的情况以及自适应线性减少其数值,以便在 c_1、c_2 值减少后能更精细地搜索;把式(5-12)中的当前速度项去掉($w=0$),认为这可以使微粒失去对当前速度的记忆,更好地关注于对粒群最佳位置的向往,以增强全局搜索能力,在速度更新时引入收敛因子可将式(5-12)改为

$$x_{t+1}^i = c[wx_t^i + c_1 r_1 (P_t^i - x_t^i) + c_2 r_2 (P_{gt} - x_t^i)] \tag{5-16}$$

式中,收敛因子 c 由下式确定:

$$c = 2/k - \varphi - \sqrt{\varphi^2 - 4\varphi}$$

$$\varphi = c_1 + c_2$$

当取 φ 为 4.1 时,$c=0.792$,收敛因子的引入在于缩小搜索范围、改善收敛性能。

将熵概念引入 PSO,把耗散结构的自组织性算法中增加噪声,并用负熵引导粒群的演进优化,微粒的速度噪声为

$$\text{若 } \mathrm{ran}(0,\ 1) < c_v,\text{则 } v_t^i = \mathrm{ran}(0,\ 1)v_{\max},\ v_t^i = c_v v_{\max} \tag{5-17}$$

式中,c_v 为噪声因子;$v_{\max}$ 为 v_t^i 的最大允许取值;类似方法可将位置噪声引入。

这些噪声从外部引入可使系统离开平衡态,而由粒群的内在非线性作用形成自组织(我)耗散结构,促进粒群的持续优化。考虑微粒过分聚集,当每个微粒赋予一个半径为 r,通过计算粒子间的距离(某种距离)以检查粒子是否“相碰”,如相碰则使其弹离,物理弹离方式采用反向直线弹离或随机弹离,可改进搜索性能,进而使用新的速度和位置演进:

$$v_{t+1}^{i}=-x_{t}^{i}+P_{t}^{i}+\bar{w}P_{gt}+P(t)(1-2\mathrm{ran}(0,\ 1)) \tag{5-18}$$

$$x_{t+1}^{i}=P_{t}^{i}+\bar{w}P_{gt}+P(t)(1-2\mathrm{ran}(0,\ 1)) \tag{5-19}$$

式中，$\bar{w}$ 为常系数；$P(t)$ 为可变比例因子，在多次演进中，由 P_{gt} 是否改变而逐次减少。

5.3.2.3　与其他算法结合的混合算法

这类算法很多，诸如使用进化计算的“选择操作”PSO 算法、引入“免疫机制”的 PSO 算法、杂交 PSO 算法（使用遗传算法基因交叉法）、基于模拟退火的 PSO 算法（引入模拟退火算法中的调控方法）、使用小生境技术或使用博弈论中 max、min 策略改进的 PSO 算法，以及将 PSO 扩展到离散优化、动态优化、多目标优化问题的算法等。

上述多种对 PSO 算法的改进，在提出时除分析其改进的效果外，都有实例验证，其效果或简化计算、提高速度，或改善了收敛性能，或能得到全局优化结果，或增加多样性、避免早熟而收敛于局部最优解。当然有的用某种典型实例，有的则用了多种典型实例，也有指出对某种典型实例，在一定的演进次数条件下，未找到全局最优解。

5.3.3　不同演化算法的比较原则

对算法的原则要求应该是两类：一是收敛于全局最优点而不是局部最优点；二是收敛得快（尽可能快），快速而简明。这两点是互相矛盾的，为了收敛于全局最优点，就得要覆盖全部可行域进行大范围的搜索，就得注意多样性问题以避免早熟，从而必然导致收敛得慢。反之，收敛快会导致找不到全局最优解，当然收敛快慢又是随待优化问题的具体情况而定，“又要马儿跑，又要马儿不吃草”是困难的，1997 年，在 Wolpert 和 Macready 的著名论文“没有免费的午餐”（*No free lunch*）中分析了这一矛盾。

于是，“在规定的计算机运行时间 T 内，以最大的概率得到全局最优解”，似乎是上述两原则的一个可行的综合，这里计算机时间是指某特定计算机的运行时间（不同的计算机可按其计算速度进行折算）。另外，“在找到全局最优解的条件下，耗费的平均计算机时间最小”也是上述两原则的一种综合方式，对同一问题不同起始条件（初始状态），耗费的计算机时间不同，不同类型的问题，其耗费的平均计算时间也不同。

从上述原则出发，当比较不同算法或评价算法改进的效果时，都要从收敛到全局最优解的概率和计算快速性这两个方面考虑，只追求单方面的目标是不适宜的，也使人担忧结果的可靠性。而在快速方面，要考虑单个粒子更新状态的计算简繁，还要考虑微粒群中粒子数量 m 对总计算时间的影响。

5.4　微粒群模型与 PSO 模型

5.4.1　PS 模型与 PSO 模型

微粒群是指天上飞的鸟类群体，地上爬的蚁类群体，以及水中游的鱼类群体的一个抽象和概括。就鸟类而言,其运动(飞行)状态的仿真模拟,抓着每只鸟的时变位置 x_t^i,经历过的最佳位置 P_t^i,受调控参数和随机量影响的新的飞行速度 v_{t+1}^i,以及鸟群的当前最佳位置 P_{gt} 等四个因素就可以建立其运动方程式(5-12)～式(5-15)。如果通过仿真技术在屏幕上动态地显示出来,那一定很漂亮。但如果为了模拟得真实和生动,把鸟类的加速度、聚群性、为防止碰撞的本能,区别鸟儿群飞的目的性(或回巢或觅食,或嬉戏或要乐或逃避危险),或增加群内小鸟间信息交流程度等,都引入到数学模型中去,那么仿真显示屏的动态鸟群飞行图像一定更加生动多姿,更加美丽壮观,也会更多地启发人们的灵感并感受到人与自然的和谐。

当然,建立这样的微粒群模型会相当困难,因为我们对自然生物界的很多关系、习性还不够了解。但正因为如此,对自然界生物群的研究探索,并在此基础上建立的相应数学模型,都应给予肯定。

微粒群优化模型将微粒群运动与数学规划的寻优结合起来,这无疑是更为困难的事。不过,既然主要是为了寻优(目的是寻优),那么,对微粒群运动的仿真模型就不应过多的追求与鸟群运动的相似度,而应更多地关注所受的启发和联想,从而有目的(解优化问题)地做出对鸟群运动模拟程度的选择取舍。

5.4.2　基本 PSO 模型的简化

按照前面的分析,考虑在 PSO 算法中引用粒群运动中速度的必要性。由于微粒 i 的位置 x_t^i 直接和优化目标联系,所以对求解优化问题来说,位置很重要。而速度只是一个中间量,将式(5-13)代入式(5-12)可得

$$x_{t+1}^i = x_t^i + wv_t^i + c_1 r_1 (P_t^i - x_t^i) + c_2 r_2 (P_{gt} - x_t^i) \tag{5-20}$$

由式(5-20)计算 x_{t+1}^i,是从 x_t^i 的转移,也是新的试探(寻找最优解)。x_{t+1}^i 由两部分组成,第一部分($x_t^i + wv_t^i$)中包含了对微粒 i 的当前位置和惯性的考虑,第二部分$[c_1 r_1 (P_t^i - x_t^i) + c_2 r_2 (P_{gt} - x_t^i)]$表示 0～$[c_1 (P_t^i - x_t^i) + c_2 (P_{gt} - x_t^i)]$的一个变动范围,$[c_1 (P_t^i - x_t^i) + c_2 (P_{gt} - x_t^i)]$可能为正也可能为负。两部分合起来就是:新的试探总是在"($x_t^i + wv_t^i$)左右",而左右不是通常意义的小偏差,左右的范围是区间$[0, c_1 (P_t^i - x_t^i) + c_2 (P_{gt} - x_t^i)]$。这是对全局最优解位置的一种猜想,为了能增加找到全局最优解的概率,自然希望新位置 x_{t+1}^i 能比当前粒群的最佳位置 P_{gt} 要好。由于"($x_t^i + wv_t^i$)左右"并没有什么根据,不若改用"P_{gt} 左右",P_{gt} 是当前所知道的经历了以往粒群中全部粒子的搜索而得出的最佳位置,从概率意义上看,"P_{gt} 左右"比"($x_t^i + wv_t^i$)左右"要好,特别是在计算后期。

用 P_{gt} 代替式(5-20)中的($x_t^i + wv_t^i$),得

$$x_{t+1}^i = P_{gt} + [c_1 r_1 (P_t - x_t^i) + c_2 r_2 (P_{gt} - x_t^i)] \tag{5-21}$$

式中不再包含粒子的速度,从 x_t^i 到 x_{t+1}^i 是跳跃式的。

下面讨论偏离的可能区间$[0, c_1(P_t^i - x_t^i) + c_2(P_{gt} - x_t^i)]$，这也是一种猜想或估计。$(P_t^i - x_t^i)$和$(P_{gt} - x_t^i)$分别考虑了当前$i$的位置对粒子$i$经历过的最佳位置$P_t^i$，和粒群的最佳位置$P_{gt}$的距离。而已具有的状态量(当前的和经历过的)有：

$$\{x_t^i, P_t^i, P_{gt}\}(i=1, 2, \cdots, m; t=t, t-1, \cdots, 1)$$

它们全面地记载了粒群演进情况，在目标函数$f(x)$为任意可能的一般函数时，怎样用他们去估计偏离的可能区间，是十分困难的，有时甚至是不可能的。只选用x_t^i，P_t^i和P_{gt}来估计“P_{gt}左右”中的“左右”，从优化问题来说也是无道理的。

考虑到以往的计算经验，这个“左右”区间可随演化次数的增加而减少，取

$$B=B(t)$$

而把这个左右区间表示为$[-B/2, B/2]$，且$(r-0.5)B\in[-B/2, B/2]$，于是得到式(5-21)的进一步简化模型：

$$x_{t+1}^i = P_{gt} + (r-0.5)B\ (i=1, 2, \cdots, m) \tag{5-22}$$

$$P_{gt+1} = \text{opt}(P_{gt}, \underset{i}{\text{opt}} f(x_{t+1}^i)) \tag{5-23}$$

式(5-22)和式(5-23)表示了简化后的逐次演化。

以上的讨论强调了优化问题求解，而去掉了优化问题并不存在的速度，注意了计算的简单性和找到了下一个更好最佳位置的概率，但没有讨论改进前后对收敛于全局最优解的影响。

关于基本PSO算法，《微粒群算法》一书有一个证明。先令$w=0$，$\varphi_1 = c_1 r_1$，$\varphi_2 = c_2 r_2$，$\varphi = \varphi_1 + \varphi_2$，再假定$P_t^i$和$P_{gt}$固定，即$P_t^i = P^i$，$P_{gt} = P_g$，将式(5-20)表示为

$$x_{t+1}^i = (1-\varphi)x_t^i + \varphi_1 P^i + \varphi_2 P_g \tag{5-24}$$

这是一个一阶线性差分方程，有解：

$$x_t^i = k + (x_0^i - k)(1-\varphi)^t$$

$$k = (\varphi_1 P^i + \varphi_2 P_g)/\varphi$$

若选定φ使$|1-\varphi|<0$，则得

$$\lim_{t\to\infty} x_t^i = k \tag{5-25}$$

显然，因为假定P_t^i、P_{gt}固定脱离了PSO演进计算，式(5-25)作为PSO算法全局收敛的证明不能成立。

事实上，基本PSO算法不是全局收敛的，它不能保证用这个算法得到全局最优解，而改进后[用式(5-22)和式(5-23)]的算法也是这样。

5.4.3 仿生与PSO模型

生物进化过程中"生存竞争,适者生存"的原则造就了物种各自的特别生存本能:视觉上的复眼对运动物体特别敏感,夜间活动动物的红外感受;听觉上的超声发射与接收功能;嗅觉上对气味的特殊分辨能力,以及定位上对地磁场的特别分辨能力等。关于这些已存在很多的研究,而且基于对这些探索带来的启发,仿生技术已有了成功的开发和应用,取得的效果常常是惊人的成功。

不过细细分析这些成果,这些仿生技术大都是对某种物种的某个特别功能的研究和模拟,而离子群优化(PSO)则不同。鸟群的觅食或回巢,蚁类、鱼类的寻食,领头者(统领)的作用及群体中个体的信息交换等都是由该物种群体的总体智慧水平决定的,而这个智慧水平比起人类来说是相当低的。也就是说,把寻找全局最优解的优化问题,仿生鸟群的觅食等,借助鸟群的智慧来解决问题或许并不是一个好的解决问题的出路。至少,这一提法值得深思。

5.5 随机搜索算法(RSA)及其收敛性

5.5.1 基本算法

随机搜索算法(random searching algorithm, RSA)是一种全局收敛的算法,只是收敛的很慢。随机搜索步骤为:生成初始可行解 $x_0 \in \Omega$;计算目标值 $f(x_0)$;重复随机生成可行解 $x \in \Omega$,计算目标值 $f(x)$,若 $f(x) > f(x_0)$,则令 $x_0 = x$, $f(x_0) = f(x)$,直到满足终止条件。

对于这个随机搜索程序可证明计算收敛于全局最优解。实际问题要求一定的精度,也认为这一定的精度就满足实际需要。在一定的精度下,可连续变化的可行解就变成了离散的点。例如在[0,1]区间,精度为0.1时,有(1/0.1+1)个可行解;精度为0.000 1时,有(1+1/0.000 1)个可行解;而在区间$[x_{\min}, x_{\max}]$内,若精度为0.000 01时,则最多有 $m = 1+(x_{\max}-x_{\min})/0.000\,01$ 个可行解(这里说最多,是因为区间$[x_{\min}, x_{\max}]$中可能有某些部分是不可行的),这里 $x_{\min}$ 和 $x_{\max}$ 为 x 的最小、最大可能值。

在随机生成可行解 $x \in \Omega$ 时,先按均匀分布在$[x_{\min}, x_{\max}]$内随机生成,再检查是否满足条件 $x \in \Omega$,不满足时重新生成直到得出 $x \in \Omega$,在均匀分布条件下,每个可行解(包括最优解)的出现概率为 p,且 p 可表示为

$$p = \frac{1}{m} > 0 \tag{5-26}$$

这样在随机搜索程序中,第一次随机生成的可行解(即初始可行解)x 正好是最优解的概率和不是最优解 x^0 的概率分别为

$$P_{(1)} = P_{\text{rob}}\{x = x^0\} = p,\ Q_{(1)} = P_{\text{rob}}\{x \neq x^0\} = 1 - p$$

第二次生成可行解后仍不能得到最优解的概率，是指第一次和第二次都不能得到最优解的概率，即 $Q_{(2)} = Q_{(1)}(-p) = (1-p)^2$，由 $P_{(2)} + Q_{(2)} = 1$，可得

$$P_{(2)} = 1 - (1-p)^2,\ Q_{(2)} = (1-p)^2$$

第三次生成可行解后仍不能得到最优解的概率是指前两次和第三次均不能得到最优解的概率即 $Q_{(3)} = Q_{(2)}(1-p)$，由 $P_{(3)} + Q_{(3)} = 1$，可得

$$P_{(3)} = 1 - (1-p)^3,\ Q_{(3)} = (1-p)^3$$

类似分析下去，可得 n 次生成可行解后能得到最优解的概率为

$$P_{(n)} = 1 - (1-p)^n \tag{5-27}$$

$$\lim_{n\to\infty} P_{(n)} = 1 \tag{5-28}$$

可知随着生成可行解次数 n 的增加，得出最优的概率越大，若 $n\to\infty$、$P_{(n)}\to 1$，这表明能以概率 1 找出全局最优解，因此计算是收敛的。

关于初始解的生成，理论上初始解 x_0 可以是任何一个可行解，它不影响最终按 RSA 算法得到的结果，但好的初始解能使计算变得容易。这就提供了从其他方面考虑来选择初始解 x_0 的可能，对于从物理或工程实际而提出的优化问题，其背景意义和实际经验会有一个可能性估计：其最优解大约在什么地方？尽管这种估计不准确也不可能准确，但只要这种估计有相当可能，就选定其为初始解 x_0。

5.5.2　分布函数的抽样变换

前述可行解生成时，使用了均匀分布 $u\sim U(0,\ 1)$[$U(0,\ 1)$表示[0，1]区间的均匀分布]，从这个分布中抽样是很方便的，计算机中都有从 $U(0,\ 1)$中抽样的专门语句。但使用均匀分布导致 RSA 法计算收敛慢。为解决此问题，以下改用正态分布、Sigmoid 分布或 Cauchy 分布进行计算，下面讨论由 $U(0,\ 1)$分布表示上述几个分布的方法。

5.5.2.1　正态分布

标准正态分布表示为 $N(0,\ 1)$，令 y 表示 $N(0,\ 1)$的一个抽样，则生成的变量 x 为：

$$x = x^* + By$$

式中，x^* 为此次随机生成可行解前已得出的最好可行解；B 为调整参数，B 取较小值时解 x 出现在 x^* 附近的概率增大。在实际问题中，尽管有时有多个局部极值点，但局部极值点是有限的，很多时候只有少数局部极值点，所以在已得出的最好解附近有较大的概率出现新的解是我们所希望的，它有益于提高找到最优解 x^0 的速度。

服从标准正态分布的 y_1、y_2，可由两次从均匀分布中抽样得到的 u_1、u_2[u_1，$u_2\sim U(0,\ 1)$]变换得出：

$$y_1 = \sqrt{-2\ln u_1}\cos 2\pi u_2$$
$$y_2 = \sqrt{-2\ln u_1}\sin 2\pi u_2 \tag{5-29}$$

式中，u_1、u_2 为均匀分布随机数。

可以证明 y_1 和 y_2 均为正态分布且相互独立。

事实上，由式(5-29)可得逆变换：

$$u_1 = \exp\left[-\frac{1}{2}(y_0^2 + y_2^2)\right]$$

$$u_2 = \frac{1}{2\pi}\left[\arctan\left(\frac{y_2}{y_1}\right) + c\right]$$

从而有

$$\frac{\partial u_1}{\partial y_1} = -y_1\exp\left[-\frac{1}{2}(y_1^2 + y_2^2)\right]$$

$$\frac{\partial u_1}{\partial y_2} = -y_2\exp\left[-\frac{1}{2}(y_1^2 + y_2^2)\right]$$

$$\frac{\partial u_2}{\partial y_1} = -\frac{1}{2\pi}\left(\frac{y_2}{y_1^2 + y_2^2}\right)$$

$$\frac{\partial u_2}{\partial y_2} = \frac{1}{2\pi}\left(\frac{1}{y_1^2 + y_2^2}\right)$$

x_1，x_2 的联合分布为

$$f(y_1,\ y_2) = |\ J\ | = \frac{\partial u_1}{\partial y_1}\frac{\partial u_2}{\partial y_2} - \frac{\partial u_1}{\partial y_2}\frac{\partial u_2}{\partial y_1}$$
$$= \frac{1}{\sqrt{2\pi}}\exp\left(-\frac{y_1^2}{2}\right)\cdot\frac{1}{\sqrt{2\pi}}\exp\left(-\frac{y_2^2}{2}\right)$$

即 y_1、y_2 是互相独立且服从标准正态分布的随机变量。

5.5.2.2　Sigmoid 分布

Sigmoid 分布的分布函数为 $F(x) = \dfrac{1}{1+\mathrm{e}^{-x}}$，其密度函数为 $f(x) = \mathrm{e}^{-x}/(1+\mathrm{e}^{-x})^2$，它和标准正态分布的密度函数形状相似但不对称，其最大值出现在 $x=0$ 处，高度为$\dfrac{1}{2}$。

Sigmoid 分布的抽样 z 和均匀分布的抽样 u 具有函数关系，用 $F_u(u) = u$ 表示均匀分布的分布函数，由等概率原则：

$$F_u(u) = P(U \leqslant u) = P(Z \leqslant z) = F(z)$$

可知

$$u = F(z),\ z = F^{-1}(u)$$

而

$$F(z) = 1/(1 + e^{-z})$$

从而

$$u = 1/(1 + e^{-z})$$

$$z = \ln \frac{u}{1-u} \tag{5-30}$$

式(5-30)表示了均匀分布的抽样 u 和 Sigmoid 分布的抽样 z 的关系。

5.5.2.3 Cauchy(柯西)分布

Cauchy 分布的密度函数为 $f(x) = \frac{1}{\pi(1+x^2)}$，分布函数为 $F(x) = \frac{1}{\pi}\arctan x$，Cauchy 分布的抽样 z 和均匀分布的抽样 u 具有函数关系，基于概率原则：

$$F_u(u) = P(Z \leqslant z) = F(z)$$

由上可知

$$u = F(z),\ z = F^{-1}(u)$$

于是

$$u = F(z) = \frac{1}{\pi}\arctan z$$

$$z = \tan \pi u$$

基于这个关系，将 u 值左移 0.5 以保证：$u=0$ 时，$z=-\infty$；$u=0.5$ 时，$z=0$；$u=1.0$ 时，$z=\infty$，则有

$$z = \tan(u - 0.5)\pi \tag{5-31}$$

比较正态分布生成式(5-29)、Sigmoid 分布生成式(5-30)和 Cauchy 分布生成式(5-31)，正态分布生成需要两个均匀分布抽样值，而 Sigmoid 分布和 Cauchy 分布都只需要一个均匀分布的抽样值，因而略微简单一些，正态分布和 Cauchy 分布都是对称的，Sigmoid 分布在正负两方向不对称。此外，正态分布和 Cauchy 分布都具有这样的特性：若两个随机变量都服从正态分布(或 Cauchy 分布)，则这两个随机变量之和也服从正态分布(或 Cauchy 分布)。

5.5.3 改进随机搜索算法

改进随机搜索算法(improvement random searching algorithm, IRSA)的步骤为：

生成初始可行解 x_0，并计算目标值 $f(x_0)$；重复随机生成可行解，当采用正态分布时，

$$x = x_0 + B\sqrt{2\ln u_1}\cos 2\pi u_2 \tag{5-32}$$

当采用 Sigmoid 分布时，

$$x = x_0 + B\ln\frac{u}{1-u} \tag{5-33}$$

当采用 Cauchy 分布时，

$$x = x_0 + B\tan(u-0.5)\pi \tag{5-34}$$

计算目标值 $f(x)$，若 $f(x) < f(x_0)$，则 $x_0 \approx x$，直到满足终止条件。

和 RS 算法相比，这里的改进主要是将均匀分布替代正态分布或 Sigmoid 分布、Cauchy 分布，其分布密度函数都是在中间有一个极大值，而两边都趋于零。它们也都覆盖$(-\infty, \infty)$区间。式(5-32)使用两个均匀分布抽样，计算复杂一些。式(5-33)和式(5-34)都只使用一个均匀分布 $u \sim U(0, 1)$ 的抽样，但式(5-34)相应 Cauchy 分布密度在正负两个方向对称。新增加的 B 称为缩放调整系数，用以调整计算收敛的快慢，在计算中 B 的取值在开始时取大一些，当临近收敛或收敛成为主要着眼点时，可以取小些。

此外，随机生成的计算中引入了 x_0，又是当前已知的最优解，这是因为更好的解 x 出现在 x_0 附近的概率增大。在实际问题中，尽管有时出现多个局部极值点，但局部极值点是有限的，很多时候只有少数局部极值点，所以在已得出的最好解附近有较大的概率出现最好解是我们所希望的，它有益于提高找到最优解 x^0 的速度。它也体现了已有搜索的结果对进一步搜索的启示和影响。最后使用正态分布、Sigmoid 分布或 Cauchy 分布不影响计算的收敛性。

设第 i 次生成的可行解正好是最优解 x_0 的概率为 $P_i(P_i > 0)$，不是最优解的概率为 $(1-P_i)$，那连续 n 次生成都不是最优解的概率为 $\prod_{i=1}^{n}(1-P_i)$，n 次生成得到最优解的概率为

$$1-\prod_{i=1}^{n}(1-P_i)$$

从而

$$\lim_{n\to\infty}\left[1-\prod_{i=1}^{n}1-P_i\right]=1$$

于是有定理 5-1 如下：

定理 5-1 若解的随机生成域能覆盖整个可行域，则 RS 法是以概率 1 收敛于全局最优解。

5.5.4 群随机搜索算法

群随机搜索算法(swarm random searching algorithm, SRSA)是在改进随机搜索算

法的基础上引进群搜索的算法，因为群搜索较之每次产生一个可行解的搜索有其优点，正如粒群算法所表现出来的那样。

IRSA 由于使用了 Cauchy（或正态或 Sigmoid 分布）分布，其解的随机生成为

$$x = x_0 + B\tan(u - 0.5)\pi \tag{5-35}$$

这是对全局最优解 x^0 位置的一个猜测，这个猜测是：x^0 有较多的可能性（概率）是在 x_0（它是此时若干次搜索得出的最优解）的左右，这在整个随机搜索的后期表现得较为明显，这也是这个猜想的依据。同时，为了不失去当 x_0 不在 x^0 左右时对全局最优解 x^0 的搜索机会，以保证使计算收敛到 x^0，因此式（5-35）表示的是全局最优解 x^0 的概率分布的猜测，其密度函数由图 5-2 所示。从图 5-2 可知，如果这个猜测可以相信，那么为了快些找到全局最优解 x^0，就应在接近 x_0 的左右处去找出新的可行解，而不是由式（5-35）去决定新的可行解。这是一个矛盾，尽管从根本上来说，这个矛盾是由"加速收敛而又不收敛到局部最优解"决定的，但总觉得这是一个不足。

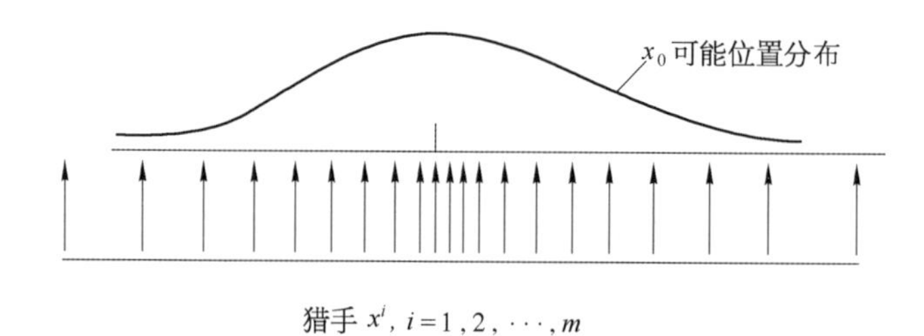

图 5-2　猜测 x_0的分布与 x^i的分布

引入群搜索做法后，情况有所不同。假若群体由 m 个个体（可行解）组成：

$$x^i = x_0 + B\tan(u^i - 0.5)\pi \ (i = 1, 2, 3, \cdots, m) \tag{5-36}$$

式中，u^i为相互独立的m 个由 $u(0, 1)$分布生成的抽样。则由式（5-36）可生成 m 个可行解。

如图 5-2 所示，全局最优解的具体位置不知道，但其可能位置（猜测）的分布是知道的（当然，由于也是猜想，还有个可信度问题），于是生成的可行解 x^i 也就有个分布问题，而合适的分布是 x^0的分布密度大时，x^i 的密度也要大，反之亦然。

这就像群猎，m 个猎手（x^i, $i = 1, 2, 3, \cdots, m$）各有一支猎枪，兔子 x^0（猎物）藏在草丛中没法看见，已知兔子可能藏身位置的分布，问各猎手的射击点应该怎样分配？显然，如果是各行其是的猎手，那他们（x^i, $i = 1, 2, 3, \cdots, m$）都会朝 x_0 处（兔子藏身该处的可能性最大）射击，而群猎中猎手之间是合作的或者有一个统一的指挥者，其结果自然会如图 5-2 所示，各猎手向不同（被分配）的射击点开火，而且兔子藏身可能性大的一些位置，射击点要密集一些，以期取得最好的猎取兔子 x^0的效果。

这种偏于直观常识的分析使我们想到，既然最优解 x^0具有 Cauchy 分布，那么搜索点 x^i（粒群演进的 m 个点 x^1, x^2, $\cdots$, x^m, $\cdots$）也应服从 Cauchy 分布，即式（5-36）所示。

这是合理的，事实上取同一分布可使 $P_{\mathrm{rob}}(x^i = x^0)$ 最大，即搜索时 x^i 正好遇到 x^0 的可能性最大。可做如下证明：

设 x^0 的分布函数为 $P(x^0)$，搜索点 x^i 的分布函数为 $f(x^i)$，则击中事件 $\{x^0 = x^i\}$ 发生的概率为

$$P(x^i)f(x^i)$$

而 $\{x^0 = x^i\}$ 可能发生 x^0 的任何位置，于是 $P_{rob}\{x^i = x^0\}$ 的数学期望值为

$$\mathrm{E}P_{rob}\{x^i = x^0\} = \int_{-\infty}^{\infty}[P(x^i)f(x^i)]f(x^i)\mathrm{d}x^i$$

极大化这个概率并考虑约束条件得

$$\max\int_{-\infty}^{\infty}P(x^i)f(x^i)f(x^i)\mathrm{d}x^i$$

$$\text{s. t.}\ \int_{-\infty}^{\infty}f(x^i) = 1$$

这是一个典型变分问题，用 Euler-Lagrange 方法，先作辅助函数：

$$\varphi = P(x^i)f^2(x^i) + \lambda f(x^i)$$

其极值必要条件为

$$\frac{\partial\varphi}{\partial f(x^i)} = 2P(x^i)f(x^i) + \lambda = 0$$

$$f(x^i) = \frac{-\lambda}{2}P(x^i)$$

代入约束条件：

$$\int_{-\infty}^{\infty}f(x^i)\mathrm{d}x^i = \frac{-\lambda}{2}\int_{-\infty}^{\infty}P(x^i)\mathrm{d}x^i = -\frac{\lambda}{2} = 1$$

得

$$\lambda = -2$$

最后结果为

$$f(x^i) = P(x^i) \tag{5-37}$$

即搜索点 x^i 的分布密度函数为 $f(x^i)$ 和最优解猜测分布 $P(x^0)$ 相同时，搜索效果最好，最优解 $x^i = x^0$ 的概率期望值最大。

这也正是猜想 x^0 的分布和群搜点的分布相同正确性的理论依据。

下面给出群随机搜索程序：

生成初始可行解 x_0，并计算其目标值 $f(x_0)$。

重复以上步骤，生成可行解群，$x^i = x_0 + B\tan(u^i - 0.5)\pi$，计算目标值 $f(x^i)$，$i = 1, 2, 3, \cdots, m$，$x_{0i} = \arg\operatorname{opt}[f(x_0), \operatorname{opt} f(x^i)]$，直到满足终止条件为止。

下面讨论群随机搜索算法的全局性质。

微粒群在按计算程序不断演进，若其中某个粒子找到了全局最优解，$x_{t+1}^i = x^0$，就认为计算收敛于全局最优。

设第 j 次生成第 i 个可行解（无约束时任一解都可行，有约束时要满足约束条件要求）为 x_j^i $(i = 1, 2, \cdots, m)$，x_j^i 正好是最优解和不是最优解的概率分别为：

$$\begin{cases} p_j^i = p_{\text{rob}}(x_j^i = x^0)\ (i = 1, 2, \cdots, m) \\ q_j^i = p_{\text{rob}}(x_j^i \neq x^0) = 1 - p_j^i\ (j = 1, 2, \cdots, m) \end{cases} \tag{5-38}$$

m 个微粒的初始可行解 x_1^i $(i=1, 2, \cdots, m)$ 都不是最优解的概率，即第一次生成粒群可行解都不是最优解的概率 $Q_1 = \prod_{i=1}^{m}(1 - p_1^i)$，而 x_1^i $(i = 1, 2, \cdots, m)$ 中含有最优解的概率为 $P_1 = 1 - Q_1 = 1 - \prod_{i=1}^{m}(1 - p_1^i)$。

第二次生成（二次演进）后仍没有遇上全局最优解的概率，是指第一次和第二次生成的全部 $2m$ 个粒子都未遇上 x^0 的概率，可以表示为 $Q_2 = \prod_{\substack{i=1\\j=1}}^{\substack{2\\m}}(1 - p_j^i)$，而$P_2 = 1 - Q_2 = 1 - \prod_{\substack{i=1\\j=1}}^{\substack{2\\m}}(1 - p_j^i)$ 表示第二次粒群演进后遇上最优解 x^0的概率。类似可得

$$P_k = 1 - \prod_{\substack{i=1\\j=1}}^{\substack{k\\m}}(1 - p_j^i)\ (k = 1, 2, \cdots, m)$$

$$Q_k = 1 - P_k = 1 - \prod_{\substack{i=1\\j=1}}^{\substack{k\\m}}(1 - p_j^i) \tag{5-39}$$

定理 5-2　群演进算法（群体演进随机搜索）其收敛于全局最优解的充分条件为：对所有 j 都至少存在一个 i 使得

$$p_j^i > 0 \tag{5-40}$$

证：在(5-40)的前提下，对所有 j，$\prod_{i=1}^{\substack{k\\m}}(1 - p_j^i) < 1$，从而

$$\lim_{k\to\infty} P_k = 1 - \prod_{\substack{i=1\\j=1}}^{\substack{k\\m}}(1 - p_j^i) = 1 \tag{5-41}$$

证毕。

定理 5-3　群随机搜索算法收敛于全局最优解的充要(充分且必要)条件为：至少存在一个 i,有

$$p_j^i > 0,\ i \in \{1,\ 2,\ \cdots,\ m\} \tag{5-42}$$

$$j \in \Omega_s\ (s = 1,\ 2,\ \cdots)$$

证：因为

$$\prod_{\substack{i=1\\j=1}}^{\substack{m\\sk}} (1 - p_j^i) = \prod_{\substack{i=1\\j=1}}^{\substack{m\\k}} (1 - p_j^i) \prod_{\substack{i=1\\j=1}}^{\substack{m\\2k}} (1 - p_j^i) \cdots \prod_{\substack{i=1\\j=1}}^{\substack{m\\sk}} (1 - p_j^i) \cdots$$

按条件式(5-42)有

$$\prod_{\substack{i=1\\j=(s-1)k+1}}^{\substack{m\\sk}} (1 - p_j^i) < 1\ (s = 1,\ 2,\ \cdots)$$

从而可知

$$\lim_{k \to \infty} P_k = 1 - \prod_{\substack{i=1\\j=1}}^{\substack{m\\k}} (1 - p_j^i) = 1 \tag{5-43}$$

m 的有限和 k 的足够大表明这一极限存在的必要性。证毕。

比较这两个定理,定理 5-3 要求的条件要严格得多,定理 5-2 可用来检查群演进类算法是否能收敛到全局最优解。

群的规模 m 还没有一般的确定方法,大都是经验确定。从计算时间来看,一次群状态转移所用计算时间是单个个体转移($m=1$)所需计算时间的 m 倍。不考虑这一情况,单从一次转移来比较效果,并由此显示群算法的优越性是不公平的。

从 x_0 的更新看,$m = 1$ 时 x_0 的更新可能最快,群转移时 x_0 的更新可能要慢,在这点上,$m = 1$ 时要好一些。

另一方面,计算时间又由计算方式决定,串行方式(前面的分析是按此方式)或并行方式(cluster)。若使用的计算机能实现 m 路并行计算,这个 m 就作为确定群规模的重要依据。前述群随机搜索程序可写作：

(1) 确定初始点 x_0；

(2) 计算 $f(x_0)$；

(3) 按均匀分布生成 u_i $(i = 1,\ 2,\ \cdots,\ m)$；

(4) 生成 x^i $(i = 1,\ 2,\ \cdots,\ m)$；

(5) 检查 x^i 的可行性 $(i = 1,\ 2,\ \cdots,\ m)$；

(6) 计算 $f(x^i)$ $(i = 1,\ 2,\ \cdots,\ m)$；

（7）更新 x_0；

（8）按停止条件检查，停止或转入（3）。

从以上流程，（3）～（6）是可以并行计算的，充分利用计算机的并行计算能力，减少计算时间。此时，群演进算法的优越性借助平行计算而得以彰显。

本节在各种演化算法分析的基础上，提出的进化群随机搜索算法，不仅具有进化算法的全局最优性质，而且显著减少了计算的复杂度，同时还证明了该算法的全局收敛性。在若干应用计算中也验证了其可行性和优越性。

虽然所有上述分析讨论，都是针对单自变量的非线性优化问题，这是为了简单明了，但所用的分析方法和结论可以扩展到多变量等更复杂的情况。就算法的结构和运用而言，多变量的群随机搜索似乎并没有原则上那么困难。

5.9 小　结

本章详细地介绍了遗传算法、模拟退火法、粒子群法、随机搜索法等全局优化算法的原理及实现步骤，客观地分析了上述算法的优缺点，给出了使用这些方法时所遇到的问题及改进措施。同时在引入正态分布、Sigmoid 分布和柯西分布的改进随机搜索算法的基础上，提出了进化群随机搜索算法。本章的研究为优化算法的选择与应用，提供了理论基础和技术支撑。

第6章

水能电力、市场和资源

在实施流域大规模滚动开发的同时，梯级电站运营环境及其互联电力系统的发电调度模式发生了根本性变化，为消除垄断，引入竞争，我国也逐步进行了电力市场改革，在电力系统各个环节解除了管制。然而，随着电力市场的进一步开放，市场所具有的开放性、竞争性、计划性和协调性也逐步融入了电力行业的方方面面，发电部门、用电方、电网及国家等利益主体目标的不同引起各方矛盾与冲突的出现，而电价作为市场成员共同关注的焦点，已成为均衡这些目标的有效杠杆。近年来，相关学者已从电力市场管理机制、市场风险分析、电价预测以及电力市场环境下发电计划编制等多方面进行了大量研究，虽为推动电力市场改革做出了一定贡献，但目前仍缺乏有力的市场竞价机制和电价机制。为此，如何运用电价这支杠杆，通过建立一种有效的规则机制或平衡框架，实现不同目标之间的均衡以及资源的最优化配置，是市场环境下水电能源高效利用亟待解决的一个关键科学问题。

本章通过分析用户、发电厂以及社会资源不同层面的立场及目标，构建了综合反映各主体利益的数学模型，以模型最优解存在的假设为前提，推导了“同网同价”、“边缘价格”等最优性原则，并对最优解的存在和均衡性质进行了论证；进而，在以上最优性分析理论研究的基础上，通过解析多个发电单元的发电特性，提出以各机组(炉)为发电单元参加竞价的方法，并进一步证明协调统一最优解的存在性。同时，本章亦从国家宏观调控的角度入手，对电力市场化、开放电价等问题的重要性做了简明的阐述，分析了需求—电价的内在关系，论述了和谐、利益均衡电力能源系统建立的必要性，为最终实现资源的合理使用以及电力市场的健康发展奠定坚实的基础。

6.1　问题描述

电力是最好的能源形式，便于输送和使用，它是清洁的能源。电力市场遵从一般市场的运行规律，其特点是：不能贮存，需要随时保持发电、用电之间的平衡。

组成电力市场的三个部分是发电、输配电、用电，在市场的用电端尚未开放的情况下，输配电和用电是捆绑在一起的，用电方的利益由电网代表，一起参与电力市场的竞争，而又通过用户的用电价把电网的利益和用户的利益区别开来。此外，国家对电力市场实施宏观调控，调控措施和市场规律保证了市场的正常和健康运转。

市场中的矛盾和基本冲突是不同利益主体的不同要求(目标)，对用电方来说，其目标是用最少的钱购买到所需数量的电；对发电部门来说，其目标是利润(售电所得减去燃料费、运行及管理费用)最大；对电网来说，电网的运行管理费用及维护费用得到保证；对国家来说，为实现可持续发展和节约一次能源，其目标是在电力市场正常运转的条件下，使资源的消耗量最小。这些不同目标之间的矛盾、冲突需要合理的制约，其核心是电价(发电上网电价和用电户的用电价)，不同的目标能够同时实现吗？有没有一种规则机制或平衡框架来实现一种和谐？这是需要研究的。

6.2 模　　型

将前面提出的问题模型化，设 i 为发电厂(单元)编号 $(i=1, 2, \cdots, n)$；x_i 为 i 电厂上网容量，则 i 电厂发电 x_i 时的运行费可通过下式得到：

$$f_i(x_i) = c_i + B_i(x_i) \tag{6-1}$$

式中，c_i 为固定运行费(含折旧)，$B_i(x_i)$ 为燃料费。

将用电户和电网看做一家，其内部利益关系另议，并忽略运行费的常数部分(它不影响运行方式的优选)，于是用户购电费最小表示为

$$\begin{aligned} &\min \sum_{i=1}^{n} P_i x_i \\ &\text{s. t.} \quad \sum_{i=1}^{n} x_i = b \\ &x_i \geqslant 0 \ (i = 1, 2, \cdots, n) \end{aligned} \tag{6-2}$$

式中，P_i 为 i 电厂上网电价；b 为用户的总电力需求和网损。

发电厂(单元)效益最大表示为

$$\begin{aligned} &\max[P_i x_i - f_i(x_i)] \\ &\text{s. t.} \quad \sum_{i=1}^{n} x_i = b \\ &x_i \geqslant 0 \ (i = 1, 2, \cdots, n) \end{aligned} \tag{6-3}$$

社会资源发电消耗最小(节约一次能源)表示为

$$\begin{aligned} &\min\Big[\sum_{i=1}^{n} B_i(x_i)\Big] \\ &\text{s. t.} \quad \sum_{i=1}^{n} x_i = b \\ &x_i \geqslant 0 \ (i = 1, 2, \cdots, n) \end{aligned} \tag{6-4}$$

应该说，用户、发电厂及社会资源层面不同立场、不同目标是可以理解的，也是无可非议的。但也由此引发了各种利益冲突和矛盾，竞争使电力市场产生矛盾，但也激发了无尽的活力，问题是是否存在一种电价体系，使多方都满意，答案是肯定的。

6.3 电 价 确 定

先讨论问题式(6-2)和式(6-3)的求解，即用户和发电厂之间的讨价还价问题。讨价

还价是市场的本质特征，而又相当复杂。如以购买衣服为例，花色、尺寸、品质、时尚等都是考虑因素。看上了，你可以问，这件多少钱？打点折行吗？多买两件能更便宜些吗？不过电力是特殊商品，不论件而论瓦（或对一个固定时段论度），而且质量是有规范保证的（指频率和电压）所以问价或讨还价的方式有些不同，可以问一度要多少钱，或我给这个数，你能卖给多少电？讨还价中用户方希望少花钱，单价要低，这是目标式(6-2)决定的。卖方在讨还价中则是按目标式(6-3)决定，希望成交能带来最大的利润。

市场中的促销有多种形式，手段也很多，例如先涨价再折扣，先涨价再在销售时给一定数量的返销券（钱），让买方感到便宜。不过让利也好，大折扣或放血甩卖也好，其最终都掩盖不了其真实目的，那就是最大利润。当然，有时为了用户心理上的影响，为了宣传上的功效，也许有时会让购买者尝到甜头，自己吃点亏，但售方不会让买方总尝甜头，谁也不会总是吃亏，平均来说，其成交价是不会离开最大利润原则的。

另外，电力市场实行"竞价上网，同网同价"，"竞价上网"的含义明确，不竞价，不能成交，不成交自然无法上网，而且竞价中体现了对用电户利益的尊重（用户是上帝），这是特别重要的。"同网同价"也是用电户目标式(6-2)所确定的。

事实上，对问题式(6-2)来说，倘若一个成交方案 M：

$$M:\ P_1,\ x_1;\ P_2,\ x_2;\ \cdots;\ P_i,\ x_i;\ \cdots;\ P_j,\ x_j;\ \cdots;\ P_n,\ x_n \tag{6-5}$$

式中，$\sum_{i=1}^{n} x_i = b$。

其中两个电价不相等，如 $P_i > P_j$，那么就会有另一个成交方案 M：

$$M':\ P_1,\ x_1;\ P_2,\ x_2;\ \cdots;\ P_i,\ x_i - \Delta x;\ \cdots;\ P_j,\ x_j + \Delta x;\ \cdots;\ P_n,\ x_n \tag{6-6}$$

新的方案会使用电户的购电费用减少 $(P_i - P_j)\Delta x$，从而可知原方案对用电户是不利的，不会被接受的。

类似的分析可知，式(6-2)的解中必有：

$$P_1 = P_2 = \cdots = P_i = \cdots = P_n = P \tag{6-7}$$

这也正是同网同价原则。

按照这个同价原则，买电的用电户的问价应是：我出这个单价（每度多少钱），你肯卖多少电，这中间的可能有个去伪存真，抛虚存实的过程，最后得出买到的电数。当对每个发电厂（单元）都进行了这一工作（货比三家）后，将可买到的电相加，并与需要值 b 比较，若 $\sum x_i > b$，则把单价减少重新进行上述工作，若 $\sum x_i < b$，则提高一些单价重新进行上述工作，直至 $\sum x_i = b$ 为止，相应的单价 P^* 成为最终成交电价。

现在讨论用电户出价 P 时，电厂 i 愿意成交的电量，由式(6-3)知，i 电厂的目标为

$$\max[P_i x_i - f_i(x_i)] \tag{6-8}$$

当 $P_i = P$，对 x_i 求导数并令其为 0 得

$$\frac{\mathrm{d}}{\mathrm{d}x_i}[Px_i - f_i(x_i)] = 0$$
$$P = \frac{\mathrm{d}}{\mathrm{d}x_i} f_i(x_i) \tag{6-9}$$

则得

$$\begin{cases} f'_i(x_i) = P \\ x_i^* = \arg f'_i(x_i) \end{cases} \tag{6-10}$$

式中，$f'(x_i)$ 是 $f(x_i)$ 的导数。

式(6-10)是电厂 i 利润最大的必要条件，而充分条件为

$$\frac{\mathrm{d}^2}{\mathrm{d}x_i^2}[Px_i - f_i(x_i)] < 0$$
$$\frac{\mathrm{d}^2}{\mathrm{d}x_i^2} f_i(x_i) = f''_i(x_i) > 0 \tag{6-11}$$

一般来说，这个条件是能够成立的。和 P 对应的 x_i 按式(6-10)确定，x_i 成为买方肯出单价 P 时电厂 i 愿与之成交的电量，P 称为边际电价。若各电厂愿提供的电力之和正好和需要相等，则记作：

$$P^*;\ x_1^*,\ x_2^*,\ \cdots,\ x_n^*$$
$$\sum_{i=1}^{n} x_i^* = b \tag{6-12}$$

这是一个最优的成交方案，对用户来说，通过讨价还价购得了所需的电，而对电厂方来说，式(6-10)、式(6-11)保证了其利润的最大化。对任何一个可行的其他购电成交方案来说，如由

$$P^*;\ x_1,\ x_2,\ \cdots,\ x_n$$
$$\sum_{i=1}^{n} x_i = b \tag{6-13}$$

可得出：

$$P^* x_i^* - f_i(x_i^*) > P^* x_i - f_i(x_i)\ (i = 1,\ 2,\ \cdots,\ n) \tag{6-14}$$

现在来证明解式(6-12)也正是问题式(6-4)的解。对式(6-14)取和时得

$$\sum_{i=1}^{n}[P^* x_i^* - f_i(x_i^*)] > \sum_{i=1}^{n}[P^* x_i - f_i(x_i)] \tag{6-15}$$

移项有

$$\sum_{i=1}^{n}[f_i(x_i)-f_i(x_i^*)]>\sum_{i=1}^{n}[P^*x_i-P^*x_i^*] \tag{6-16}$$

而

$$\begin{aligned}\sum_{i=1}^{n}[P^*x_i-P^*x_i^*]&=P^*\sum_{i=1}^{n}x_i-P^*\sum_{i=1}^{n}x_i^*\\&=P^*\left(\sum_{i=1}^{n}x_i-\sum_{i=1}^{n}x_i^*\right)\\&=P^*(b-b)=0\end{aligned} \tag{6-17}$$

故知

$$\begin{gathered}\sum_{i=1}^{n}[f_i(x_i)-f_i(x_i^*)]>0\\\sum_{i=1}^{n}B_i(x_i)>\sum_{i=1}^{n}B_i(x_i^*)\end{gathered} \tag{6-18}$$

这表明解式(6-12)正好也是问题式(6-4)的解，这使人感到幸运，按上述方法求得的解，既能在市场条件下使用户以较低的费用得到所需的电力，又能使发电厂得到最大利润，从而实现节能减排、可持续发展的目标。

如果直接求解问题式(6-4)这个条件极小问题，先做拉格朗日函数：

$$L=\sum_{i=1}^{n}B_i(x_i)+\lambda\left(\sum_{i=1}^{n}x_i-b\right) \tag{6-19}$$

令 $\frac{\mathrm{d}L}{\mathrm{d}x_i}=0\ (i=1,2,\cdots,n)$，

可得

$$\begin{cases}B'(x_i)=f_i'(x_i)=-\lambda\\x_i^*=\arg f_i'(x_i)\end{cases}\ (i=1,2,\cdots,n) \tag{6-20}$$

这个结果和式(6-9)的结果相同。比较可知 $P=-\lambda$，这给拉格朗日乘子赋予了物理意义。

6.4　最优解的存在和均衡性质

在前述的分析中给出了最优解应满足的条件，如“同网同价”[式(6-7)]原则、“边缘价格”[式(6-10)]原则，但这些原则都是在最优解存在的前提下导出的，在证明其最优性时假定对任何一个可行的其他购电方案来说，存在着多个可行解；在使用拉格朗日方法分析问题式(6-4)时，是将其看作条件极值问题，而问题式(6-4)本质上是属于数学规划问题。

在非线性规划问题中最优解的存在首先决定于可行解的存在，在上述问题中可行解存在的条件可表述为

$$\sum_{i=1}^{n} \bar{x}_i > b \tag{6-21}$$

式中，$\bar{x}_i$ 为 i 电厂最大发电电力。

这个条件的物理意义很明显：各发电厂联合有能力满足用电户的总用电需求。这样可以从任一个可行的方案出发不断调整、不断比较，按照效益（利润与资源节约）方向修正，最终便能得出最优解，而这个解也必然满足式(6-7)、式(6-10)条件。

电厂发电特性 $f_i(x_i)$ 的凸性 $f_i''(x_i)>0$［式(6-11)］表示规划式(6-3)和式(6-4)都是凸规划，从而保证了最优解的唯一性。

在国内外研究电力市场的文献中都认为 $f_i(x_i)$ 是凸的，有的表示成二次函数 $f_i(x_i)=d_i+e_ix_i+f_ix_i^2$（$d_i$、$e_i$、$f_i$ 为常数），在电力市场实践中，多以发电单元（如发电厂的一炉一机组合）作为参与报价竞价的单元，此时单元的发电特性如图 6-1 所示。

由图可见：斜率为 P^* 的直线表示发电单元的收入，点 B 对应的纵坐标为 $P^*x_i^*$ 即售出电力 x_i^* 时的电费收入；$x_i \sim f_i(x_i)$ 发电单元 i 的发电特性，点 A（此处斜率为 $f_i'(x_i^*)=P^*$）表示发电为 x_i^* 时的燃料成本费用为 $f_i'(x_i^*)$；AB 两点的距离为发电单元 i 的利润；对于同一个电价 P^* 来说，发电单元卖出电力 x_i^* 会得到最大利润，多卖电或少卖出电（相对于 x_i^*）都会使利润减少，都是不利的；此外，当提高电价 P^* 时，发电单元愿提供的电力 x_i^* 将增加，反之发电单元愿提供的电力将减少。

在博弈理论中均衡解是 Pareto 最优的，这种解有一种稳定性，对博弈各方都是最好的，任何一方都不愿在执行时偏离它。由此可知，上述得出的解也是均衡解，用电户、发电单元方和国家资源方特别是发电方愿意不偏离的执行。这将极大地有利于提升发电质量和提高电网的安全和稳定。任一发电单元都不会超出方案多发（人为控制偏高的电压和频率），也不会偏低方案的少发（控制偏低的电压和频率），因为这样做只会减少自己的发电效益（利润）。

至于单位电价 P^* 对应多少愿意提供的电力 x_i^*，这是由发电单元的凸特性决定的，这与我们通常在购物市场上的经验不同，一般市场上购买东西的量多时单价会降低，称为批发价。这是由于通常的物品流通有一个存贮的中间环节，用以协调供需之间的平衡。而存贮环节是有附加费用的（管理和损耗），批量购买在一定程度上节省这些费用，有着直销的作用，而电力的生产和使用却没有中间环节。实际上，就生产环节来说，商品的生产特性都是凸的，这又决定于生产他们的机器设备的效率特性。如图 6-2 所示，机器设备在设计时，总是将最高效率点对应某个最常用的负载（输出 x_n），低于或高于这个负载效率都将降低，从原点 O 向 $x_{入} \sim x_{出}$ 作切线，其切点也正好对应最高效率点 $\eta_{\max}$，这就决定了单元生产的凸特性。此外，凸特性的一般性存在还有其他原因，如有家大公司，订他们的货时大批量对应的单价要高，问为什么，答曰：要完成这个批量的产品生产我们得组织

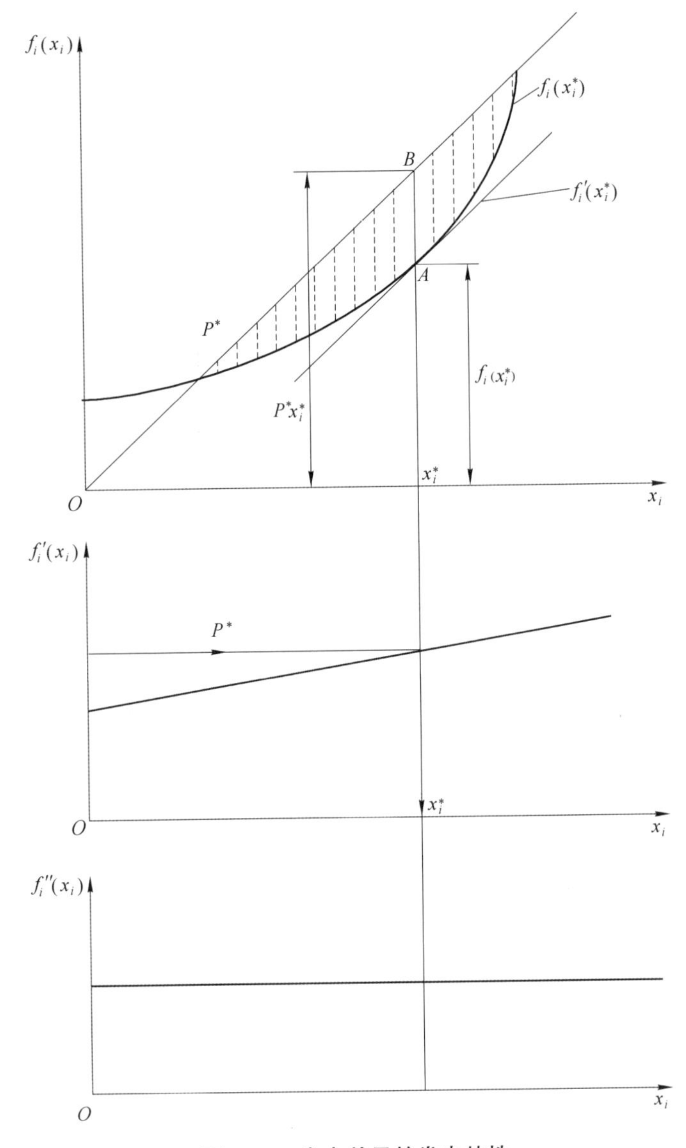

图 6-1　发电单元的发电特性

加班，成本会提高；我们的机器设备需要超负荷运转，折旧要快得多；批量更大时我们得考虑添置新设备和工作人员，需要新的投资和人员培训，而这只是为一个大订单，我们不会总有这样的大订单，这是市场问题，是有风险的，所以我们必须提高单价。

以上情况都是一般性的，所以生产环节的凸特性也具有一般性，这使得关于电力市场各利益方均衡解的分析，有了更为一般的意义。

此外，发电单元 $f_i(x_i)$ 具有凸特性，但若一个电厂有若干个发电单元组成，而在竞价上网时又是以电厂作为一个单位时，严格的凸特性就难以保证了，由此而来的有关问题在后面具体讨论。

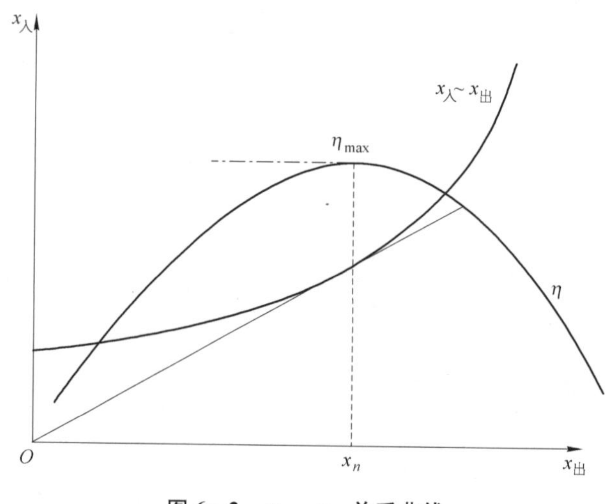

图 6-2　$x_入 \sim x_出$ 关系曲线

6.5　电厂和发电单元

通常，发电厂有若干个发电单元组成。以电厂为单位参加竞价时，其发电特性不是凸的，图 6-3 表示了电厂有两个发电单元且两个单元的发电单元特性相同的情况，对同一个电价 P，电厂有两个可售出电量分别为 x_1 和 x_2，两者都满足条件(6-11)，而

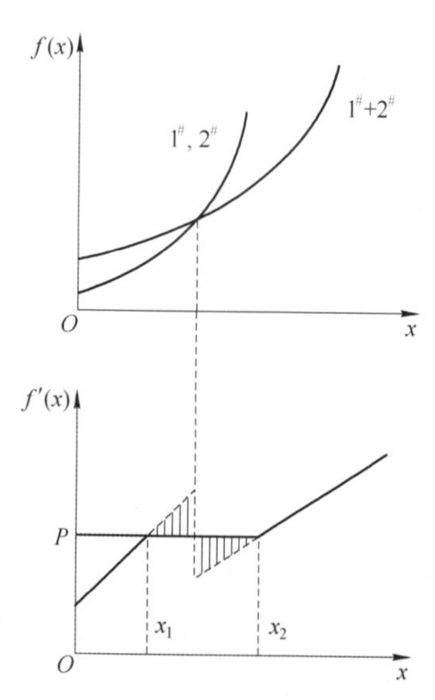

图 6-3　上网容量与运行费用关系图

$$f''(x_1) > 0,\ f''(x_2) > 0 \tag{6-22}$$

也就是说，两者都能使电厂的效益达到局部极大值。此时，就需要比较哪一个是整体最大值。当从 x_1 增加到 x_2 时，电场效益的改变为

$$[f(x) - P]\mathrm{d}x = 面积\ S_1 - 面积\ S_2 \tag{6-23}$$

显然有

$$面积\ S_1 - 面积\ S_2 \begin{cases} > 0,则\ x_1\ 优于\ x_2 \\ < 0,则\ x_2\ 优于\ x_1 \\ = 0,则\ x_1\ 和\ x_2\ 相同 \end{cases} \tag{6-24}$$

于是可先对电厂的微增特性进行修正，如图 6-4 所示，而按照等面积原则找出一个临界电价 P_k，并使两个面积相等 $S_1 = S_2$，修正后 $P < P_k$ 时使用左边曲线，$P > P_k$ 时使用右边曲线，如图 6-4 中实线所示。

这种处理方法对电厂是有利的，总能获得最大利益，但理论上由于电厂不承担 $x_1 \sim x_2$ 之间的负载，可能导致电厂和用户间的电力(电量)不平衡，不过当今电网(电厂和用户)的容量都相当大，这种理论上可能的不平衡只是细微部分，不会影响到总体，而且常常显现不出来。

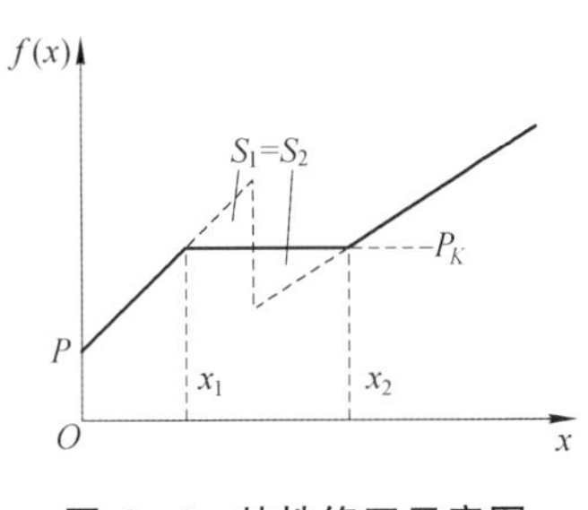

图6-4　特性修正示意图

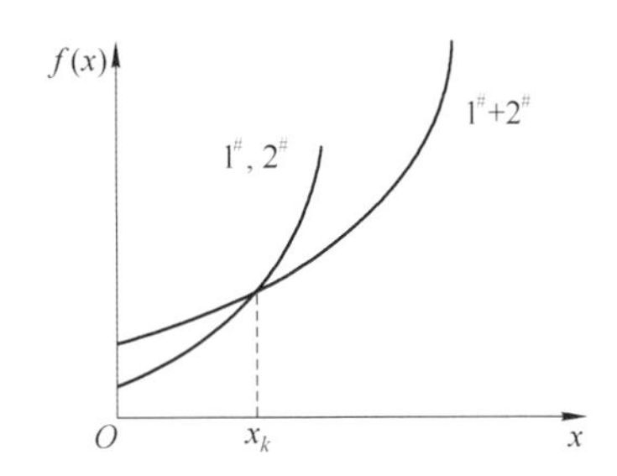

图6-5　上网容量与运行费用关系图

若电厂以各机组(炉)为发电单元参加竞价，则不会造成上述的理论上可能的细微不平衡。不过当各机组通过竞价得出各自的负载后，电厂需要做检查和必要的调整。如图6-5所示，将两台机组各自竞得的负载相加 x_1+x_2，显然若 $x_1+x_2<x_k$，则停掉一台机组负载，全由另一台机组承担是有利的，否则仍维持两台机组同时运行。

需要指出，经上述设置调整所得的结果是有利于电厂的，但所得出的解并非均衡解而不能保证是极大点。

上述分析可扩展至更为复杂的多台机组的情况，而且各台机组的发电特性也可以不相同。此外，还应考虑火电机组(炉)开停机状态变化伴随的附加损失，也就是需要考虑这些损失来最终判定能否增加效益。在多数情况下，这一工作是较为繁琐的，可编制出相关的比较分析程序，由计算机来完成。

6.6　水电的电价

水电是可再生能源，与火电的燃煤不同。煤矿中的煤数是有限的，挖一点少一点，烧掉了就没有了；水电的可再生性质又意味着浪费，具体说，不管是溢流把水放掉或者把水存入水库，都可能导致次年(或再次年)的来水无法贮存而溢流，从而造成浪费。所以按照水电的长期、短期和实时计划，规定的水电发电就必须发出去。

基于上述考虑，根据水电建设的投资、运行费等求得水电电价的做法，或给出水煤当量，从而求得水电上网电价的做法，都是不恰当的，因为水电必须发，不能竞价上网。

但“同网同价”原则仍然是适用的，而水电的定价是由煤电的竞价上网形成的电价来确定。具体做法是：

(1) 把水电的发电数量上网，同时在电网总负载中减去水电，得剩余负荷。

(2) 火电去竞争剩余负荷，得到各火电的应发电量，并确定出电价 P^*。

（3）让水电的电价 $P_{水}$ 等于 P^*，$P_{水}=P^*$。

这样“同网同价”的原则仍然能得到保证，而水电电价是在“替代”的意义上确定的，间接地考虑了诸多影响因素，对火电和用户都是公平的。

6.6.1　日电价曲线与日计划

实际调度工作中都以日为单位制定计划，一日又分为若干时段（24 时段或 36 时段），时段数记为 m。

用户购电费可表示为

$$
\begin{aligned}
&\min \int_0^m \Big[\sum_{i=1}^n P_i(t)x_i(t)\Big]\mathrm{d}t \\
&\text{s.t.}\ \sum_{i=1}^n x_i(t)=b(t) \\
&x_i(t)\geqslant 0
\end{aligned}
\tag{6-25}
$$

电厂（单元）效益最大表示为

$$
\max\int_0^m \Big[\sum_{i=1}^n P_i(t)x_i(t)-f_i(x_i(t))\Big]\mathrm{d}t \tag{6-26}
$$

$$
\begin{aligned}
&\text{s.t.}\ \sum_{i=1}^n x_i(t)=b(t) \\
&x_i(t)\geqslant 0\ (i=1,\ 2,\ \cdots,\ n)
\end{aligned}
$$

社会资源消耗最小表示为

$$
\min\int_0^m \Big[\sum_{i=1}^n B_i(x_i(t))\Big]\mathrm{d}t \tag{6-27}
$$

$$
\begin{aligned}
&\text{s.t.}\ \sum_{i=1}^n x_i(t)=b(t) \\
&x_i(t)\geqslant 0\ (i=1,\ 2,\ \cdots,\ n)
\end{aligned}
$$

式中，$b(t)$ 为日负荷曲线；$P(t)$ 为日电价曲线；$x_i(t)$为电厂的日发电曲线。

与上述的式（6-2）、式（6-3）、式（6-4）比较，式（6-25）、式（6-26）、式（6-27）是指一日的情况。类似的分析由式（6-25）和式（6-26）可得出

$$
P_1(t)=P_2(t)=\cdots=P_i(t)\cdots=P_n(t)=P(t) \tag{6-28}
$$

即“同网同价”原则。但与式（6-7）不同的是这同网同价是指对同一时间而言。

由式（6-26）可得出：

$$
\begin{cases}
f'_i(x_i(t))=p(t) \\
x_i^*(t)=\arg f'_i(x_i(t))
\end{cases}
\ (i=1,\ 2,\ \cdots,\ n) \tag{6-29}
$$

同时，可证明由此得出的式(6－25)的解也正是式(6－26)的解：

由于 $P^*(t)$；$x_1^*(t)$，$x_2^*(t)\cdots x_n^*(t)$；$\sum_{i=1}^{n} x_i^*(t)=b(t)$ 是式(6－26)的最优解，故其对任何一个解，$P^*(t)$；$x_1(t)$，$x_2(t)$，$\cdots$，$x_n(t)$，$\sum_{i=1}^{n} x_i(t)=b(t)$ 都有

$$P^*(t)x_i^*(t)-f_i(x_i^*(t))>P^*(t)x_i(t)-f_i(x_i(t))\ (i=1,2,\cdots,n) \tag{6-30a}$$

$$\sum_{i=1}^{n}[P^*(t)x_i^*(t)-f_i(x_i^*(t))]>\sum_{i=1}^{n}[P^*(t)x_i(t)-f_i(x_i(t))] \tag{6-30b}$$

$$\sum_{i=1}^{n}[f_i(x_i(t))-f_i(x_i^*(t))]>\sum_{i=1}^{n}[P^*(t)x_i(t)-P^*(t)x_i^*(t)] \tag{6-30c}$$

注意到

$$\begin{aligned}\sum_{i=1}^{n}[P^*(t)x_i(t)-P^*(t)x_i^*(t)]&=P^*(t)\sum_{i=1}^{n}x_i(t)-P^*(t)\sum_{i=1}^{n}x_i^*(t)\\&=P^*(t)\left(\sum_{i=1}^{n}x_i(t)-\sum_{i=1}^{n}x_i^*(t)\right)\\&=P^*(t)(b-b)=0\end{aligned} \tag{6-31}$$

又有

$$\sum_{i=1}^{n}[f_i(x_i(t))-f_i(x_i^*(t))]>0 \tag{6-32a}$$

$$\sum_{i=1}^{n}B_i(x_i(t))>\sum_{i=1}^{n}B_i(x_i^*(t)) \tag{6-32b}$$

$$\int_0^m\left[\sum_{i=1}^{n}B_i(x_i(t))\right]\mathrm{d}t>\int_0^m\left[\sum_{i=1}^{n}B_i(x_i^*(t))\right]\mathrm{d}t \tag{6-32c}$$

从而

$$\min\int_0^m\left[\sum_{i=1}^{n}B_i(x_i(t))\right]\mathrm{d}t=\int_0^m\left[\sum_{i=1}^{n}B_i(x_i^*(t))\right]\mathrm{d}t \tag{6-33}$$

这表明式(6－26)的最优解也就是式(6－27)的最优解，于是问题式(6－25)、式(6－26)、式(6－27)的解即式(6－29)。

从以上分析可以看出，把电价曲线 $P(t)$ 作为被优化的未知曲线，则用电户、发电厂(单元)和代表可持续发展减少资源利用的第三方[即式(6－25)、式(6－26)、式(6－27)]就有了协调统一的最优解——最优电价曲线。电价 $P(t)$ 影响三方的利益，而最优电价 $P^*(t)$则可使三方的目标都得以实现。市场的本质是竞争，没有竞争就谈不上市场，电力市场竞争的核心问题是电价，离开电价竞争也就不可能实现电力市场。

6.6.2　日计划制定

制定日计划的过程如图 6－6 所示，步骤为：

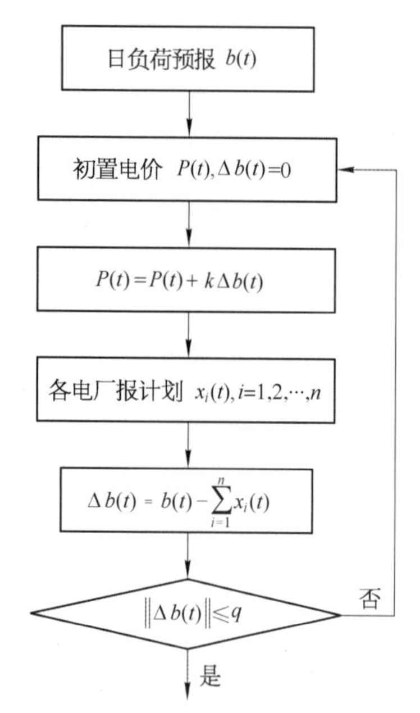

图 6－6　日计划制定流程图

(1) 进行日负荷预报得出 $b(t)$，$b(t)$ 中包含网损。

(2) 置 $\Delta b(t)=0$ 和初置电价曲线 $P(t)$，$P(t)$ 可采用前一日计划的实际电价曲线或其他经验方法。

(3) 修正电价曲线 $P(t)=P(t)+k\Delta b(t)$，式中 $k>0$ 称为修正系数，从图 6－6 可知修正的原则为：若各电厂的上报时刻 t 时总发电 $\sum_{i=1}^{n}x_i(t)$ 小于需求 $b(t)$ 时，则提高 t 时电价，反之则降低电价。

(4) 各电厂(单元)根据电价曲线决定自己的发电计划 $x_i(t)$ $(i=1, 2, \cdots, n)$。

若 i 电厂为火电，则有

$$\max\int_0^m[P_i(t)x_i(t)-f_i(x_i(t))]\mathrm{d}x \quad (6-34)$$

并考虑电厂发电的技术上的约束或限制来决定 $x_i(t)$，对火电厂来说设备技术条件约束主要指 $\overline{x_i(t)}\geqslant x_i(t)\geqslant\underline{x_i(t)}$(上横线和下横线指最大和最小) 有时还有 $\overline{x_i'(t)}\geqslant x_i'(t)\geqslant\underline{x_i'(t)}$ (增、减出力的速度限制)。

若 j 为水电厂，则有

$$\max\int_0^m P(t)x_j(t)\mathrm{d}x \quad (6-35)$$

式(6－35)的限制条件包括流量最大限制、流量最小限制、库水位最大限制、库水位最小限制、出力的限制、日总使用水量，以及日初和日末库水位限制等。在这些限制条件的共同约束下，最终确定发电计划 $x_j(t)$。目前，已发展了很多具体计算程序以求得最大日发电效益。

(5) 计算负荷差(供需差) $\Delta b=b(t)-\sum_{i=1}^{n}x_i(t)$，并检查限制 $\|\Delta b(t)\|\leqslant\varepsilon$，式中 $\|\ \|$ 指范数，可用下式计算：

$$\|\Delta b(t)\|=\max|\Delta b(t)|\leqslant\varepsilon \quad (6-36)$$

式中，ε 为允许误差。

若式(6－36)成立，则计算停止得出的 $P(t)$ 和 $x_i(t)$ $(i=1, 2, \cdots, n)$，即为所求，否则修正电价曲线，按

$$P(t)=P(t)+k\Delta b(t) \quad (6-37)$$

修正电价并按图 6-6 指示进入迭代程序，直到式(6-36)成立得出最优日计划。

顺便指出，由于对任意时刻 t 提高(降低)电价会使该时刻电厂的发电增加(减少)，从而导致该时刻 $\Delta b(t)$ 减少，只要合理控制修正系数 k 就能使上述迭代收敛，最终达到式(6-36)的要求，这是可以严格证明的。

6.7　仿真与调控

上述讨论是在“竞价上网，同网同价”，“节能减排资源，电厂、电网、用户最大利益”等基本原则上进行的，所得出的解是一种均衡解，可以得到共同遵守，同时也是一种和谐解，能保证各方实现最大利益。这是一种理性的、科学的安排，是一种机制设计和框架管理设计。在实施中有两个问题，一是开放电价(开放市场)须有一个过渡，怎样实现过渡，这种利益再分配或调整会遇到怎样的麻烦？二是怎样实现国家的调控？

(1) 仿真。通过实际发电、供电网络的竞价计算和仿真可得出开放电价后各种能量和经济数据，将这些经济数据与原有方式下的经济数据进行比较，从而得出：新机制比原方式的优越性有多少；电厂、电网、用户资源方得失和效益增减。当然，这些只是初步比较。

(2) 调控。效益需要再分配：电网要收过路费，运作管理、维护和发展，其按电价 $P(t)$ 的一定比例收取；资源费，按使用多少收费；新能源(太阳能、风能等)补助费(在竞价后再加价作为补助)；农业用电等补助费(在供电收费时区别，并应分别算出应收电费和补助电费)等。这些工作由代表国家的部门(它不是经营或盈利部门)来做，这实际上是一种调控，有利于资源的合理使用和节约，也有利于可持续发展，保证国家能源政策的执行和电力市场的健康发展。

随着燃料(煤)供给逐步市场化，电力生产供应的垄断或计划模式带来的问题会越来越多，市场化不仅是出路而且是唯一有效途径。在可控制的条件下，开放电价或逐步开放电价会促进各有关方和谐发展，安全、高效和可持续的目标才可能实现。

6.8　需求与电价

在前面的讨论中，用户的电力需求 $b(t)$ 在某时间是一个常数，通过讨价还价向发电厂购买的电力应维持供需平衡：

$$\sum_{i=1}^{n} x_i(t) = b(t) \tag{6-38}$$

这使得用户在发电厂联合垄断、提高电价时，束手无策，实际上除了调控部门垄断的限制，用户参加讨还价有一个可行的方法，就是：电价过高了用户可以不买或者少买；某些时间段电价高就不买而在电价较低的时候多买，也就是说，电力需求是和电价有关的，表示为

$$b = b[t,\ P(t)] \tag{6-39}$$

图 6－7 表示了需求和电价的关系，随着电价的增加，需求是会减少，这使得供需平衡式(6－38)应用下式代替：

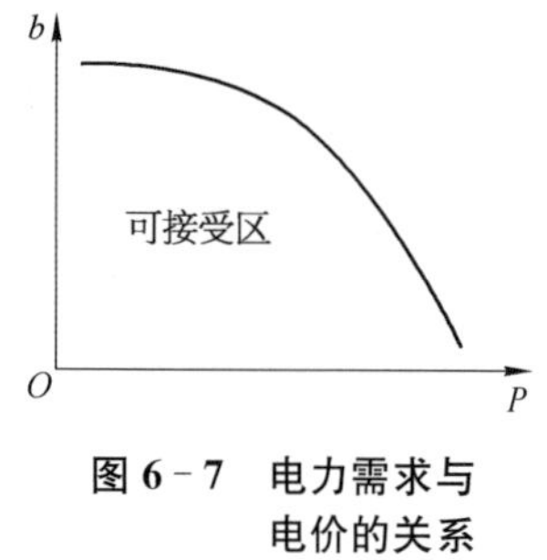

图 6－7　电力需求与电价的关系

$$\sum_{i=1}^{n} x_i(t) = b[t,\ P(t)] \tag{6-40}$$

这样前述日计划制定步骤作以下调整：在初置电价曲线时和修正电价曲线时都要检查其在图 6－7 中的位置，看是否其处于可接受区，修正后的需求电价点应处于图 6－7 的可接受区，从而使最终得出的日计划亦能为用户所接受。

考虑需求—电价关系增加了用户参与竞价的灵活性和主动性，有利于抑制不合理电价以保证用户的利益，此外，这种通过经济利益的杠杆作用，会对用户的用电有一些制约，会有利于改善负荷图过大的峰谷差异(峰谷电价差会在一定程度上改变用电多少和时间上移动)，而这又有利于发电设备的充分利用，从而带来发电部门的利益和资源使用的节约。

考虑需求—电价关系实际上又是一种供电的电价开放，这种开放把发电、用电两方面的积极性都调动了起来，由此形成的电价和供需平衡是一种利益上的均衡，一定会比计划、指令和简单行政制约要完善、和谐，而和谐、利益均衡的电力能源系统又是和谐社会的重要体现。

6.9　小　　结

本章针对不同利益主体的不同要求(目标)，建立了反映各主体利益的数学模型，求得满足各方利益最大的最优解，并论证了该解的存在及均衡性质，在前述分析理论基础上，解析了多个发电单元的发电特性，提出了电厂以各机组(炉)为发电单元参加竞价的方法，研究了电厂日电价曲线和日负荷曲线，讨论了考虑需求—电价关系的日计划编制方案，进而给出了国家宏观调控的方向，为最终实现资源的合理使用以及电力市场的健康发展奠定了坚实的基础。

第7章 对策决策理论与方法

人们在处理一个问题时，往往会面临几种情况，同时又存在几种可行方案可供选择，要求根据自己的行动目的选定一种方案，以期获得最佳的结果，这称为决策。有时人们面临的问题具有竞争性质，因而双方或各方都要根据不同情况、不同对手做出自己的抉择，此时的决策称为对策。

本章从对策决策的理论与方法出发，系统、深入地介绍了基本的对策决策模型，举例说明了各种对策情景并探讨了问题的求解。首先介绍了二人零和对策问题；接着讨论了两人的非合作对策，举例探讨了各种类型问题的求解；最后介绍了合作对策模型。

7.1　理性与均衡

在涉及水电能源的大量领域，运筹学都是重要工具。运筹学除包含数学规划外，其另一重要组成部分是对策论（亦称博弈论，game theory），它是用来处理和研究相互影响的决策问题的方法。

前一章中都讲到参加对策者具有理性和最终结果的均衡性，这是两个重要概念。进一步说理性可区分为个人理性和集体理性，个人理性一般指参与对策的个人（或代表单位）的效益（支付）目标，集体理性一般指参与者集体的或社会的支付（效益）目标。区分个人理性与集体理性的原因，是因这两者常有矛盾，而不是像亚当·斯密在《国富论》中所说：都为自己，对社会就好。如在合作调度中，处于同一河流的梯级两电站作为对策参与者，从各自目标出发得出的解，就不能实现社会目标（水资源充分利用）。

结果的均衡性或者均衡解，是指这样的对策解（它由参与人的最终决策组成）：当其他参与人都执行（实施）这个解的条件下，任何参与人都不愿意改变自己的决策，或者说任何参与人都没有积极性为了自己的效益，而改变这个解中属于自己的决策。均衡解在某种意义上说是一种稳定情况。

7.2　对　　抗

参与对策的有两人，分别有策略 m 个和 n 个，记作 $S_1=\{1, 2, \cdots, i, \cdots, m\}$，$S_2=\{1, 2, \cdots, j, \cdots, n\}$，若局中人 1 选择策略 i、局中人 2 选择策略 j 时，他们得到的支付（效益）各为 a_{ij} 和 $-a_{ij}$，用 $\mathbf{A}$ 表示支付矩阵。

$$\mathbf{A}=\begin{bmatrix} a_{11} & \cdots & a_{1n} \\ \cdots & \ddots & \cdots \\ a_{m1} & \cdots & a_{mn} \end{bmatrix}$$

对策表示为

$$\boldsymbol{\Gamma} = [\boldsymbol{S}_1, \boldsymbol{S}_2, \boldsymbol{A}] \tag{7-1}$$

由于对策中两局中人的总支付为零，$a_{ij} + (-a_{ij}) = 0$，所以这种对策称为二人零和矩阵对策。因为零和，局中人 1 获得等于局中人 2 的付出，反之亦然，这类对策的对抗性是最强的。

二人游戏，拳头剪刀布属这种对策，二人各有三个可选策略：拳头、剪刀和布，规则是拳头胜剪刀，剪刀胜布，布又胜拳头，假设胜者得 1 分，负者得 −1 分，则支付(效益)矩阵见表 7 - 1。

表 7 - 1　支付矩阵表

对　策	拳　头	剪　刀	布
拳头	0	1	−1
剪刀	−1	0	1
布	1	−1	0

对于支付矩阵的两人零和对策来说，局中人 1 的理性希望是效益 a_{ij} 越大越好，而局中人 2 则相反，他希望 $-a_{ij}$ 越大越好。但在支付矩阵(a_{ij})中，每个局中人只能控制(选择)两个变量 i 和 j 中的一个，局中人 1 只能选择 i，而局中人 2 只能选择 j。

如果局中人 1 选定一个决策 i，则他至少可以得到效益 $\min\limits_j a_{ij}$，即矩阵 A 第 i 行中最小的元素，他当然希望使效益值越大越好，他可以选择 i 使 $\min\limits_j a_{ij}$ 达到最大，此时他的效益不小于

$$\max_i \min_j a_{ij} \tag{7-2}$$

同理，如果局中人 2 选择一个策略 j，则局中人 1 得到的效益不会超过 $\max\limits_i a_{ij}$，即 A 中第 j 列的最大元素值，由于局中人希望付出越少越好，他会选择 j 使得 $\max\limits_i a_{ij}$ 到最小，此时局中人 1 得到的效益不大于 $\boldsymbol{A} = (a_{ij})$：

$$\min_j \max_i a_{ij} \tag{7-3}$$

对于拳头剪刀布问题(共支付矩阵见表 7 - 1)有

$$\max_i \min_j a_{ij} = -1$$

$$\min_j \max_i a_{ij} = 1$$

但已证明

$$\max_i \min_j a_{ij} = \min_j \max_i a_{ij} \tag{7-4}$$

是均衡解存在的条件，故这个问题没有均衡解。而对于

$$\boldsymbol{A}=\begin{bmatrix}1 & 1 & 4\\ -1 & 2 & 6\\ -2 & 2 & 7\\ -4 & -2 & 6\end{bmatrix} \tag{7-5}$$

表示的支付规律，有

$$\max_i \min_j a_{ij}=\min_j \max_i a_{ij}=1$$

它满足条件式(7-4)，故这个对策问题有均衡解，即策略(1, 1)，或表示为 $i^*=1$、$j^*=1$ 它满足

$$a_{ij^*}\leqslant a_{i^*j^*}\leqslant a_{i^*j} \tag{7-6}$$

这也正是当另一局中人实行这个对策 i^*、j^* 时，他没有改变其策略的积极性，从而也愿意实行这个对策的均衡解(i^*, j^*)。

这个均衡解的值 $a_{i^*j^*}=1$，表示局中人1至少赢得1，而局中人2至少输掉1。这似乎对两局中人不公平，但这是对策规则决定的。在对策开始之前，参与对策的两人都争当局中人1。

对于不存在均衡解的二人零和对策问题，可寻找其混合策略均衡解。把原来的纯策略对策(两局中人都选择一个策略)，改为每个局中人都使用自己的全部策略，只是对每个策略都配上一个使用概率。问题表示为

$$\begin{cases}\boldsymbol{\Gamma}=[\boldsymbol{S}_1, \boldsymbol{S}_2, \boldsymbol{A}]\\ \boldsymbol{S}_1=[1, 2, \cdots, m]\\ \boldsymbol{S}_2=[1, 2, \cdots, n]\\ \boldsymbol{A}=(a_{ij})\\ \boldsymbol{X}=[x_1, x_2, \cdots, x_m],\ x_i\geqslant 0,\ \sum x_i=1\\ \boldsymbol{Y}=[y_1, y_2, \cdots, y_n],\ y_i\geqslant 0,\ \sum y_i=1\end{cases} \tag{7-7}$$

式中，$\boldsymbol{X}$、$\boldsymbol{Y}$ 分别称为局中人1、2的混合策略。

对局中人1来说，他的混合策略是：以概率 x_1 使用其策略1，以概率 x_i 使用其策略 i，以概率 x_m 使用其策略 m。对局中人2来说，其混合策略是：以概率 y_1 使用其策略1，以概率 y_j 使用其策略 j，以概率 y_n 使用其策略 n。

当局中人1以概率 x_i 选择策略 i，而局中人2以概率 y_j 选择其策略 j，这时支付(效益)的概率是 x_iy_j，每一个支付乘以相应的概率并对所有的 i 和所有的 j 求和，可得局中人1的期望支付(效益)：

$$\sum_{i=1}^{m}\sum_{j=1}^{n}a_{ij}x_ix_j=\boldsymbol{XAY}^{\mathrm{T}} \tag{7-8}$$

局中人 1 希望这个期望支付越大越好,局中人 2 则希望它越小越好。局中人 1 选择 x,他的期望所得至少为:

$$\max_{\boldsymbol{X}} \min_{\boldsymbol{Y}} \boldsymbol{XAY}^{\mathrm{T}} = v_1 \tag{7-9}$$

当局中人 2 选择 $\boldsymbol{Y}$ 后,他付出的期望支付最多为 $\max\limits_{\boldsymbol{X}} \boldsymbol{XAY}^{\mathrm{T}}$,故他选择 $\boldsymbol{Y}$ 时应使这个支付最小,

$$\min_{\boldsymbol{Y}} \max_{\boldsymbol{X}} \boldsymbol{XAY}^{\mathrm{T}} = v_2 \tag{7-10}$$

冯·诺依曼(Von Newmann)证明,对一切支付矩阵 $\boldsymbol{A}$,由式(7-9)、式(7-10)计算时都有 $v_1 = v_2$。这个结论常称作最小最大值定理。

混合策略均衡解满足的鞍桌条件为

$$\boldsymbol{XAY}^{*\mathrm{T}} \leqslant \boldsymbol{X}^{*}\boldsymbol{AY}^{*\mathrm{T}} \leqslant \boldsymbol{X}^{*}\boldsymbol{AY}^{\mathrm{T}} \tag{7-11}$$

而 $v_1 = v_2$ 又是鞍桌存在的充要条件。用 $\boldsymbol{V}$ 表示对策的值:

$$\boldsymbol{V} = \boldsymbol{X}^{*}\boldsymbol{AY}^{*\mathrm{T}} \tag{7-12}$$

从鞍桌条件可知,只要局中人 1 坚定地采取他的混合策略 $\boldsymbol{X}^{*}$,则不管局中人 2 选用什么策略,局中人 1 所得到的期望支付不会少于 $\boldsymbol{V}$;同样地,只要局中人 2 坚持其混合策略 $\boldsymbol{Y}^{*}$,则不论局中人 1 改用什么策略,都不可能使局中人 2,付出的期望多于 $\boldsymbol{V}$。这正是均衡所要求的。

$\boldsymbol{X}^{*}$、$\boldsymbol{Y}^{*}$ 的计算,由式(7-7)和 $\boldsymbol{X}$、$\boldsymbol{Y}$ 的约束条件以及式(7-11)转化为线性规划问题,即可用相应的方法求解。

7.3 模 型 扩 展

二人零和矩阵对策只适合局中人策略有限的情况,可以扩展到策略无限的情况。此时,两个局中人各自独立地选择一个数,x、y,分别称为局中人 1、2 的纯策略。选定 x、y 后,局中人 1 得到的支付为 $P(x,y)$,局中人 2 得到的支付为 $P(x,y)$。与矩阵对策的情况相同,$P(x,y)$称为支付函数。一般有:

$$v_1 = \max_{x} \min_{y} P(x,\ y) \leqslant \min_{y} \max_{x} P(x,\ y) = v_2 \tag{7-13}$$

如果 $v_1 = v_2$,则存在 x^{*},y^{*} 使得

$$P(x,\ y^{*}) \leqslant P(x^{*},\ y^{*}) \leqslant P(x^{*},\ y)$$

成立,这个 $P(x,\ y)$上的鞍桌就是问题的均衡解,而 $\boldsymbol{V} = P(x^{*},\ y^{*})$ 称为对策的值。且有

$$\max_x P(x, y^*) = \mathbf{V} = \max_y P(x^*, y) \tag{7-14}$$

若式(7-14)不成立,就表明不存在纯策略解,需要使用混合策略。此时问题变为求 x,y 的分布函数,令局中人 1、2 各自的分布函数为

$$\int_{\boldsymbol{\Omega}_x} P_1(x)\mathrm{d}x = 1,\ P_1(x) \geqslant 0$$

$$\int_{\boldsymbol{\Omega}_y} P_2(y)\mathrm{d}y = 1,\ P_2(y) \geqslant 0$$

此时,局中人 1 的期望支付为

$$\mathrm{E}[P_1(x),\ P_2(y)] = \int_{\boldsymbol{\Omega}_x}\int_{\boldsymbol{\Omega}_y} P(x, y)P_1(x)P_2(y)\mathrm{d}x\mathrm{d}y \tag{7-15}$$

对于任意的 $P_1(x)$、$P_2(y)$ 总有

$$v_1 = \max_{P_1}\min_{P_2} \mathrm{E}(P_1(x)P_2(y)) \leqslant \min_{P_2}\max_{P_1} \mathrm{E}(P_1(x)P_2(y)) = v_2$$

已证明当支付函数 $P(x, y)$ 是连续函数时有 $v_1 = v_2$,且存在 $P_1^*(x)$、$P_2^*(y)$,使得

$$\mathrm{E}(P_1 P_2^*) \leqslant \mathrm{E}(P_1^* P_2^*) \leqslant \mathrm{E}(\mathrm{P}_1^* P_2) \tag{7-16}$$

$(P_1^* P_2^*)$是混合策略下无限策略对策的鞍桌(均衡解)。P_1^*、P_2^* 分别是局中人 1、2 的最优混合策略。关系 $\max\limits_{P_1} \mathrm{E}(P_1 P_2^*) = \mathrm{E}(P_1^* P_2^*) = \min\limits_{P_2} \mathrm{E}(P_1^* P_2)$ 可用来求均衡解。

二人零和矩阵对策是静态的,可以扩展为动态(多阶段)的,此外二人零和对策是完全信息的,可以扩展为不完全信息的。不完全信息又包括:局中人对信息(对策结构、对策规则以及支付函数等)的不完全了解、信息对不同局中人间的提供不同(不对称)等。

以赛马问题具体说明。局中人 1 有三匹马,其奔跑速度分别为优、良、中,局中人 2 也有三匹马,其奔跑速度分别为次优、次良、次中。比赛规则是三局定输赢,第一局、两局中人都从其马中选一匹,并以速度快者胜。第二局要求两局中在第一局未选用的马中选一匹,仍以速度快者胜,第三局是局中人将自己还未选用的马参赛,速度快者胜。三局完成后,两局中人以三局两胜(包括三胜)定输赢。

第一局的支付矩阵为:

$$\begin{bmatrix} 1 & 1 & 1 \\ -1 & 1 & 1 \\ -1 & -1 & 1 \end{bmatrix}$$

矩阵中 1 表示局中人 1 赢,-1 表示局中人 2 赢。

第二局的支付矩阵与第一局中人使用的策略有关,若第一局中局中人 1 使用策略 1(优马),局中人 2 使用其策略 2(次良马),则支付矩阵为:

$$\begin{bmatrix} -1 & 1 \\ -1 & 1 \end{bmatrix}$$

由于在第一局中两局中人各有三种策略供选，故第二局的策略使用情况和支付矩阵共有 9×4=种。

第三局是在前二局的基础上进行的，去掉已使用的策略(马)，两局中人都只有一种策略了。支付矩阵中只有一个元素，但按策略使用区分亦有 36 种。

整个对策分成三个阶段(三局)，后阶段的局势(策略与支付)又与前面阶段的对策结果有关，表现出问题的动态性质。

将局中人 1 的三个策略的优马、良马、中马分别用数字 6、4、2 表示，局中人 2 的三个策略分别用 5、3、1 表示，这些数字的大小表示了马的速度快慢，用 (i, j) $(i=6、4、2, j=5、3、1)$ 表示局中人 1 选策略 i，局中人 2 选策略 j 的场赛局，若 $i>j$(即局中人 1 胜)，记以 $(i, j)+$，而若 $i<j$(即局中人 1 败)，记以 $(i, j)-$，表 7-2 列出三个阶段可能的赛局和胜败结果。

表 7-2　赛马的可能胜败结果

第 一 局	第 二 局	第 三 局	局中人 1 胜
(6, 5)+	(4, 3)+	(2, 1)+	3+
(6, 5)+	(4, 1)+	(2, 3)−	2+
(6, 5)+	(2, 3)−	(4, 1)+	2+
(6, 5)+	(2, 1)+	(4, 3)+	3+
(6, 3)+	(4, 5)−	(2, 1)+	2+
(6, 3)+	(4, 1)+	(2, 5)−	2+
(6, 3)+	(2, 5)−	(4, 1)+	2+
(6, 3)+	(2, 1)+	(4, 5)−	2+
(6, 1)+	(4, 5)−	(2, 3)−	1+
(6, 1)+	(4, 3)+	(2, 5)−	2+
(6, 1)+	(2, 5)−	(4, 3)+	2+
(6, 1)+	(2, 3)−	(4, 5)−	1+
(4, 5)−	(6, 3)+	(2, 1)+	2+
(4, 5)−	(6, 1)+	(2, 3)−	1+
(4, 5)−	(2, 3)−	(6, 1)+	1+
(4, 5)−	(2, 1)+	(6, 3)+	2+
(4, 3)+	(6, 5)+	(2, 1)+	3+
(4, 3)+	(6, 1)+	(2, 5)−	2+
(4, 3)+	(2, 5)−	(6, 1)+	2+
(4, 3)+	(2, 1)+	(6, 5)+	3+
(4, 1)+	(6, 5)+	(2, 3)−	2+

（续表）

第一局	第二局	第三局	局中人1胜
(4, 1)+	(6, 3)+	(2, 5)−	2+
(4, 1)+	(2, 5)−	(6, 3)+	2+
(4, 1)+	(2, 3)−	(6, 5)+	2+
(2, 5)−	(6, 3)+	(4, 1)+	2+
(2, 5)−	(6, 1)+	(4, 3)+	2+
(2, 5)−	(4, 3)+	(6, 1)+	2+
(2, 5)−	(4, 1)+	(6, 3)+	2+
(2, 3)−	(6, 5)+	(4, 1)+	2+
(2, 3)−	(6, 1)+	(4, 5)−	1+
(2, 3)−	(4, 5)−	(6, 1)+	1+
(2, 3)−	(4, 1)+	(6, 5)+	2+
(2, 1)+	(6, 5)+	(4, 3)+	3+
(2, 1)+	(6, 3)+	(4, 5)−	2+
(2, 1)+	(4, 5)−	(6, 3)+	2+
(2, 1)+	(4, 3)+	(6, 5)+	3+

从表7－2可知，全部(三局)的对策结果共有36中，按三局二胜原则，36种结果中，局中1人赢的有30种，占5/6，局中人2赢的有6种，占1/6，也就是说两局中人赢的概率分别为5/6和1/6。

进一步分析可知，第一局赛事非常关键，若第一局出现(6, 5)、(6, 3)、(4, 1)、(2, 5)、(2, 1)时，局中人1便赢定了；而当第一局出现(6, 1)、(4, 5)、(2, 3)时，两局中人有相同的输赢机会。

假若比赛过程中有人帮局中人2的忙，他能得知局中人1在第一局中的策略选择，并把这个结果在局中人2选定其策略之前告知局中人2，那么情况就变了，局中人2将根据这个信息作出自己在第一局中的策略选择：

$$\begin{cases}\text{选择策略 1(当知局中人 1 选择策略 6)}\\\text{选择策略 5(当知局中人 1 选择策略 4)}\\\text{选择策略 3(当知局中人 1 选择策略 2)}\end{cases}$$

在这种情况下，不论两局中人第二局的策略如何选择，两局人能赢的概率都是1/2。

假如局中人2在作出第一局选择策略之前能知道局中人1为第一局选择的策略，而且在其为第二局选择策略之前，又能得知局中人1为第二局选择的策略，那么局中人2的最好选择将是：

在这种策略选择原则下，三局比赛中局中人1只能胜一局，而局中人2总能胜二局，按三局两胜原则，局中人1肯定输，而局中人2肯定赢。这正是“田忌赛马”故事中说的，运筹学的使用，使三匹相对较差的马的拥有者局中人 2 在比赛中取得胜利。在这里，我们能充分理解信息的重要性。

表 7-3　局中的最优选择

第　一　局	第　二　局
局中人 1 用策略 6 时，用策略 1	局中人 1 用策略 4 时用策略 5 局中人 1 用策略 2 时用策略 3
局中人 1 用策略 4 时，用策略 5	局中人 1 用策略 6 时用策略 1 局中人 1 用策略 2 时用策略 3
局中人 1 用策略 2 时，用策略 3	局中人 1 用策略 6 时用策略 1 局中人 1 用策略 4 时用策略 5

此外，问题中局中人 2 得到而局中人 1 得不到信息（信息不对称）；局中人 2 得到的信息是正确的，如果这信息并不确定或信息并不充分可信，问题就需作进一步的分析研究。

在一定意义上讲，运筹学是在战争中发展起来的，不管是战略上或者战术上，对策的对抗性都十分突出。战略决战可以是一次性的，但大都又包含若干阶段的战术决策，只是比起前面讨论赛马对策要复杂很多。战争对策中要考虑的因素很多，各种因素组合构成的策略也非常多，而且信息的作用更为突显。“知己知彼，百战不殆”，还要想尽一切办法去掌握对方情况，同时想尽一切办法使对方不知自己的情况或使对方得到并相信虚假的情况，以便在实施一次对策时，能以实力上的压倒优势取得胜利，而造成所谓“集中优势兵力，各个击破”。历史很多以少胜多、以弱胜强的战例，都能从中看出运筹学原则的作用，并使运筹对策的研究得到启发。

在工程技术领域，零和二人对策中，局中人 2 常被看做是自然界，由于我们（局中人 1）对其行为完全不了解，我们便可以选择一种策略，以便在“至少”或“不小于”意义上求得一种最优策略。

例如对洪水控制，假如按某个防洪标准（例如千年一遇，其出现概率为 0.1%）确定了洪水总量，但影响防洪结果的洪水过程很难确定（历史上发生的千年一遇的大洪水太少），若可能的洪水过程有三种，每一种可看做局中人 2 的一种策略。我们（局中人 1）也可以有三种可选的策略，每一个策略都对应一个调度方案。对两个局中人的全部策略组合（由两人各选一个策略组成）都计算出保证安全条件下的发电效益，则可以得到这一对策问题的发电效益支付矩阵：

$$\mathbf{A} = \begin{bmatrix} a_{11} & a_{12} & a_{13} \\ a_{21} & a_{22} & a_{23} \\ a_{31} & a_{32} & a_{33} \end{bmatrix}$$

当这个对策存在纯策略均衡解时，相应的对策值 v 就是我们至少可以得到的效益

(“至少”带有保证的含义)，从这个均衡解也就确定了我们应该采用的调度方案。

如果纯策略均衡解不存在，按前面讲过的方法，可求出混合策略均衡解，它仍是在“至少”得到多少效益的最优解。但混合策略的问题是自然界(第二局中人)并不一定执行。而且我们(局中人1)也难以不同的概率同时执行三种调度方案。在这种情况下，不妨设局中人2的策略出现概率相同(1/3)，则由

$$i^* = \arg\max_i \sum_j a_{ij} \tag{7-17}$$

确定得出我们的最优调度方案 i^*，但这里的最优是数学期望意义的。

顺便指出，对工程技术问题，混合策略因实行困难(或麻烦)而不受欢迎。相反，对不断重复的游戏和比赛来说，则只欢迎混合策略，混合策略更有魅力和趣味，而纯策略会有些索然无味，总是简单重复。

7.4 非合作对策

讨论两人非合作对策，表示为

$$\boldsymbol{\Gamma} = [\boldsymbol{S}_1, \boldsymbol{S}_2; \boldsymbol{P}_1, \boldsymbol{P}_2] \tag{7-18}$$

式中，$\boldsymbol{S}_1 = [1, 2, \cdots, i, \cdots, m]$、$\boldsymbol{S}_2 = [1, 2, \cdots, j, \cdots, n]$ 为局中人1,2的纯策略集。

每个局中人都有一个支付(效益)函数，取决于局中人选定的策略，当局中人1选择策略 i，局中人2选择策略 j 后，有

$$\boldsymbol{P}_1 = \boldsymbol{P}_1(i, j)$$
$$\boldsymbol{P}_2 = \boldsymbol{P}_2(i, j)$$

我们称满足以下条件：

$$\begin{aligned} &\boldsymbol{P}_1(i^*, j^*) \geqslant \boldsymbol{P}_1(i, j^*) \quad \forall i \in \boldsymbol{S}_1 \\ &\boldsymbol{P}_2(i^*, j^*) \geqslant \boldsymbol{P}_2(i^*, j) \quad \forall j \in \boldsymbol{S}_2 \end{aligned} \tag{7-19}$$

的组合策略(i^*, j^*)称为纳什均衡解。或用如下表示形式：

$$\begin{aligned} i^* &= \arg\max \boldsymbol{P}_1(i, j^*) \\ j^* &= \arg\max \boldsymbol{P}_2(i^*, j) \end{aligned} \tag{7-20}$$

从式(7-19)可以看出，纳什均衡解是有理性的两个局中人都愿意采用的解。因为当一个局中人采用这个解中他自己的策略时，另一个局中人也将用解中属于他的策略，因为任何策略改变都将使其支付减少。

和前两人零和对策相比，非合作并不意味着对抗(零和是对抗)，局中人都要争取自己尽可能多的支付，但每个局中人选择策略时都要考虑另一局中人的策略选择对自己的影

响小一些，这使得非合作对策有着更大的应用范围。

纯策略的纳什均衡对有些实际问题并不存在，此时需考虑混合策略。

混合策略意义下的非合作对策表示为

$$\boldsymbol{\Gamma} = [\boldsymbol{x},\ \boldsymbol{y},\ \boldsymbol{P}_1,\ \boldsymbol{P}_2] \tag{7-21}$$

式中，$\boldsymbol{x} = [x_1,\ x_2,\ \cdots,\ x_i,\ \cdots,\ x_m]\ (\sum_i x_i = 1,\ x_i \geqslant 0,\ \forall i = 1,\ 2,\ \cdots,\ m)$，

$\boldsymbol{y} = [y_1,\ y_2,\ \cdots,\ y_j,\ \cdots,\ y_n]\ (\sum_j y_j = 1,\ y_j \geqslant 0,\ \forall j = 1,\ 2,\ \cdots,\ n)$

其期望支付 E_1、E_2 定义为

$$E_1 = E_1(x,\ y),\ E_2 = E_2(x,\ y)$$

在式(7－21)中，由于每个局中人的混合策略都是由其全部纯策略构成，而使这些纯策略的概率 x，y 变成了待选变量，所以纯策略及由二人各取自己一个纯策略构成组合策略相应的支付，都隐含在期望支付 E_1、E_2 中，而无须再写出。

混合策略纳什均衡解是指满足条件：

$$\begin{aligned} &E_1(x^*,\ y^*) \geqslant E_1(x,\ y^*) \quad (\forall\ 概率\ x) \\ &E_2(x^*,\ y^*) \geqslant E_2(x^*,\ y) \quad (\forall\ 概率\ y) \end{aligned} \tag{7-22}$$

得其混合策略$(x^*,\ y^*)$。

式(7－22)也可以表示为

$$\begin{aligned} x^* &= \arg\ \max_x E_1(x,\ y^*) \\ y^* &= \arg\ \max_y E_1(x^*,\ y) \end{aligned} \tag{7-23}$$

纳什证明了有限策略情况下混合策略纳什均衡一定存在。

上述讨论是最基本的，在此基础上非合作对策可以扩展到无限策略、动态、信息不完全(不完美，不对称)、多局中人等情况下的非合作对策，也会涉及诸多理论问题。毕竟正如歌德所说“理论是灰色的，而生活之树常青”，对重在应用的科技工作来说，结合面临的实际问题再去深入了解和讨论是合适的。

为了加深对非合作对策的理解，考虑如下囚徒困境问题，它由卢斯和雷费 1957 年提供，见表 7－4。

表 7－4　囚徒困境问题

对　策	$j=1$	$j=2$
$i=1$	$-5,\ 5$	$0,\ -6$
$i=2$	$-6,\ 0$	$-1,\ -1$

这是对策论中经常作为典型问题讨论的(当然是从理论方法上，而不是政策法律层面)，其背后的故事作如下描述：两个局中人被指控在两个刑事案件中犯有同谋罪，但只掌控部分罪证，在无需他们供认的情况就可判以轻罪，而重罪案的成立至少要他们两人(或一人)坦白(揭发、捏造罪证)才能成立，公诉人和法庭高管承诺，如果有一人坦白，坦白者可获自由但另一个人将判刑6年；如果两人都坦白，则他们两人都要判刑5年；而如果两人都不坦白，则他们两人都只判刑1年。表7-3中，策略1($i=1$ 和 $j=1$)表示坦白，策略2($i=2$ 和 $j=2$)表示不坦白，支付表中数字表示判刑年数。

在这个对策中，有唯一的一个纳什均衡解(1, 1)，即 $i^*=1$、$j^*=1$。这可以从式(7-20)计算出来。事实上，从表7-4可看出：当 $i=1$、$j=1$ 时，两人会各判5年刑。当局中人2不改变策略(坚持 $j=1$)，而局中人1改变策略用 $i=2$ 时，局中人1的刑期会增加到6年，他得不到好处，故局中人1没有改变自己策略的积极性，他也会坚持选用原来的策略 $i=1$，反之亦然。这样一来最终结果是两人都判刑5年。

从表7-4可知，若 $i=2$、$j=2$，则策略的结果是两个人各判刑1年，这是明显的好的结果，但(2, 2)不是纳什均衡解。

因此，如果纳什均衡解解释为描述了两个具有理性的人应该如何进行对策的话，那么在这个对策中，我们看到的是局中两个具有个人理性的人，相对来说都干得很坏。此例表明，人们都理性地追逐他们的个人最优时，可能导致对全体来说是坏结果。

除此之外，这个例子还表示，非合作对策的纳什均衡解不一定是最好的，但也可能是最好的，那需要针对具体问题作进一步分析。

考虑表7-5中对策问题，这个问题有三个均衡解。按式(7-20)可得两个纯策略纳什均衡解，分别是给出支付(5, 1)的($x=1$, $y=1$)，给出支付(5, 1)的($x=2$, $y=2$)。按式(7-23)还可得出一个给出支付配置(2.5, 2.5)的混合策略纳什均衡解(要求两个局中人都以相同的概率1/2选择使用其两个纯策略)。

表7-5　对策问题举例

对　　策	$y=1$	$y=2$
$x=1$	5, 1	0, 0
$x=2$	4, 4	1, 5

这个对策清楚地告诉我们：非合作对策问题可以有一个以上的纯策略纳什均衡解；在有了纯策略的纳什均衡解后，还可以有混合策略的纳什均衡解。

对这三个纳什均衡解，实际上前两个($x=1$, $y=1$)、($x=2$, $y=2$)都不会得到执行，因为前一个有支付(5, 1)，对局中人1有利，而后一个相应的支付(1, 5)，则对局中人2有利，两人的理智会因为“公平”发生冲突且都不会让步。实际上会执行的是第三个均衡解即混合策略纳什均衡解，相应支付配置为(2.5, 2.5)。

但是，由于前两个均衡相应的支付配置分别为(5, 1)和(1, 5)，从平衡的意义上看是不错的，两局中人会在思考究竟执行哪一个均衡的同时更理智地取得互相妥协：以1/2的概率执行这二个均衡，此时的对策是：$\frac{1}{2}(x=1,\ y=1)+\frac{1}{2}(x=2,\ y=2)$，相应的支付配置是$\frac{1}{2}(5,\ 1)+\frac{1}{2}(1,\ 5)=(3,\ 3)$。为了实施这种对策可用不同方法。例如，经两局中人同意，抛出一枚硬币，正面朝上时执行$(x=1,\ y=1)$，反面朝上时执行$(x=2,\ y=2)$。

此外，从表7-5可知，$(x=2,\ y=1)$有着更好的支配配置(4, 4)，但这不是纳什均衡。更高的理智会使两个局中人同意：以1/3的概率执行这三种对策$(x=1,\ y=1)$、$(x=2,\ y=2)$、$(x=2,\ y=1)$，以获得支付配置$\frac{1}{3}(5,\ 1)+\frac{1}{3}(1,\ 5)+\frac{1}{3}(4,\ 4)=\left(3\frac{1}{3},\ 3\frac{1}{3}\right)$。具体实施可以采用掷骰子的办法，当骰子出现1、2点时执行$(x=1,\ y=1)$，出现3、4点时执行$(x=2,\ y=2)$，而当出现5或6点时执行$(x=2,\ y=1)$。

我们再一次看到了对策中信息(这里是由掷硬币或掷骰子提供信息而且两局中人都为信息的使用方式取得了共识)的重要作用。

最后，进一步地改进支付配置，使之实现由$x=2$、$y=1$对应(4, 4)也是可能的，他需要两个局中人的进一步合作，制定出在讨价还价基础上的合作议案。

表7-5的实例是奥曼(Aumann)1974年提出的，它通过理性的提升、相关信息的提供和局中人的共识，很好地阐明了非合作对策中信息与共识怎样影响到最终结果，支付配置从(2.5, 2.5)到(3, 3)再到$\left(3\frac{1}{3},\ 3\frac{1}{3}\right)$变化，表明了相关信息的重要作用，奥曼将其称之为相关对策。

7.5　合作对策

合作在对策理论中是一个重要概念，合作意在为共同的目标而一起行动，但参与合作的局中人又都关心在合作对策中他们各自的支付效用(利益)。也就是说，参与合作对策的局中人都是智能而理性的，而决策者的行为最终是由其最大化个人期望效益目标决定的，但同时他们通过合作，从而创造某个全新的用于决定他们集体行为的集体效用函数，最终将集体利益和个人利益的最大化统一起来。

纳什在1951年研究这一问题时，认为合作行动是局中人之间某种讨价还价(Bargaining)过程的结果，并且在这个过程中可以预期多局中人应该按照怎样的讨价还价策略，以满足他们各自效用最大的原则。也就是说，对于任何真实的对策问题，在分析局中人利益和对策问题特征的基础上,使局中人达到某种联合合作策略的协议,最后通过分析这个对策的均衡解来预测结果,纳什均衡便可在合作对策中使用。

在讨价还价中,谈判协商的结果与参与者的能力、水平、技巧有关。为了规范,需利用"公平假设",它保证局中人之间的协商是平等对称的。也可以这样理解,局中人平等对称有效谈判的结果,应该与局中人谈判过程中有共同知识的无偏见仲裁人的建议相一致。

此外,讨价还价过程以及由它达成的协议合作,最终都可能遇到一方还遵守协议,此时考虑另一方退出会给自己带来多少支付损失,或此时还会有多少支付所得。对两人合作对策来说,用 υ_1 和 υ_2 分别表示协议失效(任一方退出导致的)后,两个局中人的所得支付,那么合作后两局中人的支付所得,应在分别不小于 υ_1 和 υ_2 的条件下,才能使合作协议有效。

把两人合作对策表示为

$$\Gamma(s_1,\ s_2;\ \boldsymbol{P}_1,\ \boldsymbol{P}_2;\ \upsilon_1,\ \upsilon_2) \tag{7-24}$$

式中,s_1,s_2 分别为两局中人的策略集;p_1,p_2 分别为两局中人的支付效益;υ_1,υ_2 分别为两局中人在合作协议失效时的支付效益。

若两局中人分别选了其策略 i、j,$i \in s_1$、$j \in s_2$,则两局中的支付所得分别为

$$P_1 = P_1(i,\ j),\ P_2 = P_2(i,\ j) \tag{7-25}$$

而 $P_1 = P_1(i,\ j)$ 称为支付配置,$\boldsymbol{V} = (\upsilon_1,\ \upsilon_2)$ 称为不一致同意支付配置(不一致同意,指两局中人不能一致遵守合作协议)。

于是,讨价还价问题可看做是 $(\boldsymbol{F},\ \boldsymbol{V})$ 组成的,$\boldsymbol{F}$ 是 $\boldsymbol{R}^2$ 的一个闭凸子集,$\boldsymbol{V} = (\upsilon_1,\ \upsilon_2)$ 是 $\boldsymbol{R}^2$ 中的一个向量,且

$$\boldsymbol{F} \cap \{(P_1,\ P_2) \mid P_1 \geqslant \upsilon_1,\ P_2 \geqslant \upsilon_2\} \tag{7-26}$$

式(7-26)是有界非空的,这样 $\boldsymbol{F}$ 表示了全部可行支付配置集。$P_1 \geqslant \upsilon_1$ 和 $P_2 \geqslant \upsilon_2$ 分别表示了两个局中人通过合作增加他们支付收益的理性和分别以 υ_1、υ_2 作为支付收益底线的要求。如果两局中人取得共识以集体理性打算通过最大化某个社会效益(或集体效益)$M(\boldsymbol{P},\ \boldsymbol{V})$来选择一个解(支付配置 $\boldsymbol{P}$)则有

$$\phi(\boldsymbol{F},\ \boldsymbol{V}) = \arg \max_{P \in F} M(\boldsymbol{P},\ \boldsymbol{V}) \tag{7-27}$$

式中,$\phi(\boldsymbol{F},\ \boldsymbol{V})$ 称为讨价还价问题 $(\boldsymbol{F},\ \boldsymbol{V})$ 的解函数。

纳什给出了证明:存在唯一的一个解函数 $\phi(\boldsymbol{F},\ \boldsymbol{V})$,对于每个讨价还价问题 $(\boldsymbol{F},\ \boldsymbol{V})$,这个解函数都满足:

$$\phi(\boldsymbol{F},\ \boldsymbol{V}) \in \arg \max_{\boldsymbol{P} \in \boldsymbol{F}} (P_1 - \upsilon_1)(P_2 - \upsilon_2) \tag{7-28}$$

式中，$(P_1-v_1)(P_2-v_2)$ 称为纳什积，式(7－28)或写作：

$$(P_1^*, P_2^*)=\arg\max_{P\in F}(P_1-v_1)(P_2-v_2) \tag{7-29}$$

式中，$(P_1^*, P_2^*)=P^*$ 为纳什讨价还价解的支付配置，由这个支付配置利用式(7－25)便可得出两局中人相应的策略。

关于不一致同意支付配置 $\boldsymbol{v}=(v_1, v_2)$ 的决定，有三种可行选择。一种可能性是令(a, b)为非合作对策时某个纳什均衡，局中人都同意用

$$v_1=P_1(a, b),\ v_2=P_2(a, b)$$

另一种可能是令 v_i 为局中人 i 的支付最小化最大值，而

$$v_1=\min_j \max_i P_1(i, j)$$

$$v_2=\min_i \max_j P_2(i, j)$$

这是从最不利情况考虑的，这种最不利情况例如是合作不诚挚情绪上的对抗。第三种可能是从某种理性威胁(Rational threats)中得出$\boldsymbol{V}=(v_1, v_2)$。讨价还价中局中人1就会说：那我将选择策略 $c\in \boldsymbol{s}_1$，你可别怪我不讲交情；同样，局中人2的方案不为局中人1同意时，局中人2会说：那我将选择自己的策略 $\alpha\in \boldsymbol{s}_2$，你也不要埋怨可能的后果，于是就决定了

$$v_1=P_1(c, d),\ v_2=P_2(c, d)$$

现在考虑囚徒困境问题(表7－4)，在非合作对策中，唯一的纳什均衡解是(1, 1)，此时两局中人各判5年刑。如果是合作对策，并选择均衡解(1, 1)来决定不一致同意支付配置，则有

$$v_1=P_1(1, 1)=-5$$

$$v_2=P_2(1, 1)=-5$$

而用纳什积式(7－29)可得合作对策时的支付配置：

$$\begin{aligned}(P_1^*, P_2^*)&=\arg\max_{P_1, P_2}(P_1-v_1)(P_2-v_2)\\&=(-1, -1)\end{aligned}$$

和这个支付配置相应的两局中人的策略分别为 $i=2$、$j=2$，$(-1, -1)$ 各判一年比$(-5, -5)$各判五年的结果要好，讨还价的集体理性协商的重要性凸显出来了。

对奥曼提出的对策问题表(7－4)，非合作对策时，有三个均衡：二个纯策略纳什均衡$(x=1, y=1)$、$(x=2, y=2)$，以及一个混合策略纳什均衡：两个局中人都以1/2的概率执行上述两个纯策略均衡。在考虑合作对策时，我们以混合策略纳什均衡的支付配

置(2.5, 2.5)作为不一致同意支付配置,

$$v_1 = 2.5$$

$$v_2 = 2.5$$

由式(7-29)可得合作对策的支付配置为

$$\begin{aligned}(P_1^*,\ P_2^*) &= \arg \max_{P_1,\ P_2} (P_1 - v_1)(P_2 - v_2) \\ &= (4,\ 4)\end{aligned}$$

和这个支付配置相应的两局中人的策略为 $x=2$、$y=1$,这对两个局中人来说是最好的结果。顺便指出在合作对策问题中不一致同意支付配置的决定是重要的,对这个例子来说,使用(5, 1)和(1, 5)作不一致同意支付配置,而 $v_1=5$,$v_2=1$ 或 $v_1=1$,$v_2=5$ 都不能由纳什积导致纳什讨价还价解的出现,从而得出最好的支付配置(4, 4),而使用支付配置(0, 1)相应于 $x=1$,$y=2$,或使用支付配置 $\left(3\dfrac{1}{3},\ 3\dfrac{1}{3}\right)$ 相应于各以 $\dfrac{1}{3}$ 的概率执行三种对策 $(x=1,\ y=1)$、$(x=2,\ y=2)$、$(x=2,\ y=1)$ 都能导致纳什讨价还价解相应的最好支付配置(4, 4)。

对于合作对策中的讨价还价做如下补充。一是关于局中人支付效益的比较,一个局中人可能这样争辩:你该为我做这个,因为我正为你做更多。由此导致公平原则下的平等主义解,表示为条件:

$$P_1 - v_1 = P_2 - v_2$$

$$\lambda_1(P_1 - v_1) = \lambda_2(P_2 - v_2)\ (\lambda_1,\ \lambda_2 > 0) \tag{7-30}$$

后者加权 λ_1、λ_2 的公式称为加权平等,这个条件使支付配置 $\boldsymbol{P}=(P_1,\ P_2)$ 的选择有了限制。此外,讨价还价中考虑最大总效益,这像一个局中人争辩说:从最大支付效益出发,你应该为我做这个,因为这样做带给我的好处要比带给你的损失要多。由此导致功利主义解,表示为条件:

$$\max_{P_1,\ P_2 \in \boldsymbol{F}} (P_1 + P_2)$$

$$\max_{P_1,\ P_2 \in \boldsymbol{F}} (\lambda_1 P_1 + \lambda_2 P_2)\ (\lambda_1,\ \lambda_2 > 0) \tag{7-31}$$

后者为加权支付效益最大。

另外是效用转让,两局中人为了获得合作对策带来的支付效益增加,在讨价还价形成的合作协议中会规定效益转移条款:例如局中人1将其支付效益的一部分转移给局中人2,以调动局中人2的参与合作积极性,用 P_{12} 表示转移效益,则应有 $P_1 - P_{12} > v_1$、$P_2 + P_{12} > v_2$,而这种转移的结果使两个局中人都能感受到合作对策的好处,都有积极性,以期望合作的实现。转移效益的数量和转移过程中附加费用(例如税收等)都要看具体对策

问题的实际情况通过讨价还价商定。需要指出的是这种转移是十分必要的，在下一章合作调度中讨论的梯级水库优化调度问题，没有效用转移，就无法构成合作对策问题，从而就不可能使两局中人增加其支付效益，也表明效用转移的重要性。

7.6 小 结

本章从运筹学中理性与均衡出发，结合具体对策情景的实例，首先引入对抗理论分析了二人零和对策问题，探究了二人零和政策的均衡解，进而将有限策略的二人零和矩阵扩展至无限策略；其次，从对抗过渡到非合作对策，探究了非合作对策的纳什均衡解；最后，研究了合作对策问题。本章所述决策、对策理论，有助于我们分析和掌握竞争事物之间的关系，合理制定水电能源运行规则，并最终达到预期的收益。

第8章

梯级水库合作调度模型

水能资源的大规模开发引起电站投资主体多元化，同一流域梯级的上下游电站极有可能隶属于不同利益主体，不同利益主体在追求自身最大利益和水资源最充分利用之间，常常存在矛盾，而传统调度模型在考虑水库群的联合调度时通常忽略了梯级水库之间的竞争和动态博弈过程，这导致调度模型的实用性不强或者缺少工程实践等问题。在此背景下，合作调度理论孕育而生，其主要从合作多赢的角度出发，希望设计一种有效机制以激励梯级多业主电站追求梯级总体效益最优。近年来，一些研究针对水库投资和补偿效益分配问题，提出了隶属于不同业主的梯级电站委托代理关系的效益分配方法；同时，还基于利益相关者理论，设计了能体现各电站利益需求的发电权交易模式。以往研究在一定程度上推动了合作调度理论的发展，但是仍未能有效解决由于梯级电站间特有的水力电力联系与电站主体逐渐多元化引发的矛盾与冲突。因此，进一步发展和完善多业主电站合作调度理论与方法体系，已成为新形势下梯级联合优化调度研究的重点和难点。

本章以利益主体在水电能源不完全信息下的合作和竞争关系为出发点，对合作调度的基本理论与方法进行了深入研究和探讨，论述了合作协议的实际影响因素，阐明了合作调度实施的基本步骤，并进一步推导了保证多赢的合作调度方案存在条件，证明了梯级水库群联合调度和均衡状态下合作调度间总效益的等价关系，为实现多业主电站总体效用最大化和增量收益合理分配提供科学依据。同时，本章亦对电力撮合交易、公共资源使用、水电厂上网电价、多目标调度等其他几个典型合作调度问题进行了深入探讨，进一步丰富了合作调度的理论与方法。

8.1　模　　型

设研究梯级中有甲、乙两座水电站，且两座水电站分属甲、乙两个业主。

对于确定来水情况，用 $\boldsymbol{X}_1$ 表示甲电站的决策向量；$\boldsymbol{X}_2$ 表示乙电站的决策向量；v_1，v_2 分别表示两个电站的效益；$\boldsymbol{\Omega}_1$ 和 $\boldsymbol{\Omega}_2$ 分别表示两个电站的决策可行域，取决于水库水位、工作流量、出力允许范围、环境生态要求及综合利用部门等，$\boldsymbol{\Omega}_2$ 又与 $\boldsymbol{X}_1$ 的取值有关，$\boldsymbol{\Omega}_2=\boldsymbol{\Omega}_2(\boldsymbol{X}_1)$。

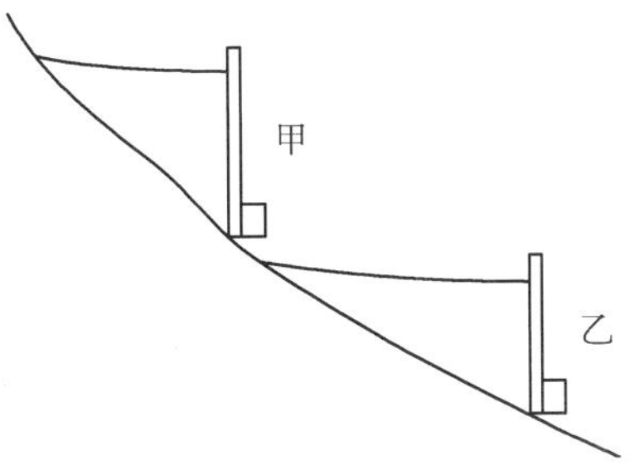

图 8-1　两梯级水电站示意图

按甲、乙业主各自最大效率原则有：

甲业主：

$$\max_{\boldsymbol{X}_1\in\boldsymbol{\Omega}_1} v_1(\boldsymbol{X}_1) \tag{8-1}$$

相应最优决策 $\boldsymbol{X}_1^*=\arg\max_{\boldsymbol{X}_1\in\boldsymbol{\Omega}_1} v_1(\boldsymbol{X}_1)$，其最大效益为 $v_1(\boldsymbol{X}_1^*)$。

乙业主：

$$\max_{\boldsymbol{X}_2\in\boldsymbol{\Omega}_2(\boldsymbol{X}_1)} v_2(\boldsymbol{X}_1,\ \boldsymbol{X}_2) \tag{8-2}$$

相应最优决策为 $\boldsymbol{X}_2^* = \arg \max\limits_{\boldsymbol{X}_2 \in \boldsymbol{\Omega}_2(\boldsymbol{X}_1^*)} v_2(\boldsymbol{X}_1^*, \boldsymbol{X}_2)$，其最大效益为 $v_2(\boldsymbol{X}_1^*, \boldsymbol{X}_2^*)$。

由于甲电站位于上游，其调度决策不受乙电站决策的影响，故式(8-1)可以单独求解，得出最优决策 $\boldsymbol{X}_1^*$ 后，下游的乙电站便可进行优化计算得出 $\boldsymbol{X}_2^*$。

按资源充分利用原则，有模型：

$$\max_{\substack{\boldsymbol{X}_1 \in \boldsymbol{\Omega}_1 \\ \boldsymbol{X}_2 \in \boldsymbol{\Omega}_2(\boldsymbol{X}_1)}} [v_1(\boldsymbol{X}_1) + v_2(\boldsymbol{X}_1, \boldsymbol{X}_2)] \tag{8-3}$$

相应最优决策为

$$(\boldsymbol{X}_1^0, \boldsymbol{X}_2^0) = \arg \max_{\substack{\boldsymbol{X}_1 \in \boldsymbol{\Omega}_1 \\ \boldsymbol{X}_2 \in \boldsymbol{\Omega}_2(\boldsymbol{X}_1)}} [v_1(\boldsymbol{X}_1) + v_2(\boldsymbol{X}_1, \boldsymbol{X}_2)]$$

相应的两电站的各自效益为 $v_1(\boldsymbol{X}_1^0)$ 和 $v_2(\boldsymbol{X}_1^0, \boldsymbol{X}_2^0)$。

式(8-1)、式(8-2)及式(8-3)都是约束优化问题，其优化解是全局最优解；$\boldsymbol{\Omega}$ 称为解的可行域，由若干约束条件围成，这些约束称为有效约束；若最优解位于某个有效约束的边界上，且改变这个约束条件(放宽或加紧)会改变最优解，则这个约束称为紧约束；在水电优化调度中，限制条件非常多，理论分析和已有实际计算都表明，紧约束总是存在的。于是有

引理1　对式(8-1)，$\boldsymbol{X}_1^*$ 优于 $\boldsymbol{X}_1^0$，且

$$v_1(\boldsymbol{X}_1^*) > v_1(\boldsymbol{X}_1^0) \tag{8-4}$$

这是因为 $v_1(\boldsymbol{X}_1^*) > v_1(\boldsymbol{X}_1)$，$\boldsymbol{X}_1 \in \boldsymbol{\Omega}_1$。而 $x_1^0 \in \boldsymbol{\Omega}_1$ 是求解式(8-3)得出的，求解时有约束 $\boldsymbol{X}_1 \in \boldsymbol{\Omega}_1$ 即 $x_1^0 \in \boldsymbol{\Omega}_1$

引理2　按式(8-3)资源充分利用的梯级联合优化，比按式(8-1)和式(8-2)的甲、乙电站分别优化的总效益大，而

$$v_1(\boldsymbol{X}_1^0) + v_2(\boldsymbol{X}_1^0, \boldsymbol{X}_2^0) > v_1(\boldsymbol{X}_1^*) + v_2(\boldsymbol{X}_1^*, \boldsymbol{X}_2^*) \tag{8-5}$$

因为分别优化是在先求解式(8-1)的基础上再求解式(8-2)，先求得的 $\boldsymbol{X}_1^*$ 可看作求解式(8-2)的前提条件 $\boldsymbol{X}_1 = \boldsymbol{X}_1^*$(也是一种约束)，这就相当于在求解式(8-3)时把目标函数中关联十分密切的两部分 $v_1(\boldsymbol{X}_1)$、$v_2(\boldsymbol{X}_1, \boldsymbol{X}_2)$ 硬性割裂开来，把 $v_1(\boldsymbol{X}_1)$ 先确定下来 $v_1(\boldsymbol{X}_1) = v_1(\boldsymbol{X}_1^*)$，减少优化范围，从而影响优化结果。

定理8-1　梯级水电优化中，不同业主分别对其管理的电站进行优化而得出的调度方案，既不能使资源得到充分利用，也不能实现梯级联合优化调度的效益。

应该说，业主对所辖水电站进行优化调度以追求最大可能的效益是每一个有理性的业主都会做的，也是无可非议的，也可以设想，去动员甲业主从大局出发，不实施对自身有利的优化方案 $\boldsymbol{X}_1^*$ 而实施梯级联合优化的 $\boldsymbol{X}_1^0$，但当他看到自己(甲)的利益减少，而别人(乙)的利益增加。他会说，为什么?这符合市场竞争原则吗?事实上，即使甲口头上接受了 $\boldsymbol{X}_1^0$ 方案，而在实际执行时，也会有各种原因和理由偏离 $\boldsymbol{X}_1^0$ 而向 $\boldsymbol{X}_1^*$ 偏去，因为这样能带来

自身利益的增加。总之(X_1^0, X_2^0)(联合优化方案)不是一个带来双赢的方案,不是谁向对谁不利偏去,从而愿意共同维持的均衡解。

从国家和资源充分利用的角度看,联合优化解($\boldsymbol{X}_1^0$, $\boldsymbol{X}_2^0$)是理想的。定理8-1所表示的“各自优”的管理机制不能实现联合优化,揭示了这种管理机制和模式的问题,以及设计新的管理机制的必要性和重要性。

8.2　合作调度

市场中的竞争是一种博弈,讨价还价基础上的合作是实现某种双赢(多赢)的有效方法。纳什(Nash)最早研究了这个问题。就梯级优化问题来说,不考虑合作和合作约定(协议)情况下,各自优化得出的效益$v_1(\boldsymbol{X}_1^*)$和$v_2(\boldsymbol{X}_1^*, \boldsymbol{X}_2^*)$是合作协商(讨价还价)的一个基础,倘若存在一种最优的合作协议C,它导致一种合作带来的决策$\boldsymbol{X}_1^C$和$\boldsymbol{X}_2^C$,且甲、乙业主相应的效益表示为$B_1(C)$和$B_2(C)$,那么

$$B_1(C) \geqslant v_1(\boldsymbol{X}_1^*), \ B_2(C) \geqslant v_2(\boldsymbol{X}_1^*, \boldsymbol{X}_2^*) \tag{8-6}$$

即“双赢或不损失什么”是一个谈判边界条件,在合作协商不成时便回到各自优化得出的效益。

设想协议C有个微小变化ΔC,这个改变对甲有利而对乙不利(因为协议C是最优的,任何改变不可能对甲、乙同时有利,即Pareto最优)

$$B_1(C+\Delta C) > B_1(C), \ B_2(C+\Delta C) < B_2(C) \tag{8-7}$$

由于对乙不利,乙可能退出协议,但合作的愿望有时在讨价还价过程中会表现出让步,用ρ_1表示乙可能退出的概率,则改变ΔC给甲增加了期望效益$(1-\rho_1)[B_1(C+\Delta C)-B_1(C)]$,而由乙可能退出给甲带来的期望效益损失$\rho_1[B_1(C)-v_1(\boldsymbol{X}_1^*)]$。

甲可以承受的最大期望效益风险为增加与损失相等,表示为

$$R_1 = \frac{\rho_1}{1-\rho_1} = \frac{B_1(C+\Delta C)-B_1(C)}{B_1(C)-v_1(\boldsymbol{X}_1^*)} \tag{8-8}$$

用γ_1表示协议改变风险率,则有:

$$\gamma_1(C) = \lim_{\Delta C \to 0} \frac{R_1}{\Delta C} = \frac{\mathrm{d}B_1(C)}{\mathrm{d}C} \Big/ [B_1(C)-v_1(\boldsymbol{X}_1^*)] \tag{8-9}$$

γ_1反映了甲在C处希望增加ΔC的回到各自优化的风险率,代表其在讨价还价中的坚定程度。

用类似的方法对乙进行分析。设协议在另一方向作微小变化$-\Delta C$,则有

$$B_1(C-\Delta C) < B_1(C), \ B_2(C-\Delta C) > B_2(C) \tag{8-10}$$

此时对甲不利,甲可能退出协议,用 ρ_1 表示可能退出的概率,则改变 $C-\Delta C$ 为乙增加了期望效益 $(1-\rho_1)[B_2(C-\Delta C)-B_2(C)]$,而甲的可能退出给乙带来的期望效益损失 $\rho_1[B_2(C)-\upsilon_2(x_1^*,x_2^*)]$。

乙可承受的是其期望效益的增加和损失相等,表示为:

$$R_2=\frac{\rho_1}{1-\rho_1}=\frac{B_2(C+\Delta C)-B_2(C)}{B_2(C)-v_2(\boldsymbol{X}_1^*,\boldsymbol{X}_2^*)} \tag{8-11}$$

$$\gamma_2(C)=\lim_{\Delta C\to 0}\frac{R_2}{\Delta C}=-\frac{\mathrm{d}B_2(C)}{\mathrm{d}C}\Big/[B_2(C)-v_2(\boldsymbol{X}_1^*,\boldsymbol{X}_2^*)] \tag{8-12}$$

甲、乙双方的谈判者都应是理性的,知己知彼且都坚持公平、对等原则,故均衡的主观意识应是在 $\gamma_1(C)=\gamma_2(C)$ 处得到一致,于是有

$$\frac{\mathrm{d}B_1(C)}{\mathrm{d}C}\Big/[B_1(C)-v_1(\boldsymbol{X}_1^*)]+\frac{\mathrm{d}B_2(C)}{\mathrm{d}C}\Big/[B_2(C)-v_2(\boldsymbol{X}_1^*,\boldsymbol{X}_2^*)]=0 \tag{8-13}$$

这正好是实现

$$\max_{C\in\Omega_C}[B_1(C)-v_1(\boldsymbol{X}_1^*)]\cdot[B_2(C)-v_2(\boldsymbol{X}_1^*,\boldsymbol{X}_2^*)] \tag{8-14}$$

的必要条件。式(8-14)中被优化函数称为纳什积(Nash product)见式(7-29),纳什曾引用公理化体系证明了其存在性和唯一性。$\boldsymbol{\Omega}_C$ 表示协议的可行域。

业主之间在调度优化上的合作,是为了实现双赢并促使水电资源充分合理利用。通过讨还价得出的合作协议应为甲、乙双方乐于接受并有积极性去维护实施。

设最优合作协议(相应的两电站的决策为 $\boldsymbol{X}_1^C$ 和 $\boldsymbol{X}_2^C$,此时两电站生产的总效益为 $v_1(\boldsymbol{X}_1^C)+v_2(\boldsymbol{X}_1^C,\boldsymbol{X}_2^C)$),按协议应将这个总效益分配给两电站的业主,甲获得效益 $B_1(C)$,乙获得效益 $B_2(C)$,显然有

$$B_1(C)+B_2(C)=v_1(\boldsymbol{X}_1^C)+v_2(\boldsymbol{X}_1^C,\boldsymbol{X}_2^C) \tag{8-15}$$

式中,两电站生产电力所得效益 $v_1(\boldsymbol{X}_1^C)$、$v_2(\boldsymbol{X}_1^C,\boldsymbol{X}_2^C)$,经协议再分配后才归各自的甲、乙业主获得,这也是合作调度的一个重要特征。

合作调度的双赢体现如式(8-6)所示,即甲、乙两业主在合作调度中得到的效益都不少于各自优化得到的效益,因而在分配合作调度的总效益时应先把这部分效益先分配给甲和乙。总效益的其余部分:

$$\Delta=[v_1(\boldsymbol{X}_1^C)+v_2(\boldsymbol{X}_1^C,\boldsymbol{X}_2^C)]-v_1(\boldsymbol{X}_1^*)-v_2(\boldsymbol{X}_1^*,\boldsymbol{X}_2^*) \tag{8-16}$$

再按写入在合作协议中的分配系数:

$$\lambda_1,\lambda_2\in[0,1]\qquad \lambda_1+\lambda_2=1 \tag{8-17}$$

于是两业主分别得到效益

$$B_1(C) = v_1(\boldsymbol{X}_1^*) + \lambda_1 \Delta \tag{8-18}$$

$$B_2(C) = v_2(\boldsymbol{X}_1^*, \boldsymbol{X}_2^*) + \lambda_2 \Delta \tag{8-19}$$

为了求解合作优化调度的决策 $\boldsymbol{X}_1^C$、$\boldsymbol{X}_2^C$，将式(8-16)、式(8-19)代入式(8-14)得：

$$\max_{C \in \boldsymbol{\Omega}_C} [B_1(C) - v_1(\boldsymbol{X}_1^*)] \cdot [B_2(C) - v_2(\boldsymbol{X}_1^*, \boldsymbol{X}^2)] = \max_{\substack{\boldsymbol{X}_1^C \in \boldsymbol{\Omega}_1 \\ \boldsymbol{X}_2^C \in \boldsymbol{\Omega}_2(\boldsymbol{X}_1^C)}} \lambda_1 \lambda_2 \Delta^2$$

$$= \max_{\substack{\boldsymbol{X}_1^C \in \boldsymbol{\Omega}_1 \\ \boldsymbol{X}_2^C \in \boldsymbol{\Omega}_2(\boldsymbol{X}_1^C)}} \lambda_1 \lambda_2 [v_1(\boldsymbol{X}_1^C) + v_2(\boldsymbol{X}_1^C, \boldsymbol{X}_2^C) - v_1(\boldsymbol{X}_1^*) - v_2(\boldsymbol{X}_1^*, \boldsymbol{X}^2)] \tag{8-20}$$

由于 $\lambda_1 \lambda_1 \geqslant 0$，且 Δ 与 $\boldsymbol{X}_1^C$，$\boldsymbol{X}_2^C$ 无关的两项 $v_1(\boldsymbol{X}_1^*)$、$v_2(\boldsymbol{X}_1^*, \boldsymbol{X}_2^*)$ 不影响优化结果，故优化问题可简化为：

$$\max_{\substack{\boldsymbol{X}_1^C \in \boldsymbol{\Omega}_1 \\ \boldsymbol{X}_2^C \in \boldsymbol{\Omega}_2(\boldsymbol{X}_1^C)}} [v_1(\boldsymbol{X}_1^C) + v_2(\boldsymbol{X}_1^C, \boldsymbol{X}_2^C)] \tag{8-21}$$

比较这个结果和资源充分利用模型式(8-3)，除符号上的差异外两者完全相同，于是有

$$\boldsymbol{X}_1^C = \boldsymbol{X}_1^0, \ \boldsymbol{X}_2^C = \boldsymbol{X}_2^0 \tag{8-22}$$

而合作优化调度的解也正是资源充分利用优化解。

这样，合作调度的优化不仅对两个业主来说是双赢的，甲、乙都能得到比各自优化更多的效益，而且由于水电资源得到充分利用，对国家的可持续发展(发电短缺减少)和税收都是有益的，应该说是多赢。为了强调这一点，写作：

定理 8-2　基于合作机制的梯级水电优化，合作调度最优解也就是水电资源充分利用最优解，只要遵守协议，多方面的效益都得以增加。

8.3　利益再分配

利益再分配是指合作调度的梯级总效益增加在业主间的分配，而不是各业主自己所管电站电力生产的效益就归自己所有，再分配又意味着补偿。同时，这种分配的不同比例，不会影响资源充分利用的优化解式(8-22)的得出。

合作协议应包含对优化计算和所得出的各种经济指标的共识；效益分配系数 λ_1、λ_2 的确定和具体分配算法；效益分配的财务结算方式与流程；合作调度方案的实施和监督保证；违约惩罚以及其他可能发生的问题的解决方法等。合作协议主要是业主之间具有法律效力的文件，也可引入中间人(代理)来操作，此时中间人应是能取得业主信赖并被委托

相应权力，中间人应作为合作协议的一方收取合理的费用。

下面主要研究效益分配系数 λ_1、λ_2 的确定，$\lambda_1, \lambda_2 \in [0, 1]$，$\lambda_1 + \lambda_2 = 1$，甲、乙都希望各自系数更大，从而分得更多效益，以下一些实际因素都是甲、乙应该考虑并成为增大自己分配系数的理由：

(1) 合作优化调度中，一般上游水库在蓄水期后蓄而在供水期先供，处于上游的甲业主会说，这会影响上游水库的生态环境，相应地会增加管理的困难和相关费用。

(2) 合作调度中较之各自管理增加的梯级总效益主要由下游水电站（乙业主）增发电力而来，乙业主会说，这使得运行管理、设备维护和检修等费用增加。

(3) 电站的投资规模、容量大小、人员多少和上网电压不同等因素有时也会提出并考虑，例如容量大的电站业主会主张按容量大小分配效益，而另一方则强调谈判（讨还价）的各方对等和某种公平。

(4) 中间人会强调工作中的困难和风险而要求相应的报酬，合理的报酬可以是固定的，也可以是随着水文情况不同，是合作调度总效益的一个比例。

效益分配系数的确定还没有规范公认的方法，讨价还价和理性协商互相理解是必要的解决途径，也可以引入专家评估和智能决策的方法确定，好的合作调度能带来多方面的利益，不确定出合理的分配系数就不可能实现合作调度，这对谁都不利。

8.4　合作调度的实施

下面给出开展合作调度的步骤：

(1) 明确业主间开展合作调度的意向方式和原则共识；

(2) 进行各业主各自优化调度计算，使用模型式(8-1)和式(8-2)，求得各自优化的决策 $\boldsymbol{X}_1^*$、$\boldsymbol{X}_2^*$ 和效益 $v_1(\boldsymbol{X}_1^*)$、$v_2(\boldsymbol{X}_1^*, \boldsymbol{X}_2^*)$；

(3) 按式(8-3)或式(8-5)计算合作优化决策 $\boldsymbol{X}_1^0$、$\boldsymbol{X}_2^0$ 和相应总效益 $v_1(\boldsymbol{X}_1^0) + v_2(\boldsymbol{X}_1^0, \boldsymbol{X}_2^0)$；

(4) 确定合作协议，特别是其中的效益分配系数 λ_1 和 λ_2 的确定；

(5) 按式(8-5)和式(8-15)计算两业主（甲和乙）获得的效益，所得效益分别为 $B_1(\boldsymbol{X}_1^0)$，$B_2(\boldsymbol{X}_1^0, \boldsymbol{X}_2^0)$；

(6) 按决策 $\boldsymbol{X}_1^0$ 和 $\boldsymbol{X}_2^0$ 实施合作调度，并进行调度期末结算。

顺便说明，以上的讨论突出了发电站业主间的经济利益关系（业主实际上是一个单位），突出了合作带来的效益增加和资源充分利用效果，故采用“合作调度”的提法。

对于长期合作调度来说，水文不确定性和电价某种程度的不确定性使得各种效益都只能是数学期望意义的，而上述的各自优化模型式(8-1)和式(8-2)以及合作优化调度的模型式(8-3)或式(8-21)都需扩展并代之以随机模型，这些问题都需要进一步具体化，但不会有原则上的困难。

此外定理 8－1 和定理 8－2 分别表明，电站（群）业主的各自优化不能使水能资源得到充分利用，而合作调度能使水能资源得到充分利用的同时使各业主的效益都增加。这些结论希望能引起各方面的重视并采取制度措施，以有利于合作调度的开展。

8.5 合作多赢

前节中已提到，合作调度对甲、乙两个业主来说是双赢调度，他们都能得到比各自优化更多的效益。按合作协议而实施的两电站的实际调度方案正好是统一调度（以两电站发电之和最大为目标）得出的结果（统一调度保证了资源的充分利用）。合作调度的解是均衡解，而统一调度的解是极值解，但不能由此得出一般性的两者是同一回事的结论。

因为，由 $B_1(x_1, x_2)$、$B_2(x_1, x_2)$ 两个连续函数表示的博弈问题，在其均衡解处满足的条件是只要求

$$\frac{\partial B_1}{\partial x_1}=\frac{\partial B_2}{\partial x_2}=0,\ \frac{\partial^2 B_1}{\partial x_1^2}<0,\ \frac{\partial^2 B_2}{\partial x_2^2}<0 \tag{8-23}$$

而局部极值解在该解处满足：

$$\frac{\partial B}{\partial x_1}=\frac{\partial B}{\partial x_2}=0,\ \frac{\partial^2 B}{\partial x_1^2}<0,\ \left(\frac{\partial^2 B}{\partial x_1 \partial x_2}\right)^2-\frac{\partial^2 B}{\partial x_1^2}\frac{\partial^2 B}{\partial x_2^2}<0 \tag{8-24}$$

式中，$B(x_1, x_2)=B_1(x_1, x_2)+B_2(x_1, x_2)$。

此外，这两种解的存在性条件也不同。

对于多个业主（1，2，3）的情况，情况要复杂得多，一个业主可能是一个电站或是梯级中若干个电站，也可能电站间没有水力联系，但可相互补偿以求得联合保证出力的增加等。而且合作关系也有多种：1、2 合作，2、3 合作，1、3 合作和三者合作。比较简单也最为可取的是三者合作，一般说来，此时一个类似纳什积 $\max(B_1-v_1)(B_2-v_2)(B_3-v_3)$ 的解可作为合作调度的调度方案，而利益的再分配的合理协议，则成为保证多赢的合作调度方案的存在条件。

8.6 多目标问题

实际问题大都是多目标的，表示为

$$\begin{aligned}&\max f(x)\\&f(x)=[f_1(x),\ f_2(x),\ \cdots,\ f_p(x)]^{\mathrm{T}}\ x=(x_1,\ x_2,\ \cdots,\ x_n)^{\mathrm{T}}\\&\text{s.t.}\ \ x\in\boldsymbol{\Omega}\subset\boldsymbol{R}^n\end{aligned} \tag{8-25}$$

常用的求解方法有主目标法和评价函数法。主目标法是在多个目标中选出一个主要目标，如选 $f_1(x)$为主要目标，其余的 $p-1$ 个目标都给出一个限制 a_j $(j=2, 3, \cdots, p)$，问题便转化为

$$\begin{aligned}&\max f_1(x)\\&\text{s.t. } f_i(x)\leqslant a_j\ (j=2, 3, \cdots, p)\\&x\in\boldsymbol{\Omega}\subset\boldsymbol{R}^n\end{aligned}\tag{8-26}$$

并以这个问题的最优解 x^0 作为多目标问题的有效解。显然，不同的主目标选择和限制值的给定会导致不同的有效解。

评价函数法是先建立评价函数 $u(f(x))$，这是 $f(x)\in\boldsymbol{Y}$ 的严格单调函数，则问题化为

$$\begin{aligned}&\max F(x)\\&F(x)=u(f(x))\\&\text{s.t. } x\in\boldsymbol{\Omega}\subset\boldsymbol{R}^n\end{aligned}\tag{8-27}$$

这个单目标问题的最优解为多目标问题的有效解。

评价函数的构造方法有以下几种：

权重法：

$$F(x)=\sum_{j=1}^{p}\lambda_j f_j(x)\tag{8-28}$$

式中，$\sum_{j=1}^{p}\lambda_j=1$，$\lambda_j(j=1, 2, \cdots, p)$ 称为权重数。

大目标法：

$$F(x)=\max_j\{f_j(x)\}\tag{8-29}$$

目标权法：

$$F(x)=\max_j\{\lambda_j f_j(x)\}\tag{8-30}$$

理想点法：

$$F(x)=\| f(x)-f_0 \|\tag{8-31}$$

式中，理想点 $f_0=(f_1^0, f_2^0, \cdots, f_p^0)$；$f_j^0=\max_j f_j(x)$。

还有基于模糊集，借助给定优劣隶属度建立模糊评价函数的方法等。

评价函数实际上是要在各目标之间建立比较关系，它的困难在于各目标所反映的物理内容不同，量纲不同(一般情况)，获益主体不同，且“偏序”和“优于”关系甚至因人而异。不同的评价函数构造带给最终解的不确定性，所以“非劣解”、“满意解”以及对最终解工程

决策的“求同解”就成为一种共识。

求同通常是在争论、博弈中得出的，多业主(分别代表不同获益方面或目标)，他们又都有自己的策略(工程建设中特别是运行管理中)。这样，现实中的多目标优化问题常化作多人博弈问题。当存在并能找到讨还价均衡解，这个解便会是各方都愿接受，并且在实施过程中谁也不愿改变(因而稳定)的求同解。

问题为

$$\begin{cases}\max\limits_{x_1} f_1(x_1,\ x_2)\\ \max\limits_{x_2} f_2(x_1,\ x_2)\end{cases}\tag{8-32}$$

$$\text{s. t. }\ x=(x_1,\ x_2)\in\boldsymbol{\Omega}\subset\boldsymbol{R}^n$$

式中，f_1 和 f_2 表示两个目标(业主)；x_1 和 x_2 分别表示两目标的策略变量(单变量或向量)。这就成了对策问题，从而用相应的算法得出多目标问题的均衡解。下面介绍化为单目标问题的算法。

先求解单目标问题

$$\max\limits_{x_1} f_1(x_1,\ x_2)\tag{8-33}$$

$$\text{s. t. }\ x\in\boldsymbol{\Omega}\subset\boldsymbol{R}^n$$

设问题的最优值为 f_1^0，令

$$\boldsymbol{\Omega}_1=\{x\in\boldsymbol{\Omega}\mid f_1(x_1,\ x_2)=f_1^0\}$$

$$\max\limits_{x_2} f_2(x_1,\ x_2)\tag{8-34}$$

$$\text{s. t. }\ x\in\boldsymbol{\Omega}\subset\boldsymbol{R}^n$$

设问题的最优值为 f_2^0，再令

$$\boldsymbol{\Omega}_2=\{x\in\boldsymbol{\Omega}\mid f_2(x_1,\ x_2)=f_2^0\}\tag{8-35}$$

$\boldsymbol{\Omega}_1$ 和 $\boldsymbol{\Omega}_2$ 之交表示为 $\boldsymbol{\Omega}^0$，即 $\boldsymbol{\Omega}^0=\boldsymbol{\Omega}_1\cap\boldsymbol{\Omega}_2$。

若 $x^0=(x_1^0,\ x_2^0)\in\boldsymbol{\Omega}^0$，则 x^0 为欲求的解。当 x_1 和 x_2 都是简单变量(非向量)时，下图表示的 $\boldsymbol{\Omega}_1$ 和 $\boldsymbol{\Omega}_2$ 都是曲线，而 $\boldsymbol{\Omega}^0$ 则是两曲线的交点集合。

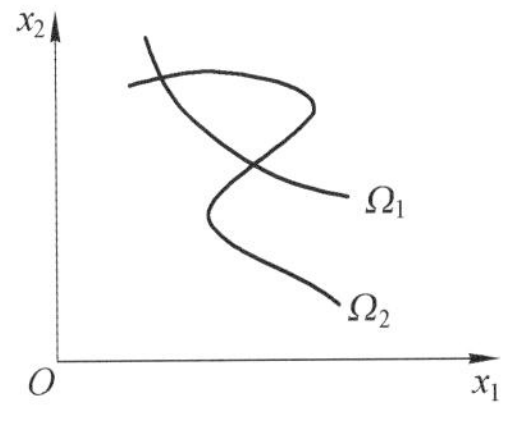

图8-2　化为单目标算法解的示意图

梯度方向是函数值增加的方向，例如函数 $f_1(x)$ 的梯度为

$$\nabla f_1(x_1,\ x_2)=\left[\frac{\partial f_1}{\partial x_{11}},\ \cdots,\ \frac{\partial f_1}{\partial x_{1n}},\ \frac{\partial f_1}{\partial x_{21}},\ \cdots,\ \frac{\partial f_1}{\partial x_{2m}}\right]\tag{8-36}$$

式中，x_1、x_2 分别是 n 维和 m 维的。

考虑到 $f_1(x_1,\ x_2)$ 是业主1(或目标1)的目标函数，x_1 是业主1控制的，x_2 而是业主

2 控制的，定义修正梯度记作：

$$\nabla_1 f_1(x_1, x_2) = \left[\frac{\partial f_1}{\partial x_{11}}, \cdots, \frac{\partial f_1}{\partial x_{1n}}, \frac{\partial f_1}{\partial x_{21}}\text{sign}\left(\frac{\partial f_2}{\partial x_{21}}\right), \cdots, \frac{\partial f_1}{\partial x_{2m}}\text{sign}\left(\frac{\partial f_2}{\partial x_{21}}\right)\right] \tag{8-37}$$

式中，sign(•) 表示符号。

类似地，有

$$\nabla_2 f_2(x_1, x_2) = \left[\frac{\partial f_2}{\partial x_{11}}\text{sign}\left(\frac{\partial f_1}{\partial x_{11}}\right), \cdots, \frac{\partial f_2}{\partial x_{1m}}\text{sign}\left(\frac{\partial f_1}{\partial x_{1m}}\right), \frac{\partial f_2}{\partial x_{21}}, \cdots, \frac{\partial f_2}{\partial x_{2m}}\right] \tag{8-38}$$

具体算法步骤为：

① 取初始点 $x' = (x'_1, x'_2)$，$k = 1$，允许误差 $\varepsilon > 0$。

② 计算修正梯度 $\nabla_1 f_1(x_1^k, x_2^k)$，$\nabla_2 f_2(x_1^k, x_2^k)$。

③ 若 $\| \nabla_1 f_1(x_1^k, x_2^k) \| \leqslant \varepsilon$，且 $\| \nabla_2 f_2(x_1^k, x_2^k) \| \leqslant \varepsilon$，则计算停止，$x_1^k$ 和 x_2^k 即为优化点；否则，令

$$d_1^k = \begin{cases} \nabla_1 f_1(x_1^k, x_2^k) & \text{当} \sum_1^n \dfrac{\partial f_1(x^k)}{\partial x_{1j}} + \sum_1^m \dfrac{\partial f_1(x^k)}{\partial x_{2j}}\text{sign}\left(\dfrac{\partial f_2(x^k)}{\partial x_{2j}}\right) > 0; \\ 0 & \text{否则} \end{cases} \tag{8-39}$$

$$d_2^k = \begin{cases} \nabla_2 f_2(x_1^k, x_2^k) & \text{当} \sum_1^n \dfrac{\partial f_1(x^k)}{\partial x_{1j}} + \sum_1^m \dfrac{\partial f_1(x^k)}{\partial x_{2j}}\text{sign}\left(\dfrac{\partial f_2(x^k)}{\partial x_{2j}}\right) > 0; \\ 0 & \text{否则} \end{cases} \tag{8-40}$$

④ 取步长 α^k，(α^k 为较小的正数)，使

$$x^{k+1} = (x_1^{k+1}, x_2^{k+1}) = (x_1^k + \alpha^k d_1^k, x_2^k + \alpha^k d_2^k) \tag{8-41}$$

满足约束条件，或进步一维搜索，求最佳步长 α^k，使目标值改进明显(或最好)。

⑤ 令 $x^{k+1} = x^k + \alpha^k d^k$，$k = k+1$，返回步②。

上述计算，从初始点选定到不断更换计算点，直到计算停止。就一次更换的效果来看，还可以引进海塞(Hessian)矩阵等以提高收敛速度(像牛顿算法那样)，但计算复杂且要求目标函数是二阶可微的。此外实际计算(特别在计算机进步的今天)总希望能简化程序，通常都把步长取得小一点并注意检查约束(可行性)，而把寻求最佳步长的优化计算都简化掉。

8.7　其他几个问题

8.7.1　电力撮合交易

地区电网在自身发电供电平衡的基础上，某些地区可能提出发电能力有剩余，希望以某个电价售出，而某些地区可能提出发电能力不足，愿意以某种电价买进电力。电力交易作为一种市场行为，其中心任务是在购销地区之间进行撮合并使之成交，同时收取过网费和从电力差价中获得利益（作为管理撮合费用及电网发展的费用等）。

为了使问题模型化和便于分析，假设欲购买电力的有三家，数量都为某规定的数量，价格分别为 a_1、a_2、a_3；欲售卖电力的也有三家，数量也都为规定的某数，接受的卖电价格分别为 b_1、b_2、b_3。再把买电的三家合并看作是对策的局中人 1，他有三个策略表示为 a_1、a_2、a_3，而卖电的三家合并看作是对策的局中人 2，他也有三个策略，并分别用 b_1、b_2、b_3 表示。撮合分三次进行：第一次由两局中人各出一个策略，若两策略中买价比卖价高，则两者成交，差价部分成为交易中心、所得；若两策略中买价比卖家低，则不能成交，不产生交易效益。第二次由局中人在第一次没使用的两个策略中各出一个策略，交易是否成功与第一次的原则相同。第三次是两局中人把前二次未使用的策略拿出，比较价格后决定是否成交的原则不变。

撮合的上述描述使得问题和前面分析的田忌赛马相似，只是这里有着充分的信息，而且交易的支付情况变得复杂一些。第一局中人的期望支付是他能以愿出的价买到所需的电；第二局中人的期望支付是能以他提出的价格卖掉他多余的电；而交易中心的撮合回报则是三次撮合成功的交易中的电价差。

可以像分析田忌赛马问题那样，列出所有可能的赛局并逐一分析其交易是否成功和两局中人和交易中心的支付情况，从而找出最好的交易结果。但这样做相当麻烦，特别是对于实际问题来说，买卖的项数较多，因而更加困难。

为了简单不妨设 $a_1 = 6$、$a_2 = 4$、$a_3 = 2$，$b_1 = 5$、$b_1 = 3$、$b_1 = 1$。在图 8-3 中，图8-3(a)、图 8-3(b)分别为买电图和卖电图。在图 8-4 中，图 8-4(a)、图 8-4(b)则表示了两种典型的交易结果。

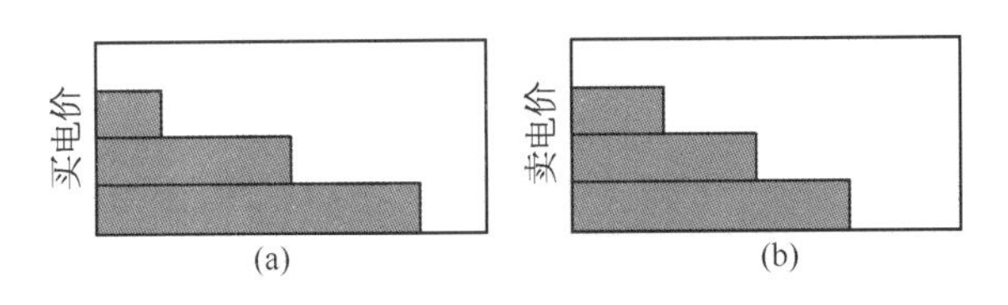

图 8-3　买电和卖电图

在组成事实撮合交易中有一种“最大差价原则”，并在此原则下发展了一种计算方法，其做法是先找买电价格最高者，再找卖电价格最低者撮合其交易成功；然后，未实现交易

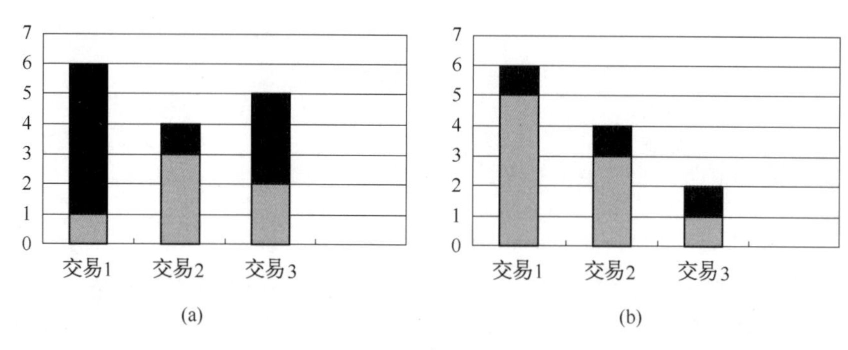

图 8-4　典型交易结果

的买电价格最高者和卖电价格最低者使两者撮合交易成功，类似地一直进行下去；直到找出的买电价格最高者肯出的价比卖电价格最低者的价格还低为止。按这个原则，撮合结果如图 8-4(a)所示，即 a_1 与 b_3 交易成功；a_2 与 b_2 交易成功；a_3与 b_1交易不成功。

另一种典型交易结果如图 8-4(b)所示，三次撮合交易分别为：a_1 与 b_1 交易成功；a_2 与 b_2 交易成功；a_3 与 b_3 交易成功。

比较这两种典型交易可知：前一种[图 8-4(a)]三次撮合中有两次成功；卖电方卖出了他们 2/3 的欲卖电力；买电方只得到了他们欲买的 2/3 的电，使得缺电用户的 1/3 得不到电力供应；交易中心的支付所得为 $(8-1)+(4-3)=6$。后一种[图 8-4(b)]，三次撮合三次成功：卖电方买电方都的预期的满意结果，买电方中缺电用户的电力需求得以满足；但交易中心的支付所得则变为 $(8-5)+(4-3)+(2-1)=3$。这比前一种减少了一半。容易看出前一种典型交易结果(在最大差价原则指导下)对交易中心所在电网有利，后一种典型交易结果则对发电部门和电力用户有利。

虽然交易中心及所在电网撮合交易的所得，是用在网损考虑、合理附加费用(过网费用及电网发展等都是合理的)，但有多个部分(发电和用户)的利益时，交易撮合的原则和技术方法都应全面衡量，以决定出使得多方都满意的客观多赢选择。尤其当买电方有时是为了减少自己所在网中的低效高排放的机组的发电时，便涉及社会公共利益的环境问题，就更需慎重。

实际的电力撮合交易要复杂得多，涉及交易电价的撮合协商，实施交易的电力运行安全与可靠等。从上面简化了的例子和分析可知，进一步分析和完善交易原则和模式，特别是充分考虑用户利益的多赢原则，是十分迫切的。

8.7.2　公共资源使用

公共资源的使用涉及许多领域，如地下水的抽取使用、水库与池塘养鱼、近海渔业和养殖、河道水资源的使用、地矿资源的私人开发等等。这些问题的具体条件和考虑因素多种多样，但其共性是：都涉及在资源使用中投资与效益、生态与环境、个人理性与集体理性(社会目标)的矛盾与冲突。哈丁(Hardig)在 1968 年给出一个例子说明了公共草地的无序使用可能导致的悲剧，下面的分析就从这个例子开始。

有一块共用草地有 n 个牧民可在其上自由放牧，每个牧民都需决定他养多少只羊，用 g_i 表示他需要养的羊数，他购买一只羊羔的价格是 c，一年后羊长大了将被卖出，卖的单价 P 取决于草地上总的放牧羊数，即 $P = P(\sum_1^n g_i)$，这是因为草地有限，每只羊都需要一定数量的草才能长好，太少的草使羊缺少食物，而且羊太多时草也长不好。若用 G 表示总羊数 $G = \sum_1^n g_i$，则有

$$\frac{\partial P}{\partial G} < 0,\ \frac{\partial^2 P}{\partial G^2} \leqslant 0 \tag{8-42}$$

在这个对策问题中，每个牧民的策略是选择 g_i 以使其支付效益最大，支付效益表示为

$$\upsilon_i = g_i P(\sum_1^n g_i) - g_i c\ (i = 1,\ 2,\ \cdots,\ n) \tag{8-43}$$

优化的必要条件是

$$\frac{\partial \upsilon_i}{\partial g_i} = p(\sum_1^n g_i) + g_i p'(\sum_1^n g_i) - c = 0\ (i = 1,\ 2,\ \cdots,\ n) \tag{8-44}$$

将这 n 个必要条件相加，可得

$$p(\sum_1^n g_i) + \frac{1}{n}\sum_1^n g_i p'(\sum_1^n g_i) = c \tag{8-45}$$

或

$$p(g) + \frac{1}{n} g p'(g) = c \tag{8-46}$$

社会最优支付效益目标是就这块草地进行整体优化，可表示为

$$\max_g \upsilon(g) = \max_g [g p(g) - gc] \tag{8-47}$$

其最优化必要条件为

$$\frac{\partial \upsilon}{\partial g} = p(g) + g p'(g) - c = 0 \tag{8-48}$$

用 g^* 表示式(8-46)的解，它是由各牧民按自己支付收益最大化得出的总牧羊数。用 g^{**} 表示式(8-48)的解，它是由社会最优目标得出的，从这两个式子[式(8-46)和式(8-48)]可知，$g^* > g^{**}$，就是说，这块共同草地被过度的使用了，个人的理性不能导致集体理性(社会目标)的最好结果。

为了更直观,考虑只有两个牧民的情况,$n=2$,且成羊售出平均价与总羊数$(g_1+g_2)=g$的关系为

$$p(g)=v_0-ag\ (a>0) \tag{8-49}$$

两牧人的支付效益分别为

$$v_1=g_1(v_0-ag)-g_1c \tag{8-50}$$

$$v_2=g_2(v_0-ag)-g_2c \tag{8-51}$$

优化的必要条件为

$$\frac{\partial v_1}{\partial g_1}=v_0-a(g_1+g_2)-ag_1-c=0 \tag{8-52}$$

$$\frac{\partial v_2}{\partial g_2}=v_0-a(g_1+g_2)-ag_2-c=0 \tag{8-53}$$

由此求得

$$g_1^*=g_2^*=\frac{1}{3a}(v_0-c),\ g^*=\frac{2}{3a}(v_0-c) \tag{8-54}$$

由于$\frac{\partial^2 v_1}{\partial g_1^2}=\frac{\partial^2 v_2}{\partial g_2^2}=-2a<0$,满足两牧人支付收益均为极大值的充分条件。此时两牧人相应的收益为

$$\begin{aligned}v_1^*=v_2^*&=\frac{1}{3a}(v_0-c)\left(v_0-a\frac{2}{3a}(v_0-c)\right)-\frac{c}{3a}(v_0-c)\\&=\frac{1}{3a}(v_0-c)^2-\frac{2}{9a}(v_0-c)^2\\&=\frac{1}{9a}(v_0-c)^2\end{aligned} \tag{8-55}$$

按社会最优,草地的最优牧羊数由式(8-48)求得

$$g^{**}=\frac{1}{2a}(v_0-c),\ g_1^{**}=g_2^{**}=\frac{1}{4a}(v_0-c) \tag{8-56}$$

相应的总效益及两牧人各得的收益为

$$v^{**}=\frac{1}{4a}(v_0-c)^2 \tag{8-57}$$

$$v_1^{**}=v_2^{**}=\frac{1}{8a}(v_0-c)^2 \tag{8-58}$$

比较式(8-54)与式(8-55)可以看出,从个体理性到集体理性(社会目标),草地上放

牧的总羊数和两牧人各自放牧的羊数减少了，而两牧羊人的效益却增加了。

$$g_1^{**} = g_2^{**} < g_1^* = g_2^* \tag{8-59}$$

$$v_1^{**} = v_2^{**} > v_1^* = v_2^* \tag{8-60}$$

社会目标的好处还在于：由于减少饲养的羊数，买羊羔的钱可省一些；平时照料羊的劳动也会减轻一些；草地的生态环境也会有所改善。

在这个问题中，放牧者个人理解的解 v_1^*、v_2^* 可看作非合作对策的纳什均衡解，从非合作走向合作，把找到使两人都能增加收益并能均分作为讨价还价形成的合作协议，并将 v_1^*、v_2^* 作为不一致同意支付配置，则讨价还价纳什均衡解满足：

$$\max_{g_1, g_2}(v_1 - v_1^*)(v_2 - v_2^*) \tag{8-61}$$

由于 $v_1^* = v_2^* = \frac{1}{2}v^*$，而按协有 $v_1 = v_2 = \frac{1}{2}v$，纳什积的极大化便可简化为 $\max_g v$，后者的优化必要条件是式(8-48)，其充分条件为

$$\frac{\partial^2 v}{\partial g^2} = -2a < 0 \tag{8-62}$$

这可以确信由社会效益最大化目标得出的草地使用最优解，也正是合作对策的讨价还价纳什均衡解。

顺便指出，纳什最早提出的非合作纳什均衡和合作对策中讨价还价纳什均衡，以及在此基础上泽尔腾、海萨尼(他们三人都获得了诺贝尔奖)等人的发展，使对策论在理论上很完美，而且区别了个人理性和集体理性，指出讨价还价中通过合作将两者统一起来的可能。在市场经济中，人们重视个人理性的张扬。由此带来竞争和活力，但同时也需要计划调控，这就需要在集体理性(社会目标)的基础上，制定出讨价还价指示原则和规范，这些原则和规范(包括政策性底线、税收、休牧休渔期等)应给竞争留出充分的空间，并能引导社会目标的实现，也就是实现个人和社会的双赢。从上述资源使用的分析，启发我们在一些实际问题中，可以先找出社会目标优化的解，然后研究怎样的调控原则和规范(并不是硬性决定)能够在充分发挥个人积性的同时，引导社会目的最优化。这件事不容易，是一种水平和艺术。

8.7.3　水电厂上网电价

考虑两个电站组成的梯级水电站，这两个水电站的上网电价不同，分别为 P_1 和 P_2，令 E_1、E_2 分别为两个电站的发电量，用于发电的水量相同，用 w 表示，两电站的效率分别为 η_1 和 η_2，并假定

$$P_1 > P_2,\ \eta_1 < \eta_2 \tag{8-63}$$

图8-5给出了两电站的水位(上游电站的下游水位和下游电站的上游水位)，水位呈

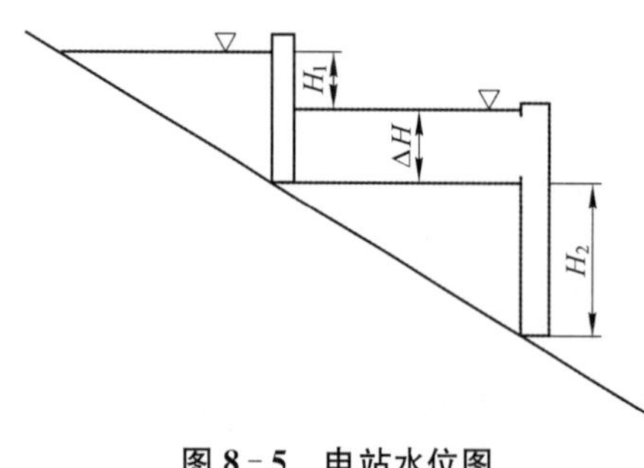

图 8-5　电站水位图

重叠状，重叠深度为 ΔH。在运行中这部分水头可以用在上游电站，也可以用在下游电站。

我们把梯级电站和社会效益的代表者作为对策的双方，他们分别追求梯级效益和社会效益的最大化，通过对策找到一种均衡解，体现某种双赢。

梯级电站的目标为

$$\upsilon_1 = P_1E_1 + P_2E_2 \tag{8-64}$$

$$\begin{aligned}\max \upsilon_1 &= (p_1Aw\eta_1H_1 + p_2Aw\eta_2H_2) + \max(Aw\Delta Hp_1\eta_1,\ Aw\Delta Hp_2\eta_2) \\ &= (p_1Aw\eta_1H_1 + p_2Aw\eta_2H_2) + Aw\Delta Hp_1\eta_1\end{aligned} \tag{8-65}$$

这是因为由式(8-63)可得 $p_1\eta_1 > p_2\eta_2$。这表明极大化 υ_1 的结果，ΔH 被用于上游水电站。这里 A 为常系数。社会效益目标表示为

$$\upsilon_2 = E_1 + E_2 \tag{8-66}$$

$$\begin{aligned}\max \upsilon_2 &= (Aw\eta_1H_1 + Aw\eta_2H_2) + \max(Aw\Delta H\eta_1,\ Aw\Delta H\eta_2) \\ &= (Aw\eta_1H_1 + Aw\eta_2H_2) + Aw\Delta H\eta_1\end{aligned} \tag{8-67}$$

而社会效益目标要求将 ΔH 交给下游水电站使用。

梯级目标和社会目标对 ΔH 的使用决然不同，而且都是线性关系，参与者对策论方法也无法解决，也就是说这个问题不存在纳什均衡解(不管是非合作的或合作的)。

如果组成两者间的讨价还价协商，梯级方会说，如果按社会目标的结果办，那我们将损失 $Aw\Delta H(p_1\eta_1 - p_2\eta_2)$，而代表社会效益一方则会说，如果按梯级效益的目标办，资源的利用便不充分，带来的损失将是 $Aw\Delta H(\eta_2 - \eta_1)$，这两种损失都是客观存在，而且似乎都是有道理的。很难取得共识或找到一种从对策论上来说的兼顾方案。

问题最终会归结到两电站的不同上网电价上来。新建电站的上网电价要高，主要是因为电站建设中耗费了相当资金，或急需收回投资成本，偿还贷款和交纳贷款利息等，包袱沉重，上网电价自然高，而旧有电站包袱要轻，甚至投入资金早已收回，此时收益几乎就是利润(考虑管理支出和设备更新等)，上网电价低点也好说，但不同电价的结果影响了社会目标，资源没有得到充分利用；同样的水没有发出更多的电，这更是不允许的。

发电的根本目的是为了用户。在用户看来，在电能质量(电压、频率)相同的条件来，只应是同网同价。这也是市场带给人们的习惯认识：市场上的同质量的用于生产(原材料、设备)或消费使用的商品，都不会因为是新建厂提供的而要求高价，特别新建厂在设计、施工、设备购置和管理等方面可能存在的失误，而由此转嫁为其生产产品成本的提高，这也不会为购买者所接受。也就是说，假若用电户可直接从发电厂购置所需电力，谁都愿意购买低价电厂的电，而不会去选择高价电厂的电，此时电网收取相当的“过路费”。这个矛盾被电网的存在和其代表用电的功能所掩盖。当然电能不是一般的商品(产品)，但其

“特殊性”，不应成为影响资源充分利用的原因。

资源的充分利用作为社会目标是正确的，其极大化社会（用户的当前及长远）的根本利用。制定不同上网电价也是社会利益的代表者（政府）应该考虑的改革，其内容是：制定统一的电厂上网电价（在本例中令 $P_1 = P_2$），这样便可使梯级目标和社会目标一致起来，使资源得到最优化利用；而用另外的办法鼓励和支持新电站的建设，例如，资源税的时变收取，其他税收项目的定量或一定时期内的政策性补助等。

上述例子是实际复杂得多的问题一种简化，旨在突出不同上网电价带来的问题。梯级电站间不一定有水位的重叠，但都会因不同上网电价带来资源不能充分合理利用的问题。总之，“同网同价”不仅体现对用电者的公平，对发电部门的公平，也是水能资源合理充分利用的要求。

8.7.4　多目标问题

世间万物存在着矛盾冲突，冲突的和缓与解决离不开合作，从而达到某种均衡。对于多目标决策问题，博弈理论中的冲突、合作和均衡都是十分重要的，而讨价还价则是寻求合作的途径。

对于两人讨价还价问题（两目标问题）：

$$\boldsymbol{\Gamma} = \{1,\ 2;\ c_1,\ c_2;\ f_1,\ f_2\} \tag{8-68}$$

或简化作$(\boldsymbol{F},\ \boldsymbol{f})$，其中 1,2 表示两个局中人，$\boldsymbol{f} = (f_1,\ f_2)$，$f_i = f_i(x_1,\ x_2)$，$x_i \in \boldsymbol{c}_i$，$i = 1,\ 2$，$\boldsymbol{F} \cap \{(f_1,\ f_2) \mid f_1 \geqslant \upsilon_1,\ f_2 \geqslant \upsilon_2\}$。

这里 $\boldsymbol{F}$ 表示可行支付配置集（或称目标效益集），是两局中人的效益；x_1、x_2 是两局中人的可选择策略，$\boldsymbol{c}_1$、$\boldsymbol{c}_2$ 是两局中人的可行策略集；υ_1、υ_2是两局中人的效益底线，$\boldsymbol{V} = (\upsilon_1,\ \upsilon_2)$ 称为不一致同意点。

不一致同意点的决定，一般采用局中人效益的最小化最大方法决定，即

$$\upsilon_1 = \min_{x_2 \in \boldsymbol{c}_2} \max_{x_1 \in \boldsymbol{c}_1} f_1(x_1,\ x_2) \tag{8-69}$$

$$\upsilon_2 = \min_{x_1 \in \boldsymbol{c}_1} \max_{x_2 \in \boldsymbol{c}_2} f_2(x_1,\ x_2) \tag{8-70}$$

也可以采用两局中人彼此能预见到的所谓焦点均衡，或由纳什提出的理性威胁，而由两局中人都尽力为自己创造一个更为有利不同意点的分析中得出。

为了求解这个问题，纳什给出了五个公理：

(1) 强有效性。即问题的解应该是可行的，强有效的，不存在一个局中人得到的效益好于这个解，而另一局中人的效益又不差于这个解。

(2) 个人理性。指没有一个局中人在解中得到比其在不一致同意点更差的效益。

(3) 尺度协变性。意思是如果我们再构造一个问题，与原问题相比，可改变度量效用的方式，但保持问题效用尺度在决策论上等价，那么两问题对应同样的现实结果。

(4) 不相干选择对象的无关性。指剔除那些不会被选取的选择对象,不会影响讨价还价的进行和求解。

(5) 对称性。如果在问题中两局中人的地位完全对称,那么解也将对称于他们。

在满足这些公理的前提条件下,纳什证明了有一个讨价还价解存在,即:

$$\Phi(\boldsymbol{F},\ \boldsymbol{f}) = \arg\max(f_1 - \upsilon_1)(f_2 - \upsilon_2) \tag{8-71}$$

函数$(f_1-\upsilon_1)(f_2-\upsilon_2)$称为纳什积。这个结论是十分出色的,并得到了广泛应用。我们在前面也多次提到。

进一步的研究表明,由于实际问题多种多样,有时候纳什给出的五个公理不全适用。例如,对称性公理代之以存在某个有效点$(\alpha,\ \beta)$,但若$\alpha>0$、$\beta>0$,则纳什积应代之以

$$(f_1 - \upsilon_1)^{\alpha}(f_2 - \upsilon_2)^{\beta} \tag{8-72}$$

并称为广义纳什积。卡莱等提出了一种单调性公理代替时有争议的纳什第四公理(不相干选择对象无关性),则得出的讨价还价解满足

$$\frac{f_2 - \upsilon_2}{f_1 - \upsilon_1} = \frac{m_2(\boldsymbol{F},\ \boldsymbol{f}) - \upsilon_2}{m_1(\boldsymbol{F},\ \boldsymbol{f}) - \upsilon_1} \tag{8-73}$$

式中,$m_i(\boldsymbol{F},\ \boldsymbol{f}) = \max\limits_{f_i\in \boldsymbol{F}} f_i(i=1,\ 2)$,表示局中人$i$在任何可行理性配置中所能得到的最大效益。

在现实的讨价还价问题中,人们经常要在局中人所得收益(效益)之间进行比较,有两个常提出的原则,一个是平等主义原则$f_1-\upsilon_1=f_2-\upsilon_2$,另一个是功利主义原则$f_1+f_2=\max\limits_{y\in \boldsymbol{F}}(y_1+y_2)$。

这两个原则都违背纳什的第三公理(尺度协变性),而且有违局中人在问题中的地位特性。只是对讨价还价中的仲裁人(若存在仲裁人)来说,功利主义原则是被偏爱的,它体现某种社会效益(有时是资源充分利用)的最大化。两个原则的某种折中是

$$\lambda_1(f_1 - \upsilon_1) = \lambda_2(f_2 - \upsilon_2) \tag{8-74}$$

$$\lambda_1 f_1 + \lambda_2 f_2 = \max_{y\in \boldsymbol{F}}(\lambda_1 y_1 + \lambda_2 y_2) \tag{8-75}$$

分别称为λ—平等主义原则和λ—功利主义原则。

观察到现实的讨价还价谈判都是一个过程,都是经由一个可行方案(并不一致满意的方案)通过让步、谅解、求同存异的合作前进到另一个可行方案,逐渐完善而最终达到某种均衡。按照这个思路,可以发展一种逐次讨价还价方法来解决这一问题。

下面介绍逐次讨价还价法。

对于$(\boldsymbol{F},\ \boldsymbol{f})$问题,采用如下步骤:

(1) 两局中人各选策略x_1^0、x_2^0组成初始策略对$\boldsymbol{x}^0$,给出允许误差$\varepsilon>0$,$k=0$。

(2) 计算$\nabla f_1=\left(\dfrac{\partial f_1}{\partial x_1},\ \dfrac{\partial f_1}{\partial x_2}\right)$,$\nabla f_2=\left(\dfrac{\partial f_2}{\partial x_1},\ \dfrac{\partial f_2}{\partial x_2}\right)$。若$\|\nabla f_1(x^k)\|\leqslant 0$且

$\| \nabla f_2(x^k) \| \leqslant 0$，则计算终止，$x^k$ 为近似均衡解，否则转入步骤(3)。

(3) 计算两局中人的收益改变

$$\nabla f_1(x^k) = \frac{\partial f_1(x^k)}{\partial x_1} d_1^k + \frac{\partial f_1(x^k)}{\partial x_2} d_2^k \tag{8-76}$$

$$\nabla f_2(x^k) = \frac{\partial f_2(x^k)}{\partial x_1} d_1^k + \frac{\partial f_2(x^k)}{\partial x_2} d_2^k \tag{8-77}$$

式中，d_1^k，$d_2^k \in (s, 0, -s)$ $(s > 0)$；步长为 s、0、$-s$ 分别对应策略改变的不同方向。

(4) 选择 d_1^k 和 d_2^k 并计算 $x^{k+1} = x^k + d^k$，$k = k + 1$ 转入步骤(2)。

d_1^k、d_2^k 各有三种可选值，共有 9 种组合，d^k 的选择实际上是在局中人收益改变情况间做讨价还价，从而达成共识。若共识选择在 $d_1^k = d_2^k = 0$，则计算终止，x^k 即为均衡解。

逐步讨价还价法的核心是上述步骤中 d_1、d_2 的选择(为了简单，不再标出 k)。有以下几种可能方式。

第一种方式：两个局中人都是理性的，都为着争取自己的收益增加，他们分别控制着 d_1、d_2(自己的策略改变)，局中人 1 看重 d_1 的选择对自己收益的影响 $\left(\frac{\partial f_1}{\partial x_1}\right) d_1$，而不顾 d_1 的选择对局中人 2 收益的影响，也不顾或不了解局中人 2 的 d_2 选择对自己收益的影响 $\left(\frac{\partial f_1}{\partial x_2}\right) d_2$。反过来也是如此。当这种处事风格使得两局中人相互尊重达成共识时，d_1(或 d_2)的选择总是部分梯度 $\frac{\partial f_1}{\partial x_1}$ $\left(或 \frac{\partial f_2}{\partial x_2}\right)$ 的方向，即

$$d_1 = \text{sign}\left(\frac{\partial f_1}{\partial x_1}\right) s \tag{8-78}$$

$$d_2 = \text{sign}\left(\frac{\partial f_2}{\partial x_2}\right) s \tag{8-79}$$

于是有

$$\begin{aligned} f_1 &= \frac{\partial f_1}{\partial x_1} \text{sign}\left(\frac{\partial f_1}{\partial x_1}\right) s + \frac{\partial f_1}{\partial x_2} \text{sign}\left(\frac{\partial f_2}{\partial x_2}\right) s \\ &= \left| \frac{\partial f_1}{\partial x_1} \right| s + \frac{\partial f_1}{\partial x_2} \text{sign}\left(\frac{\partial f_2}{\partial x_2}\right) s \end{aligned} \tag{8-80}$$

$$\begin{aligned} f_2 &= \frac{\partial f_2}{\partial x_1} \text{sign}\left(\frac{\partial f_1}{\partial x_1}\right) s + \frac{\partial f_2}{\partial x_2} \text{sign}\left(\frac{\partial f_2}{\partial x_2}\right) s \\ &= \left| \frac{\partial f_2}{\partial x_2} \right| s + \frac{\partial f_2}{\partial x_1} \text{sign}\left(\frac{\partial f_1}{\partial x_1}\right) s \end{aligned} \tag{8-81}$$

逐次改变方式 F,计算停止于

$$\frac{\partial f_1}{\partial x_1}=\frac{\partial f_2}{\partial x_2}=0 \tag{8-82}$$

所达成的均衡相当于,在对方策略不变的条件下,双方都不能通过改变自己的策略使自己的收益增加,因而也不改变自己的策略。

第二种方式:在第一种方式中,局中人 1 按部分梯度 $\frac{\partial f_1}{\partial x_1}$ 选择 d_1,即 $d_1=\operatorname{sign}\left(\frac{\partial f_1}{\partial x_1}\right)s$,可能出现 $\frac{\partial f_2}{\partial x_1}\operatorname{sign}\left(\frac{\partial f_1}{\partial x_1}\right)s<0$ 的情况,即局中人 1 得到了 $\left|\frac{\partial f_1}{\partial x_1}\right|s$,而局中人 2 损失了 $\left|\frac{\partial f_2}{\partial x_1}\operatorname{sign}\left(\frac{\partial f_1}{\partial x_1}\right)s\right|$,若又有 $\left|\frac{\partial f_2}{\partial x_1}\operatorname{sign}\left(\frac{\partial f_1}{\partial x_1}\right)s\right|>\left|\frac{\partial f_1}{\partial x_1}\right|s$,则局中人 2 会说,我损失的比你得到的还多,这太不仗义、太过分(你有所得,我有损失)、太不公平,而且这种责备常得到仲裁者(第三方)支持。反之对局中人 2 亦然。于是,一个局中人的选择导致自己所得不能大于另一局中人的损失(如果导致损失),可能成为一种原则而取得共识。

此时,策略改变选择仍然是

$$d_1=\operatorname{sign}\left(\frac{\partial f_1}{\partial x_1}\right)s \tag{8-83}$$

$$d_2=\operatorname{sign}\left(\frac{\partial f_2}{\partial x_2}\right)s \tag{8-84}$$

但逐次讨价还价终止条件是

$$\frac{\partial f_2}{\partial x_1}\operatorname{sign}\left(\frac{\partial f_1}{\partial x_1}\right)<0\ \text{且}\left|\frac{\partial f_2}{\partial x_1}\right|>\left|\frac{\partial f_1}{\partial x_1}\right| \tag{8-85}$$

$$\frac{\partial f_1}{\partial x_2}\operatorname{sign}\left(\frac{\partial f_2}{\partial x_2}\right)<0\ \text{且}\left|\frac{\partial f_2}{\partial x_2}\right|>\left|\frac{\partial f_2}{\partial x_2}\right| \tag{8-86}$$

而由此得到的解也是一种均衡。

顺便指出,这种方式中使用了局中人收益(损失)的比较,但多目标问题中效益的总体存在困难,尤其是对局中人博弈后的总收益进行比较,因为收益的性质不同,如水资源问题中涉及经济和环境影响之间的比较。不过逐次讨价还价方法,比较的是控制策略改变所引起的局部收益改变,这在大多数情况下把比较的难度降低了,而我们常看到的问题解决方式大都是经由争论、讨价还价、妥协、折中、理解而达成互相可接受的共识,也充分说明了这一点。

第三种方式:既然任意局中人选择的策略改变,都影响自己和对方的收益,应该统一考虑多种方案(九种方案)下两局中人的收益变化情况。从而找出两局中人一致同意的各自的选择。

此时,两局中人的一个共识可能是力争双赢,表示为

$$\underset{d_1, d_2 \in (1, 0, -1)}{\text{Elect}}\left(\frac{\partial f_1}{\partial x_1}d_1 + \frac{\partial f_1}{\partial x_2}d_2 > 0, \frac{\partial f_2}{\partial x_1}d_1 + \frac{\partial f_2}{\partial x_2}d_2 > 0\right) \tag{8-87}$$

两局中人都能使收益增加。这种选择可能无解,而在 $d_1 = d_2 = 0$ 时,

$$\begin{aligned} \nabla f_1 &= \frac{\partial f_1}{\partial x_1}d_1 + \frac{\partial f_1}{\partial x_2}d_2 = 0 \\ \nabla f_2 &= \frac{\partial f_2}{\partial x_1}d_1 + \frac{\partial f_2}{\partial x_2}d_2 = 0 \end{aligned} \tag{8-88}$$

就意味着已得到均衡解。这种选择也可能有多个解,它们都对应 $\Delta f_1 > 0$、$\Delta f_2 > 0$,都是双赢的。此时,按平等主义原则: Δf_1 和 Δf_2 最接近;按功利主义原则: $\Delta f_1 + \Delta f_2 \to \max$;或两者的某种折中通过讨价还价和仲裁而取得共识(两者都能受益,两者都有达成共识的强烈愿望和主动性),从而在多个解之中做出一致的选择。

这种方式最终得到的均衡具有如下的特征: 任意局中人都不可能在不使另一局中人受损的条件下,增加自己的收益。

第四种方式: 第三种方式中,在逐次讨价还价过程中两局中人的收益都在逐步增加(严格说是不减),但有时一个局中人会争辩:"你应该同意这样的选择,因为它带给我的好处,比对你的伤害(带来的损失)要多很多。"而且"从功利主义原则来看,这样的选择符合功利主义原则",这后一理由容易得到仲裁者的理解和支持。

当然,给对方带来损失会使另一局中人坚决反对,讨价还价过程中可能导致一个局中人(得益者)给另一个局中人(受损者)以补偿之诺,即得益者从收益中支付一部分给受损者,以补偿其损失,甚至补偿额大于其损失额度使其也能受益,从而达成新的共识。

此时,d_1、d_2 的选择取决于

$$\max_{d_1, d_2 \in (1, 0, -1)}\left(\Delta f_1 + \Delta f_2 = \frac{\partial f_1}{\partial x_1}d_1 + \frac{\partial f_1}{\partial x_2}d_2 + \frac{\partial f_2}{\partial x_1}d_1 + \frac{\partial f_2}{\partial x_2}d_2\right) \tag{8-89}$$

对于选出的 d_1^*、d_2^*,计算

$$\begin{aligned} \nabla f_1^* &= \frac{\partial f_1}{\partial x_1}d_1^* + \frac{\partial f_1}{\partial x_2}d_2^* \\ \nabla f_2^* &= \frac{\partial f_2}{\partial x_1}d_1^* + \frac{\partial f_2}{\partial x_2}d_2^* \end{aligned} \tag{8-90}$$

若 $\Delta f_1^* = \Delta f_2^* = 0$ 则计算终止,若 $\Delta f_1^* < 0$,则局中人 2 应对局中人 1 补偿 $|\Delta f_1^*|$;若 $\Delta f_2^* < 0$,则局中人 1 应对局中人 2 补偿 $|\Delta f_2^*|$。这种补偿是依据此次策略选择而定的,可以记下来,到获得均衡解时再总计。显然,这种补偿讨价还价方式一般情

况下都是有利于得到更好的均衡解的。这种补偿也是一种合作。

如果补偿额度超过损失额度，则这种合作也是双赢的，可称为补偿双赢合作。补偿又是一种收益转让或收益再分配。而从再分配角度看，分配比例又是需要讨价还价的，双方都会找出对自己有利的理由和彼此间充分理解，并与仲裁者讨论从而取得共识。

逐次讨价还价法把多目标问题求解（寻求均衡）看做一个多阶段的不断完善的策略改进过程，同时也把难以完全避免的不同目标收益比较，化作以某个解为基础的目标效益改变。因为以某个解为基础并且目标收益改变量小，使得比较的难度减少，加上可能的收益补偿（包括与问题无互接关联，但对局中人有益的其他补偿）会使冲突容易转化，取得导出均衡解的共识。此外，这样做不需要对对策（或博弈）问题（$\boldsymbol{F}$, $\boldsymbol{f}$）的解，定向做出某些限制（公理表示的共识），目前已有不同的公理系存在备用。

多目标问题中，目标可能多于两个，局中人的策略也不一定能用变量或向量表示。这都会使实际的多目标问题变得复杂而求解也更为困难，这些都需要进一步研究。

8.8　合作调度中的防洪问题

水库的任务中，通常防洪是首要的，设置防洪库容 V_f 以拦蓄一定概率的洪水，概率 $P_f=0.001$ 为千年一遇，$P_f=0.01$ 为百年一遇，防洪库容一经确定便成为水库运行调度的约束条件，从而达到确保防洪安全的目的。

当水库从单个到多个（梯级和子流域库群）就产生了新的问题。先建的下游水库说，上游水库也设置了防洪库容，我的防洪库容是否不需要那么多了？后建的上游水库也会提出，下游水库已设那么多防洪库容，我的防洪库容是否只满足自身需求就可以了，而不必再承担原下游水库的防洪任务等。这些涉及子流域的洪水特性、洪水遭遇及洪水预报，多水库防洪库容的合理设置、动态调整，以及防洪保证率计算，因而会影响到库容综合兴利调度。

这些问题已逐步引起重视，已有若干相关的分析和讨论，但因涉及领域众多，且包含了多维联合分布概率、动态决策过程等复杂因素。因此，要解决该问题需要合理地协调防洪安全和兴利效益。下面讨论三个问题。

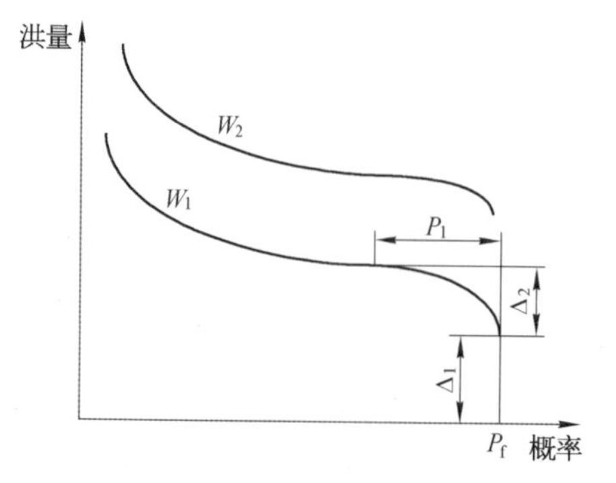

图 8-6　入库洪水频率曲线

8.8.1　防洪库容上移

设上下游各有一个水库，上下库的入库洪水频率曲线（由历史和实测洪量资料计算得到）如图 8-6 所示。

已知下库设有防洪库容 V_f（和防洪概率 P_f

对应)，能否将 V_f 的一部分移至上游水库？

令 $W_{1\min}$ 表示上库洪量最小值。由图 8-6 可知

$$\Delta_1 = W_{1\min}$$

这一部分洪量是可以用来拦蓄洪水的(不管洪水的怎样遭遇)，故可作为 1∶1 的从 V_f 移往上游水库的部分。

对于图中的 Δ_2 部分，它以 $(1-P_1)$ 的概率能拦蓄到下库大洪水，以 P_1 概率不能充分拦蓄到洪水，而拦蓄程度又与 W_1 和 W_2 之间相关关系有关，当相关系数为零，$r=0$，其对下库大洪水的拦蓄作用为 $P_1\Delta_2$；当相关系数为 1 ($r=1$)，其对下库大洪水(P_f 相应的)的作用为 Δ_2(因为 $r=1$，上库洪水出现在 P_1 对应的范围时，下库大洪水不会出现在 P_1 对应的范围)，综合起来 Δ_2 对下库大洪水的有效作用库容为

$$\Delta'_2 = [(1-r)P_1 + r]\Delta_2 = \xi\Delta_2 \tag{8-91}$$

式中，$\xi = (1-r)P_1 + r$ 为有效系数，小于 1。

由以上分析可见：在上游水库设置数量 Δ_1 的防洪库容，可以 1∶1 地减为下库防洪库容，而不影响下库的防洪概率 P_f，在此基础上，在上库再增设防洪库容 Δ_2，其可替代下库的防洪库容只有 $\xi\Delta_2$，因 ξ 小于 1，也就是说，下游水库防洪库容继续上移 Δ_2' 时，必须放大到 Δ_2' 放在上游水库才不致影响防洪安全 P_f。

8.8.2 样本修正

讨论三库问题，上游两个水库，分别在两条支流上，下游一个水库，如图 8-7 所示。

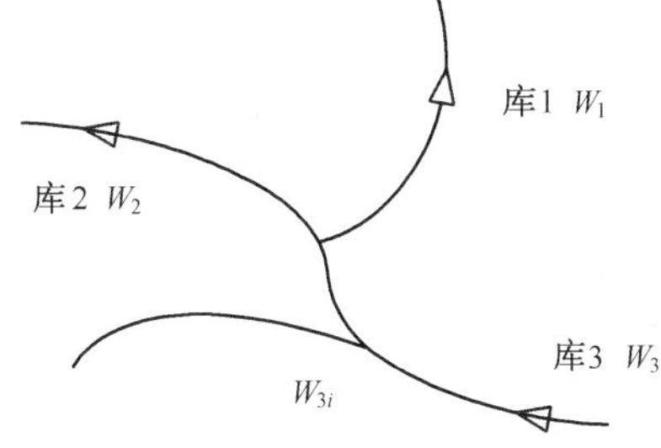

图 8-7　水库位置示意图

W_1、W_2、W_3 表示三库的天然入库洪水量，有几年历史记录，三库分设防洪库容 V_{f1}、V_{f2}、V_{f3}，下游水库的防洪概率 P_{f3} 是多少？

显然，这只是从实际库群防洪问题中抽象出来的一个子问题。样本修正的具体做法如下。

8.8.2.1　对上游两库逐年进行入库洪水量计算

$$W_{1i} = \begin{cases} 0 & W_{1i} < V_{1f} \\ W_{1i} - V_{1f} & W_{1i} \geqslant V_{1f} \end{cases} \quad (i = 1, 2, \cdots, n) \tag{8-92}$$

$$W_{2i} = \begin{cases} 0 & W_{2i} < V_{2f} \\ W_{2i} - V_{2f} & W_{2i} \geqslant V_{2f} \end{cases} \quad (i = 1, 2, \cdots, n) \tag{8-93}$$

式中，W_{1i}、W_{2i} 为上游两库的出库洪水量；n 为时段数。

8.8.2.2　求下游水库的总入库洪水量

$$W_3 = W_{1i} + W_{2i} + W_{3i} (i = 1, 2, \cdots, n) \tag{8-94}$$

对 W_3 进行频率计算，并点绘经验频率曲线，进而采用某种概率分布(如 P-Ⅲ型分布)计算总入库洪水量的均值、变差系数、偏态系数，最后应用适线法确定总入库洪水量概率分布曲线。

借助此曲线，由防洪库容 V_{f3} 对应的洪量 W_{f3}，确定出相应的防洪概率 P_{f3}，也可由防洪概率确定必需的防洪库容。

这种样本修正的方法简单易行，当 V_{f1} 或 V_{f2} 改变时其结果会相应改变；当上游两库有自身防洪任务时也容易保证。需要补充说明如下。

首先，这种做法是对样本进行修正，有了人为因素，而过去水文学中多是对取自然状态的数据进行统计计算和概率分析，这似乎没有不当之处，特别是社会学、经济学中都成功使用了概率统计方法，只要对样本的修正没有消除其随机属性。

其次，上述方法似乎没有充分考虑 W_3、W_1、W_2 之间相关和各种可能的遭遇。其实，W_3、W_1、W_2 的大小和可能遭遇以及他们之间可能存在相关关系，在样本逐年对应相加[式(8-94)]时，已做了充分考虑。

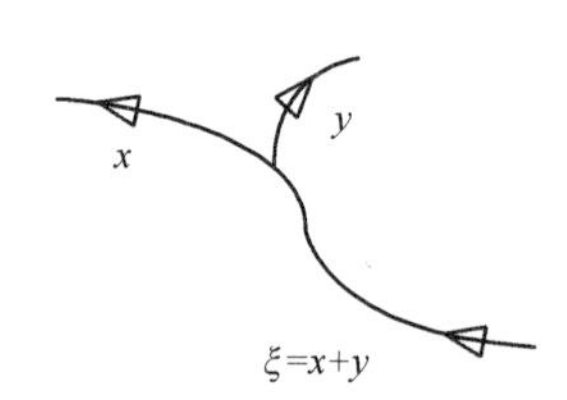

图 8-8　水库位置示意图

举个简单例子，如图 8-8 所示，上述两库流量分别为 x 和 y，为了简化，将其做中心化处理，下库的流量为 $\xi = x + y$，经对 x，y 的样本 x_i，y_i $(i = 1, 2, \cdots, n)$ 计算，得出 x、y 的方差分别为 σ_x^2 和 σ_y^2，且 x、y 存在相关关系。

$$y = r\frac{\sigma_y}{\sigma_x}x + \xi_{y|x} \tag{8-95}$$

式中，r 为相关系数；$\xi_{y|x}$ 为 y 依 x 的误差随机变量，它与 x 独立，其方差为

$$\mathrm{E}\xi_{y|x}^2 = (1 - r^2)\sigma_y^2 \tag{8-96}$$

$$\xi = x + y = \left(1 + r\frac{\sigma_y}{\sigma_x}\right)x + \xi_{y|x}$$

$$\mathrm{E}\xi^2 = \left(1 + r\frac{\sigma_y}{\sigma_x}\right)^2 \mathrm{E}x^2 + 2\left(1 + r\frac{\sigma_y}{\sigma_x}\right)\mathrm{E}(x\xi_{\xi_{y|x}}) + \mathrm{E}\xi_{y|x}^2$$

$$= \left(1 + 2r\frac{\sigma_y}{\sigma_x} + r^2\frac{\sigma_y^2}{\sigma_x^2}\right)\sigma_x^2 + (1 - r^2)\sigma_y^2$$

由于相关系数 $r = \dfrac{\mathrm{cov}(x, y)}{\sigma_x\sigma_y}$，代入上式化简得

$$\mathrm{E}\xi^2 = \sigma_x^2 + 2\mathrm{cov}(x, y) + \sigma_y^2 \tag{8-97}$$

将式(8-97)中的方差和协方差都用统计值代替，即

$$\sigma_x^2 = \frac{1}{n}\sum_1^n x_i^2$$

$$\sigma_y^2 = \frac{1}{n}\sum_1^n y_i^2$$

$$\mathrm{cov}(x,\ y) = \frac{1}{n}\sum_1^n x_i y_i$$

则得

$$\begin{aligned} E\xi^2 &= \frac{1}{n}\sum_1^n x_i^2 + \frac{2}{n}\sum_1^n x_i y_i + \frac{1}{n}\sum_1^n y_i^2 \\ &= \frac{1}{n}\sum_1^n (x_i + y_i)^2 \\ &= E(x_i + y_i)^2 \end{aligned} \tag{8-98}$$

这就是说，先对 x，y 进行统计特征值方差计算，并计算其相关系数，再合成（相应）而得的合成方差，和样本对应相加再求相加后的统计方差是相同的。同样的分析可得出不仅方差相同，而且各阶的高阶矩也都是相同的。

此外，样本修正方法需要有历史洪水资料作依据。一般来说做概率计算和可靠性分析都需要样本资料，做水库防洪库容确定时，总要千方百计地从各种相关关联中得到这种资料。

8.8.3　洪水分期及相关

上述样本修正法由从防洪概率（抑或风险率）P_f，求得需要的防洪库容 V_f，使用的洪量资料是相应于洪水期后 1/3（或后 2/3）时间段的，那么就可以求出洪水期后 1/3 时段（或后 2/3 时段）由 P_f 对应的所需防洪库容。从而可得出洪水期所需防洪库容随时间变化的关系曲线 $V_f \sim t$。

在研究后期（后 1/3 时段或后 2/3 时段）洪水概率分布时（前期已发生而为已知），可利用前后期洪水的相关关系，求出以前期洪水为条件的后期洪水概率分布，用以确定 P_f，从而确定相应的后期需要的防洪库容。

设前期洪水为 x，均值为 $\bar{x}$，后期洪水为 y，均值为 $\bar{y}$，各有方差 σ_x^2 和 σ_y^2，相关系数为 r，则

$$y = \bar{y} + r\frac{\sigma_y}{\sigma_x}(x - \bar{x}) + \xi_{y|x}$$

$$E\xi_{y|x}^2 = (1 - r^2)\sigma_y^2$$

且有

$$\overline{y_{y|x}} = \bar{y} + r\frac{\sigma_y}{\sigma_x}(x - \bar{x})$$

$$\sigma_{y|x}^{2}=(1-r^{2})\sigma_{y}^{2}$$

式中，$\overline{y_{y|x}}$ 为后期洪水的条件均值；$\sigma_{y|x}^{2}$ 为后期洪水的条件方差。

在此基础上便可用适线法等做出后期洪水的条件概率分布，从而由 P_{f} 确定后期所需的防洪库容。防洪问题是小概率事件问题，而后果又十分严重，在水库的防洪过程中，不时分析计算所需的防洪库容和概率 P_{f} 以确保安全是十分重要的，这包括汛前水位的动态控制的概率计算等。

8.9 小　　结

本章针对业主自身最大利益和水资源最充分利用之间的矛盾，对合作调度的基本理论与方法进行了深入研究和探讨，论述了合作协议的实际影响因素，揭示了合作调度最优解和水电资源充分利用最优解的等价性。围绕利益再分配问题，以利益再分配为关键，研究了合作调度的实施步骤，并进一步推导了多赢合作调度方案的存在条件，证明了梯级水库群联合调度和均衡状态下合作调度间总效益的等价关系，为实现多业主电站总体效用最大以及增量收益的合理分配提供了科学依据。同时，本章亦对电力撮合交易、公共资源使用、水电厂上网电价、多目标调度等问题进行了深入探讨，进一步丰富了合作调度的理论与方法。

第9章

应 用 实 例

本章基于第1章所述预报误差串并校正以及水量平衡校正原理，分别以三峡水库和金沙江流域的水文预报问题为例，分析了所提方法的合理性与可行性。围绕第8章所提合作调度模型，以溪洛渡和向家坝水库的联合调度为例，分析比较了单库优化调度与合作联合调度的优劣。

9.1 预报误差串并校正算例

本研究以三峡水库的入库洪水预报为例，进行预报误差串并校正研究，从而达到验证所提模型的合理性与可行性的目的。首先采用研究团队为三峡梯调中心开发的新安江模型、水箱模型、神经网络模型和灰色模型预报三峡水库的入库流量序列；其次应用第1章所提串行校正方法、并行校正方法以及耦合校正方法对预报结果进行串行校正、并行校正以及耦合校正；最后，采用相应的指标对校正结果进行精度评定，并与单一模型的预报结果进行比较分析。

选取三峡水库2004—2007年6 h的入库流量资料为研究对象，其中80%的数据用于水文模型的率定，20%的数据用于模型的检验，即2004—2006年三年的数据用于模型的率定，2007年的数据用于模型的检验。

利用确定性系数(DC)、平均相对误差(MAE)、平均绝对误差(MRE)、均方根误差($RMSE$)四个常用指标，对预报结果进行精度评定。以上四个指标的计算公式如下所示：

(1) 确定性系数：

$$DC = \left[1-\frac{\sum_{i=1}^{n}(Q_i^{实测}-Q_i^{预测})^2}{\sum_{i=1}^{n}(Q_i^{实测}-Q^{平均})^2}\right] \tag{9-1}$$

式中，DC 代表确定性系数；n 代表实测样本数；$Q^{平均}$ 代表 n 次实测的平均流量值；$Q_i^{实测}$ 代表实际的流量值；$Q_i^{预测}$ 代表预测的流量值。

(2) 平均绝对误差：

$$MAE = \frac{1}{n}\sqrt{\sum_{i=1}^{n}\left|Q_i^{实测}-Q_i^{预测}\right|} \tag{9-2}$$

式中，MAE 代表平均绝对误差。

(3) 平均相对误差：

$$MRE = \frac{1}{n}\sum_{i=1}^{N}\left|\frac{Q_i^{实测}-Q_i^{预测}}{Q_i^{实测}}\right| \tag{9-3}$$

式中，MRE 代表平均相对误差。

(4) 均方根误差：

$$RMSE=\sqrt{\frac{1}{n}\sum_{i=1}^{N}(Q_i^{实测}-Q_i^{预测})^2} \tag{9-4}$$

式中，$RMSE$ 代表均方根误差，是最主要的精度评价指标。

采用新安江模型、水箱模型、神经网络和灰色模型预报三峡水库的入库流量，率定期和检验期的预报精度评定结果见表 9－1。图 9－1 给出了四个模型检验期 2007 年入库流量的预报值、实测值以及预报误差。

表 9－1　新安江模型、水箱模型、神经网络和灰色模型的预报结果

模　型	时　段	DC	MAE(m³/s)	MRE(%)	$RMSE$(m³/s)
新安江	率定期	0.942	1 414	0.100 4	2 303
	检验期	0.954	1 068	0.092 2	1 814
水箱	率定期	0.957	1 248	0.092 9	1 979
	检验期	0.958	974	0.087 2	1 739
神经网络	率定期	0.966	1 471	0.155 3	1 770
	检验期	0.957	1 459	0.178 0	1 763
灰色模型	率定期	0.919	1 345	0.075	2 730
	检验期	0.928	1 191	0.081	2 290

由图 9－1 可知，新安江模型、水箱模型和灰色模型的非汛期预报结果较好，但汛期的预报结果误差较大，尤其是灰色模型，汛期预报结果最差，Tank 模型在汛期的预报误差以负值居多；相比于新安江模型、水箱模型、灰色模型，神经网络模型对汛期 600～1 100 时段(2007 年 6 月—9 月)的预报更为准确，而神经网络模型对于非汛期即 0～400，1 200～1 500 时段的预报结果较差，因此有必要利用模型的互补性，对预报误差进行校正。

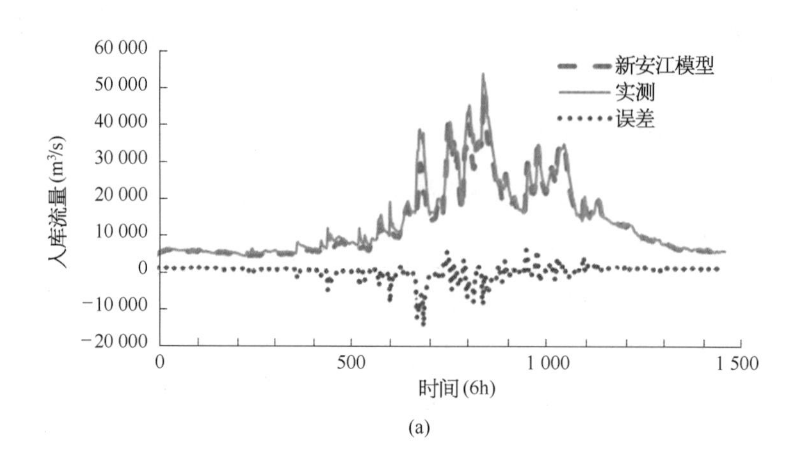

(a)

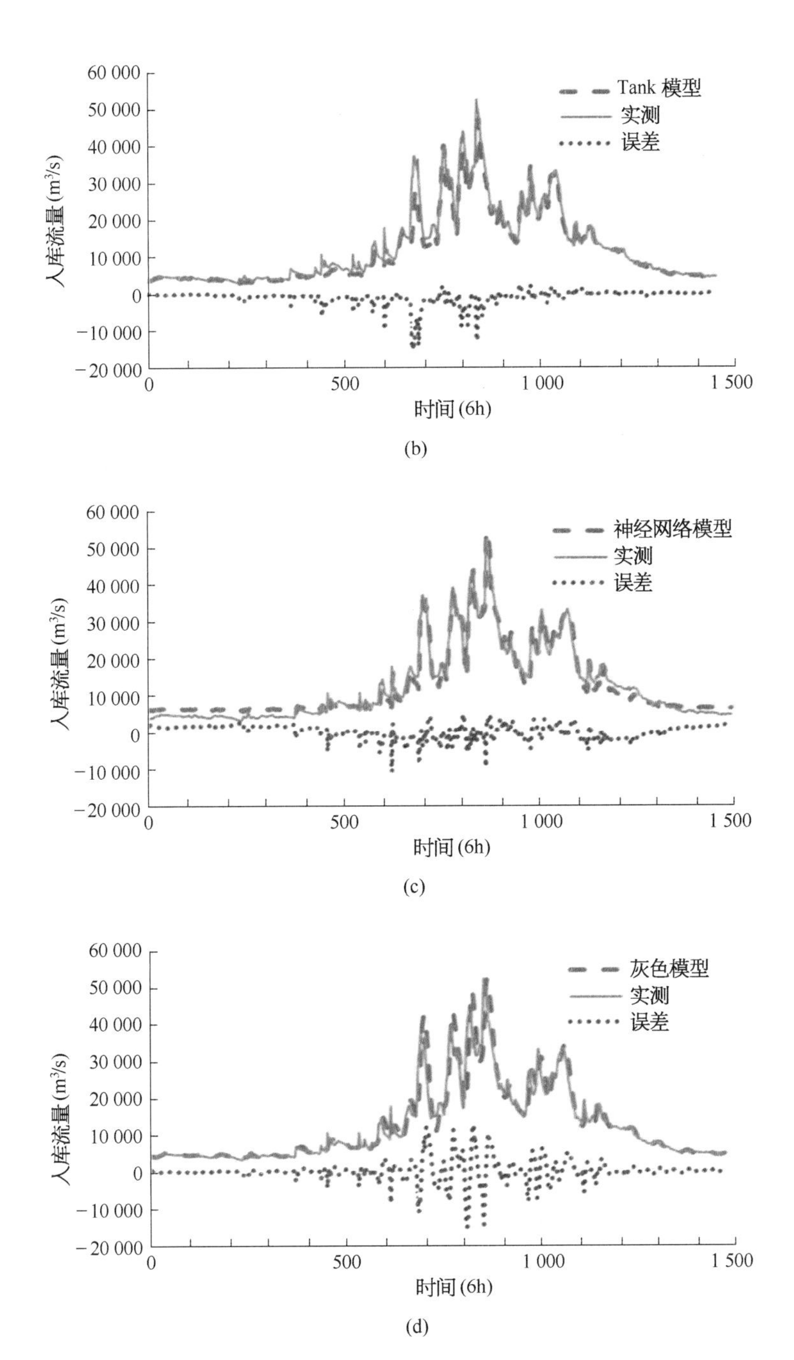

图 9-1　2007 年三峡水库入库流量的预报值、实测值及预报误差

(a) 新安江模型;(b) 水箱模型;(c) 神经网络模型;(d) 灰色模型

9.1.1　串行校正算例

采用第 1 章所述方法对水文预报的误差序列进行串行校正。首先,建立 p 阶自回归模型 AR(p) ($p = 1, 2, \cdots, 60$),基于率定期的数据确定 AR(p)模型的参数,采用

$RMSE$值对校正效果进行评价，$RMSE$ 值越小，则校正效果越优。图 9 - 2 给出了率定期 $RMSE$ 值随阶数的变化情况。由图 9 - 2 可知，AR 模型的 $RMSE$ 值随阶数增大而逐渐减小，到达一拐点后逐渐稳定。针对选用的四个水文模型而言，一阶自回归模型的校正效果较差，最优阶数一般在 2～10 阶范围内，且 AR(10)～AR(60)的校正效果相差不大。

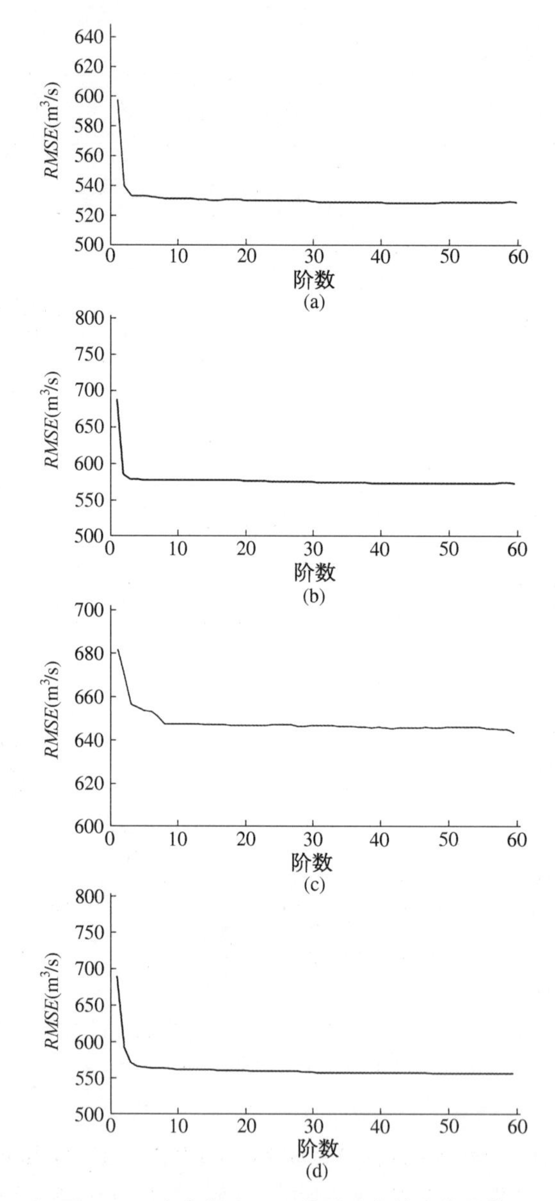

图 9 - 2　率定期 RMSE 值随阶数的变化趋势

(a) 新安江模型；(b) 水箱模型；(c) 神经网络模型；(d) 灰色模型

对于新安江模型，依据 $RMSE$ 值最小的原则，确定串行校正模型的最优阶数为 2，AR(2)模型的表达式为

$$AR(2): X_t = 1.458X_{t-1} - 0.527X_{t-2} \tag{9-5}$$

式中，X_t、X_{t-1}、X_{t-2}分别为 t、$t-1$ 和 $t-2$ 时刻的预报误差。

对于神经网络模型，依据 $RMSE$ 值最小的原则，串行校正模型的最优阶数为 7，AR(7)模型的表达式为

$$AR(7): X_t = 1.139X_{t-1} - 0.448X_{t-2} + 0.308X_{t-3} - 0.157X_{t-4} + 0.068X_{t-5} - 0.059X_{t-6} + 0.083X_{t-7} \tag{9-6}$$

对于 Tank 模型，依据 $RMSE$ 值最小的原则，串行校正模型的最优阶数为 2，AR(2)模型的表达式为

$$AR(2): X_t = 1.362X_{t-1} - 0.428X_{t-2} \tag{9-7}$$

对于灰色模型，依据检验期 $RMSE$ 值最小的准则，串行校正模型的最优阶数为 2，AR(2)模型的表达式为

$$AR(2): X_t = 1.467X_{t-1} - 0.515X_{t-2} \tag{9-8}$$

采用上述所建 AR 模型，分别对新安江模型、水箱模型、API 模型和灰色模型 2004—2007 年的预报结果进行串行校正，并对校正后的结果进行精度评定，评定结果见表 9-2。

表 9-2 串行校正与原模型精度评定结果比较分析

模 型		时 段	DC	MAE(m³/s)	MRE(%)	$RMSE$(m³/s)
新安江	校正后	率定期	0.996	252	1.4	585
		检验期	0.998	180	1.53	378
	校正前	率定期	0.942	1 414	10.04	2 303
		检验期	0.954	1 068	9.22	1 814
	比较分析	率定期	↑	↑	↑	↑
		检验期	↑	↑	↑	↑
水箱	校正后	率定期	0.997	225	1.61	533
		检验期	0.998	157	1.37	364
	校正前	率定期	0.957	1 248	9.29	1 979
		检验期	0.958	974	8.72	1 739
	比较分析	率定期	↑	↑	↑	↑
		检验期	↑	↑	↑	↑
神经网络	校正后	率定期	0.995	301	2.23	654
		检验期	0.996	263	2.48	513
	校正前	率定期	0.966	1 471	15.53	1 770
		检验期	0.957	1 459	17.8	1 763
	比较分析	率定期	↑	↑	↑	↑
		检验期	↑	↑	↑	↑

（续表）

模　型		时　段	DC	MAE(m^3/s)	MRE(%)	RMSE(m^3/s)
灰色	校正后	率定期	0.996	217	0.013	585
		检验期	0.998	173	0.013	399
	校正前	率定期	0.919	1 345	0.075	2 730
		检验期	0.928	1 191	0.081	2 290
	比较分析	率定期	↑	↑	↑	↑
		检验期	↑	↑	↑	↑

符号“↑”表示校正后预报精度提高，符号“↓”表示校正后预报精度下降。由表可知，各模型串行校正后预报精度都有显著的提高。例如，新安江模型校正前的均方根误差 *RMSE* 值约为 2 000 m^3/s，校正后约为 500 m^3/s，*RMSE* 值减小了约 3/4。因此，采用串行校正模型能够显著地提高水文预报的精度，建议在实际应用中，考虑采用串行模型对预报结果进行校正。

9.1.2 并行校正算例

为验证并行校正方法的合理性与可行性，以三峡水库的入库洪水预报为例，进行并行校正计算。研究中采用三峡水库 2004—2007 年 6 h 时段径流量作为预报数据，其中 2004—2006 年的数据用于模型的训练，2007 年的数据用于模型的检验。选用在我国应用较为广泛的新安江模型、水箱模型、神经网络模型和灰色模型对三峡水库的入库流量进行预报，预报结果如表 9－1、图 9－1 所示。

由表 9－1 和图 9－1 可知，对于不同的评价指标，对应的最优水文模型也不尽相同。由此可见，没有一个独立的水文预报模型有绝对的预报优势，其预报结果无法满足总能使所有的精度评定指标达到最优值。事实上针对不同的预报时期，同一水文预报模型的预报效果也会改变。这是由于水文序列具有极大的随机性和非线性特征，任何一个模型都无法完全准确地模拟水文现象的动态真实特性，因此单一的水文预报模型预报能力有限，不存在一个具有普适性的最优水文预报模型。为此，提出了并行校正的计算方法。

基于模型率定期的数据，采用第 1 章所述并行校正的权重计算方法，确定新安江、水箱、ANN 模型和灰色模型的权重分别为 0.474、−0.023、0.331 和 0.218，四个权重模型的和为 1，由于水箱模型在汛期的预报值偏大，因此权重为负值。采用上述权重对三峡水库的预报结果进行并行校正，将并行校正后的四个指标分别与单一预报模型中各指标中的最优值进行对比，并对校正结果进行精度评价，结果见表 9－3。比较分析结果可知，并行校正后的结果要优于各单一模型的最优值。

表 9-3 并行校正与单一模型最优值的比较分析

时 段	模 型	*DC*	*MAE*(m^3/s)	*MRE*(%)	*RMSE* (m^3/s)
率定期	校正后	0.986	724	0.058	1 148
	最优值	0.966	1 471	0.155	2 730
检验期	校正后	0.977	739	0.071	1 216
	最优值	0.958	1 459	0.178	2 290

9.1.3 耦合校正算例

研究工作选取三峡水库实测流量资料作为数据样本，分别采用研究团队为三峡梯调中心开发的新安江模型、水箱模型、神经网络模型和灰色模型，预报得到了宜昌站2004年1月1日至2007年12月31日的6 h径流数据。将径流数据分为率定期和检验期两个时期。采用率定期的径流数据来确定耦合校正模型的参数、检验期的数据对模型进行验证。同时对各个串并联耦合方法的校正结果进行了比较分析，从而来辨别这些校正方法的优劣。

基于第4章所述耦合校正的原理，采用先并后串、先串后并及串并一体化的方法，建立耦合模型，对原模型的计算结果进行校正。采用上述四个评价指标对三种耦合方法的预报结果进行评价，评价结果见表9-4。

表 9-4 耦合校正结果

模 型	时 期	*DC*	*MAE*(m^3/s)	*MRE*(%)	*RMSE*(m^3/s)
先串后并	率定期	0.997	186	1.30	522
	检验期	0.998	145	1.20	349
先并后串	率定期	0.997	224	1.70	519
	检验期	0.998	190	1.80	407
串并一体化	率定期	0.999	13	0.10	23
	检验期	0.999	10	0.10	20

由表9-4可知，耦合校正的结果均优于单个模型的计算结果，亦优于单独串行或并行校正的结果。例如，在率定期，四个模型预报结果的均方根误差最小为1 770 m^3/s，先串后并校正的均方根误差为522 m^3/s，先并后串校正的均方根误差为519 m^3/s，整体优化校正结果的均方根误差为23 m^3/s；在检验期，四个模型预报结果的均方根误差最小为1 739 m^3/s，先串后并校正的均方根误差为349 m^3/s，先并后串校正的均方根误差为407 m^3/s，串并一体化校正结果的均方根误差为20 m^3/s。由以上分析可知，先串后并和先并后串的计算方法，效果基本相当，而整体优化参数的方法，其结果要优于以上两种方法。

9.1.4 结论

以三峡水库的入库洪水预报为例，进行了预报误差串行校正、并行校正以及耦合校正研究，以期验证所提模型的合理性与可行性。首先，采用了研究团队为三峡梯调中心开发的水箱模型、新安江模型、神经网络模型和灰色模型预报三峡水库的入库流量序列；其次，应用第 6 章所提串行校正方法、并行校正方法以及耦合校正方法对预报结果进行串并校正，并采用相应的指标对预报误差序列进行精度评定，主要结论如下：

(1) 串行校正结果表明，采用串行校正模型能够显著地提高水文预报的精度，建议在实际应用中，考虑采用串行模型对预报结果进行校正。

(2) 并行校正结果表明，多模型并行校正后的结果要优于任意单一模型的预报结果，实际应用中，可考虑采用并行校正提高水文预报的精度。

(3) 耦合校正结果表明，多模型耦合校正方法要优于单独串行校正或单独并行校正，且先并后串与先串后并的校正效果基本相当，而串并一体化的耦合校正方法，其结果要优于以上两种方法。

9.2 水量平衡校正算例

选取金沙江流域攀枝花、桐子林和三堆子站点作为研究对象。攀枝花和桐子林站点的水流汇合于三堆子站点，考虑洪水传播延迟，攀枝花和桐子林到三堆子的洪水传播为 1 h。采用攀枝花和桐子林站点 2013 年 4 月 1 日 0 时至 2013 年 6 月 30 日 23 时的 1 h 流量和三堆子 2013 年 4 月 1 日 1 时至 2013 年 7 月 1 日 0 时的 1 h 流量作为样本数据进行分析。

引入 BP 神经网络模型分别对攀枝花、桐子林和三堆子站点的流量值进行预报，利用自回归模型对各个站点的流量值进行串行校正，预报流量和串行校正流量参见表 9－5。可知，攀枝花和桐子林的串行校正流量之和与三堆子的串行校正流量之间确实存在误差，其相对误差为 3.04%。利用上述水量平衡校正原理，对各个站点的预报流量进行校正，得到各个站点的校正流量，结果见表 9－5。计算可知，此时攀枝花和桐子林的校正流量之和与三堆子的校正流量相等，满足水量平衡原理。

进一步，为了验证水量平衡校正方法的合理性，计算了攀枝花、桐子林和三堆子预报流量、串行校正流量和经水量平衡原理校正后流量的精度评定指标，结果见表 9－6 所示。

通过对比发现，除了三堆子的水量平衡校正结果略微差于串行校正结果外，攀枝花和桐子林的水量平衡校正结果均优于串行校正结果。说明在保证水量平衡的基础上对预报流量校正能够起到积极的作用。

表9-5 攀枝花、桐子林和三堆子站点预报值、串联校正以及水量平衡校正结果

(m^3/s)

时段	预报值						串行校正						水量平衡校正					
	攀枝花	桐子林	流量和	三堆子	绝对误差	相对误差(%)	攀枝花	桐子林	流量和	三堆子	绝对误差	相对误差(%)	攀枝花	桐子林	流量和	三堆子	绝对误差	相对误差(%)
1	874	972	1 846	1 805	41	2.27	886	963	1 849	1 865	16	0.86	887	967	1 854	1 854	0	0.00
2	872	968	1 840	1 793	47	2.62	889	928	1 817	1 758	59	3.36	885	912	1 797	1 796	1	0.06
3	867	922	1 789	1 783	6	0.34	856	840	1 696	1 786	90	5.04	863	865	1 728	1 728	0	0.00
4	851	906	1 757	1 636	121	7.40	836	874	1 710	1 455	255	17.53	817	804	1 621	1 621	0	0.00
5	803	824	1 627	1 497	130	8.68	740	669	1 409	1 411	2	0.14	740	670	1 410	1 410	0	0.00
6	757	783	1 540	1 458	82	5.62	716	699	1 415	1 476	61	4.13	720	716	1 436	1 436	0	0.00
7	735	811	1 546	1 454	92	6.33	730	835	1 565	1 485	80	5.39	724	813	1 537	1 537	0	0.00
8	727	799	1 526	1 465	61	4.16	731	730	1 461	1 480	19	1.28	732	735	1 467	1 467	0	0.00
9	725	805	1 530	1 437	93	6.47	722	768	1 490	1 381	109	7.89	714	738	1 452	1 452	0	0.00
10	714	856	1 570	1 507	63	4.18	683	896	1 579	1 638	59	3.60	687	913	1 600	1 600	0	0.00
11	725	913	1 638	1 598	40	2.50	763	949	1 712	1 704	8	0.47	763	946	1 709	1 709	0	0.00
12	743	954	1 697	1 686	11	0.65	778	972	1 750	1 734	16	0.92	777	968	1 745	1 744	1	0.06
13	759	963	1 722	1 692	30	1.77	777	936	1 713	1 652	61	3.69	772	919	1 691	1 692	1	0.06
14	759	971	1 730	1 675	55	3.28	748	953	1 701	1 656	45	2.72	745	941	1 686	1 685	1	0.06
15	753	974	1 727	1 676	51	3.04	744	954	1 698	1 698	0	0.00	744	954	1 698	1 698	0	0.00
16	749	954	1 703	1 634	69	4.22	753	903	1 656	1 585	71	4.48	747	884	1 631	1 631	0	0.00
17	738	908	1 646	1 542	104	6.74	716	826	1 542	1 449	93	6.42	709	801	1 510	1 510	0	0.00
18	717	878	1 595	1 480	115	7.77	671	821	1 492	1 447	45	3.11	668	809	1 477	1 476	1	0.07
19	690	832	1 522	1 407	115	8.17	657	737	1 394	1 332	62	4.65	653	720	1 373	1 372	1	0.07
20	658	808	1 466	1 352	114	8.43	615	744	1 359	1 303	56	4.30	611	728	1 339	1 339	0	0.00
21	634	786	1 420	1 339	81	6.05	604	721	1 325	1 343	18	1.34	605	726	1 331	1 332	1	0.08
22	623	747	1 370	1 293	77	5.96	616	648	1 264	1 182	82	6.94	610	626	1 236	1 235	1	0.08

（续表）

时段	预报值						串行校正						水量平衡校正					
	攀枝花	桐子林	流量和	三堆子	绝对误差	相对误差(%)	攀枝花	桐子林	流量和	三堆子	绝对误差	相对误差(%)	攀枝花	桐子林	流量和	三堆子	绝对误差	相对误差(%)
23	603	688	1 291	1 222	69	5.65	556	558	1 114	1 085	29	2.67	554	550	1 104	1 104	0	0.00
24	577	676	1 253	1 172	81	6.91	523	625	1 148	1 099	49	4.46	519	612	1 131	1 131	0	0.00
25	561	689	1 250	1 199	51	4.25	532	664	1 196	1 238	42	3.39	535	675	1 210	1 210	0	0.00
26	567	695	1 262	1 227	35	2.85	579	645	1 224	1 206	18	1.49	578	640	1 218	1 217	1	0.08
27	574	677	1 251	1 243	8	0.64	566	585	1 151	1 202	51	4.24	570	599	1 169	1 169	0	0.00
28	580	669	1 249	1 168	81	6.93	565	602	1 167	976	191	19.57	551	549	1 100	1 100	0	0.00
29	562	633	1 195	1 113	82	7.37	494	482	976	1 001	25	2.50	496	489	985	985	0	0.00
30	548	611	1 159	1 073	86	8.01	507	472	979	962	17	1.77	505	467	972	973	1	0.10
31	540	632	1 172	1 085	87	8.02	499	589	1 088	1 075	13	1.21	498	585	1 083	1 083	0	0.00
32	546	646	1 192	1 150	42	3.65	542	595	1 137	1 206	69	5.72	547	614	1 161	1 161	0	0.00
33	564	653	1 217	1 173	44	3.75	585	580	1 165	1 107	58	5.24	581	564	1 145	1 145	0	0.00
34	572	672	1 244	1 204	40	3.32	551	644	1 195	1 190	5	0.42	551	643	1 194	1 194	0	0.00
35	583	698	1 281	1 259	22	1.75	578	686	1 264	1 294	30	2.32	581	694	1 275	1 275	0	0.00
36	598	814	1 412	1 376	36	2.62	611	926	1 537	1 546	9	0.58	612	928	1 540	1 540	0	0.00
37	641	838	1 479	1 424	55	3.86	707	804	1 511	1 427	84	5.89	701	781	1 482	1 482	0	0.00
38	664	846	1 510	1 428	82	5.74	660	803	1 463	1 365	98	7.18	653	776	1 429	1 429	0	0.00
39	667	849	1 516	1 422	94	6.61	631	821	1 452	1 428	24	1.68	629	815	1 444	1 444	0	0.00
40	660	866	1 526	1 443	83	5.75	650	857	1 507	1 491	16	1.07	649	852	1 501	1 502	1	0.07
41	663	902	1 565	1 510	55	3.64	672	923	1 595	1 592	3	0.19	671	922	1 593	1 594	1	0.06
42	680	949	1 629	1 567	62	3.96	702	982	1 684	1 617	67	4.14	697	963	1 660	1 660	0	0.00
43	698	933	1 631	1 548	83	5.36	711	874	1 585	1 488	97	6.52	704	847	1 551	1 551	0	0.00
44	695	898	1 593	1 537	56	3.64	662	823	1 485	1 539	54	3.51	666	838	1 504	1 504	0	0.00

（续表）

时段	预报值						串行校正						水量平衡校正					
	攀枝花	桐子林	流量和	三堆子	绝对误差	相对误差(%)	攀枝花	桐子林	流量和	三堆子	绝对误差	相对误差(%)	攀枝花	桐子林	流量和	三堆子	绝对误差	相对误差(%)
45	690	892	1 582	1 458	124	8.50	678	872	1 550	1 349	201	14.90	663	817	1 480	1 480	0	0.00
46	663	811	1 474	1 354	120	8.86	612	650	1 262	1 228	34	2.77	610	640	1 250	1 250	0	0.00
47	629	722	1 351	1 313	38	2.89	573	551	1 124	1 297	173	13.34	586	599	1 185	1 185	0	0.00
48	610	723	1 333	1 230	103	8.37	596	733	1 329	1 061	268	25.26	576	659	1 235	1 235	0	0.00
49	577	693	1 270	1 210	60	4.96	511	592	1 103	1 201	98	8.16	518	619	1 137	1 137	0	0.00
50	572	675	1 247	1 178	69	5.86	572	589	1 161	1 096	65	5.93	567	571	1 138	1 138	0	0.00
51	564	661	1 225	1 164	61	5.24	533	580	1 113	1 100	13	1.18	532	576	1 108	1 108	0	0.00
52	562	663	1 225	1 154	71	6.15	539	606	1 145	1 098	47	4.28	536	593	1 129	1 129	0	0.00
53	561	657	1 218	1 165	53	4.55	541	574	1 115	1 142	27	2.36	543	581	1 124	1 124	0	0.00
54	566	669	1 235	1 172	63	5.38	558	630	1 188	1 124	64	5.69	553	612	1 165	1 165	0	0.00
55	569	741	1 310	1 176	134	11.39	554	814	1 368	1 126	242	21.49	536	747	1 283	1 283	0	0.00
56	572	753	1 325	1 176	149	12.67	555	694	1 249	1 125	124	11.02	546	660	1 206	1 206	0	0.00
57	574	777	1 351	1 372	21	1.53	557	755	1 312	1 664	352	21.15	583	852	1 435	1 436	1	0.07
58	631	895	1 526	1 514	12	0.79	746	1 017	1 763	1 624	139	8.56	735	979	1 714	1 714	0	0.00
59	686	973	1 659	1 593	66	4.14	739	1 023	1 762	1 603	159	9.92	727	979	1 706	1 706	0	0.00
60	728	1 008	1 736	1 726	10	0.58	734	995	1 729	1 859	130	6.99	743	1 031	1 774	1 775	1	0.06
61	755	995	1 750	1 684	66	3.92	796	939	1 735	1 562	173	11.08	783	891	1 674	1 674	0	0.00
62	750	957	1 707	1 627	80	4.92	717	889	1 606	1 575	31	1.97	715	880	1 595	1 595	0	0.00
63	742	969	1 711	1 641	70	4.27	721	975	1 696	1 713	17	0.99	722	980	1 702	1 702	0	0.00
64	741	985	1 726	1 682	44	2.62	761	982	1 743	1 735	8	0.46	761	980	1 741	1 740	1	0.06
65	749	1 017	1 766	1 721	45	2.61	772	1 021	1 793	1 747	46	2.63	768	1 008	1 776	1 777	1	0.06
66	759	1 066	1 825	1 733	92	5.31	774	1 092	1 866	1 733	133	7.67	765	1 055	1 820	1 819	1	0.05

（续表）

时段	预报值						串行校正						水量平衡校正					
	攀枝花	桐子林	流量和	三堆子	绝对误差	相对误差(%)	攀枝花	桐子林	流量和	三堆子	绝对误差	相对误差(%)	攀枝花	桐子林	流量和	三堆子	绝对误差	相对误差(%)
67	763	1 057	1 820	1 777	43	2.42	769	1 003	1 772	1 846	74	4.01	774	1 023	1 797	1 798	1	0.06
68	774	1 059	1 833	1 768	65	3.68	806	1 030	1 836	1 737	99	5.70	798	1 003	1 801	1 801	0	0.00
69	774	1 053	1 827	1 764	63	3.57	771	1 019	1 790	1 765	25	1.42	769	1 012	1 781	1 781	0	0.00
70	776	972	1 748	1 656	92	5.56	784	842	1 626	1 523	103	6.76	776	814	1 590	1 590	0	0.00
71	753	848	1 601	1 469	132	8.99	710	677	1 387	1 294	93	7.19	703	651	1 354	1 355	1	0.07
72	718	861	1 579	1 469	110	7.49	648	886	1 534	1 571	37	2.36	650	896	1 546	1 546	0	0.00
73	704	964	1 668	1 651	17	1.03	720	1 070	1 790	1 923	133	6.92	730	1 107	1 837	1 837	0	0.00
74	742	1 087	1 829	1 810	19	1.05	844	1 175	2 019	1 940	79	4.07	838	1 153	1 991	1 991	0	0.00
75	786	1 116	1 902	1 894	8	0.42	847	1 116	1 963	1 908	55	2.88	843	1 101	1 944	1 944	0	0.00
76	822	1 126	1 948	1 913	35	1.83	840	1 119	1 959	1 907	52	2.73	836	1 105	1 941	1 941	0	0.00
77	832	1 126	1 958	1 912	46	2.41	829	1 110	1 939	1 920	19	0.99	828	1 104	1 932	1 932	0	0.00
78	831	1 120	1 951	1 896	55	2.90	835	1 098	1 933	1 889	44	2.33	831	1 086	1 917	1 917	0	0.00
79	825	1 139	1 964	1 920	44	2.29	824	1 161	1 985	1 988	3	0.15	824	1 162	1 986	1 986	0	0.00
80	832	1 100	1 932	1 862	70	3.76	860	1 024	1 884	1 764	120	6.80	851	991	1 842	1 842	0	0.00
81	812	1 017	1 829	1 708	121	7.08	777	880	1 657	1 542	115	7.46	768	848	1 616	1 616	0	0.00
82	769	932	1 701	1 581	120	7.59	707	825	1 532	1 524	8	0.52	707	823	1 530	1 530	0	0.00
83	736	943	1 679	1 617	62	3.83	708	969	1 677	1 754	77	4.39	714	990	1 704	1 704	0	0.00
84	736	1 034	1 770	1 751	19	1.09	775	1 123	1 898	1 919	21	1.09	777	1 129	1 906	1 905	1	0.05
85	762	1 029	1 791	1 746	45	2.58	827	963	1 790	1 656	134	8.09	817	926	1 743	1 743	0	0.00
86	765	960	1 725	1 621	104	6.42	743	840	1 583	1 462	121	8.28	734	807	1 541	1 541	0	0.00
87	742	906	1 648	1 527	121	7.92	681	835	1 516	1 495	21	1.40	679	829	1 508	1 508	0	0.00
88	717	907	1 624	1 536	88	5.73	688	904	1 592	1 616	24	1.49	690	910	1 600	1 600	0	0.00

（续表）

时段	预报值						串行校正						水量平衡校正					
	攀枝花	桐子林	流量和	三堆子	绝对误差	相对误差(%)	攀枝花	桐子林	流量和	三堆子	绝对误差	相对误差(%)	攀枝花	桐子林	流量和	三堆子	绝对误差	相对误差(%)
89	709	939	1 648	1 591	57	3.58	723	962	1 685	1 675	10	0.60	722	959	1 681	1 681	0	0.00
90	722	1 012	1 734	1 703	31	1.82	749	1 070	1 819	1 813	6	0.33	749	1 069	1 818	1 817	1	0.06
91	744	1 057	1 801	1 756	45	2.56	782	1 061	1 843	1 772	71	4.01	777	1 042	1 819	1 818	1	0.06
92	757	1 054	1 811	1 746	65	3.72	769	1 005	1 774	1 702	72	4.23	763	985	1 748	1 749	1	0.06
93	756	1 041	1 797	1 711	86	5.03	743	994	1 737	1 678	59	3.52	738	978	1 716	1 717	1	0.06
94	748	955	1 703	1 584	119	7.51	735	824	1 559	1 449	110	7.59	727	794	1 521	1 520	1	0.07
95	723	844	1 567	1 427	140	9.81	669	687	1 356	1 276	80	6.27	663	665	1 328	1 328	0	0.00
96	677	814	1 491	1 359	132	9.71	601	763	1 364	1 342	22	1.64	600	757	1 357	1 357	0	0.00
97	642	765	1 407	1 333	74	5.55	618	659	1 277	1 326	49	3.70	622	672	1 294	1 294	0	0.00
98	626	721	1 347	1 267	80	6.31	619	623	1 242	1 114	128	11.49	609	588	1 197	1 197	0	0.00
99	598	685	1 283	1 211	72	5.95	533	595	1 128	1 125	3	0.27	533	594	1 127	1 127	0	0.00
100	575	695	1 270	1 215	55	4.53	538	674	1 212	1 230	18	1.46	539	679	1 218	1 219	1	0.08
101	572	718	1 290	1 254	36	2.87	574	705	1 279	1 270	9	0.71	574	703	1 277	1 276	1	0.08
102	581	717	1 298	1 258	40	3.18	585	657	1 242	1 195	47	3.93	582	644	1 226	1 226	0	0.00
103	583	705	1 288	1 257	31	2.47	558	637	1 195	1 215	20	1.65	559	642	1 201	1 202	1	0.08
104	582	688	1 270	1 210	60	4.96	564	613	1 177	1 088	89	8.18	557	588	1 145	1 145	0	0.00
105	567	662	1 229	1 157	72	6.22	517	555	1 072	1 046	26	2.49	515	548	1 063	1 063	0	0.00
106	553	662	1 215	1 145	70	6.11	506	607	1 113	1 115	2	0.18	506	608	1 114	1 114	0	0.00
107	549	692	1 241	1 203	38	3.16	531	694	1 225	1 263	38	3.01	534	705	1 239	1 238	1	0.08
108	563	795	1 358	1 339	19	1.42	579	890	1 469	1 497	28	1.87	581	898	1 479	1 479	0	0.00
109	602	800	1 402	1 345	57	4.24	661	730	1 391	1 268	123	9.70	652	696	1 348	1 348	0	0.00
110	616	785	1 401	1 311	90	6.86	588	703	1 291	1 199	92	7.67	581	677	1 258	1 259	1	0.08

（续表）

时段	预报值						串行校正						水量平衡校正					
	攀枝花	桐子林	流量和	三堆子	绝对误差	相对误差(%)	攀枝花	桐子林	流量和	三堆子	绝对误差	相对误差(%)	攀枝花	桐子林	流量和	三堆子	绝对误差	相对误差(%)
111	606	810	1 416	1 331	85	6.39	551	819	1 370	1 393	23	1.65	553	826	1 379	1 378	1	0.07
112	608	862	1 470	1 395	75	5.38	624	895	1 519	1 508	11	0.73	623	892	1 515	1 515	0	0.00
113	631	901	1 532	1 476	56	3.79	670	912	1 582	1 538	44	2.86	666	900	1 566	1 566	0	0.00
114	657	949	1 606	1 548	58	3.75	673	980	1 653	1 604	49	3.05	669	966	1 635	1 636	1	0.06
115	681	979	1 660	1 580	80	5.06	697	982	1 679	1 593	86	5.40	690	958	1 648	1 648	0	0.00
116	694	960	1 654	1 552	102	6.57	693	899	1 592	1 496	96	6.42	685	873	1 558	1 558	0	0.00
117	690	910	1 600	1 478	122	8.25	660	822	1 482	1 389	93	6.70	653	796	1 449	1 449	0	0.00
118	668	820	1 488	1 356	132	9.73	623	670	1 293	1 205	88	7.30	616	646	1 262	1 262	0	0.00
119	627	731	1 358	1 236	122	9.87	559	565	1 124	1 067	57	5.34	555	549	1 104	1 104	0	0.00
120	580	672	1 252	1 159	93	8.02	506	567	1 073	1 068	5	0.47	506	566	1 072	1 071	1	0.09
121	554	655	1 209	1 136	73	6.43	518	575	1 093	1 099	6	0.55	518	576	1 094	1 094	0	0.00
122	548	653	1 201	1 130	71	6.28	529	581	1 110	1 070	40	3.74	526	570	1 096	1 096	0	0.00
123	546	649	1 195	1 127	68	6.03	514	569	1 083	1 064	19	1.79	513	563	1 076	1 076	0	0.00
124	545	650	1 195	1 123	72	6.41	512	578	1 090	1 057	33	3.12	509	569	1 078	1 079	1	0.09
125	543	645	1 188	1 116	72	6.45	510	556	1 066	1 040	26	2.50	508	549	1 057	1 057	0	0.00
126	541	635	1 176	1 112	64	5.76	503	529	1 032	1 047	15	1.43	505	533	1 038	1 038	0	0.00
127	540	658	1 198	1 116	82	7.35	507	637	1 144	1 066	78	7.32	501	615	1 116	1 116	0	0.00
128	541	668	1 209	1 155	54	4.68	513	615	1 128	1 169	41	3.51	516	627	1 143	1 143	0	0.00
129	550	678	1 228	1 172	56	4.78	547	631	1 178	1 120	58	5.18	543	615	1 158	1 158	0	0.00
130	554	713	1 267	1 224	43	3.51	529	720	1 249	1 251	2	0.16	529	721	1 250	1 250	0	0.00
131	566	781	1 347	1 314	33	2.51	572	822	1 394	1 403	9	0.64	572	825	1 397	1 397	0	0.00
132	592	839	1 431	1 364	67	4.91	626	857	1 483	1 401	82	5.85	620	835	1 455	1 454	1	0.07

（续表）

时段	预报值						串行校正						水量平衡校正					
	攀枝花	桐子林	流量和	三堆子	绝对误差	相对误差(%)	攀枝花	桐子林	流量和	三堆子	绝对误差	相对误差(%)	攀枝花	桐子林	流量和	三堆子	绝对误差	相对误差(%)
133	619	806	1 425	1 341	84	6.26	635	693	1 328	1 230	98	7.97	628	666	1 294	1 293	1	0.08
134	616	776	1 392	1 291	101	7.82	563	691	1 254	1 193	61	5.11	559	674	1 233	1 232	1	0.08
135	596	776	1 372	1 291	81	6.27	550	752	1 302	1 304	2	0.15	550	753	1 303	1 303	0	0.00
136	590	791	1 381	1 317	64	4.86	590	769	1 359	1 344	15	1.12	589	765	1 354	1 354	0	0.00
137	599	817	1 416	1 343	73	5.44	610	808	1 418	1 358	60	4.42	605	791	1 396	1 397	1	0.07
138	613	834	1 447	1 364	83	6.09	617	812	1 429	1 376	53	3.85	613	798	1 411	1 411	0	0.00
139	625	824	1 449	1 353	96	7.10	625	763	1 388	1 306	82	6.28	619	740	1 359	1 359	0	0.00
140	624	803	1 427	1 331	96	7.21	600	732	1 332	1 281	51	3.98	596	718	1 314	1 314	0	0.00
141	618	807	1 425	1 336	89	6.66	595	779	1 374	1 351	23	1.70	593	773	1 366	1 366	0	0.00
142	621	773	1 394	1 310	84	6.41	625	678	1 303	1 233	70	5.68	619	659	1 278	1 278	0	0.00
143	615	716	1 331	1 255	76	6.06	586	588	1 174	1 129	45	3.99	583	576	1 159	1 159	0	0.00
144	599	676	1 275	1 201	74	6.16	555	581	1 136	1 114	22	1.97	553	575	1 128	1 129	1	0.09
145	584	669	1 253	1 197	56	4.68	558	608	1 166	1 189	23	1.93	560	615	1 175	1 174	1	0.09
146	587	661	1 248	1 196	52	4.35	595	583	1 178	1 148	30	2.61	592	575	1 167	1 168	1	0.09
147	593	651	1 244	1 189	55	4.63	586	561	1 147	1 125	22	1.96	584	555	1 139	1 139	0	0.00
148	598	643	1 241	1 180	61	5.17	587	551	1 138	1 125	13	1.16	586	548	1 134	1 134	0	0.00
149	603	640	1 243	1 186	57	4.81	596	556	1 152	1 157	5	0.43	596	558	1 154	1 154	0	0.00
150	612	639	1 251	1 196	55	4.60	614	552	1 166	1 160	6	0.52	614	550	1 164	1 164	0	0.00
151	623	661	1 284	1 251	33	2.64	625	636	1 261	1 293	32	2.47	628	645	1 273	1 272	1	0.08
152	646	679	1 325	1 311	14	1.07	678	646	1 324	1 352	28	2.07	680	654	1 334	1 334	0	0.00
153	677	692	1 369	1 331	38	2.85	712	651	1 363	1 310	53	4.05	708	636	1 344	1 345	1	0.07
154	702	730	1 432	1 388	44	3.17	710	739	1 449	1 475	26	1.76	712	747	1 459	1 458	1	0.07

（续表）

时段	预报值						串行校正						水量平衡校正					
	攀枝花	桐子林	流量和	三堆子	绝对误差	相对误差(%)	攀枝花	桐子林	流量和	三堆子	绝对误差	相对误差(%)	攀枝花	桐子林	流量和	三堆子	绝对误差	相对误差(%)
155	733	791	1 524	1 483	41	2.76	775	820	1 595	1 593	2	0.13	775	819	1 594	1 595	1	0.06
156	763	892	1 655	1 659	4	0.24	813	976	1 789	1 845	56	3.04	817	991	1 808	1 808	0	0.00
157	820	907	1 727	1 727	0	0.00	912	877	1 789	1 716	73	4.25	906	857	1 763	1 763	0	0.00
158	858	904	1 762	1 737	25	1.44	878	865	1 743	1 705	38	2.23	875	855	1 730	1 730	0	0.00
159	876	945	1 821	1 803	18	1.00	880	982	1 862	1 916	54	2.82	884	997	1 881	1 880	1	0.05
160	900	1 013	1 913	1 900	13	0.68	952	1 065	2 017	2 033	16	0.79	953	1 069	2 022	2 023	1	0.05
161	946	1 092	2 038	2 029	9	0.44	1 014	1 140	2 154	2 157	3	0.14	1 014	1 141	2 155	2 155	0	0.00
162	1 018	1 158	2 176	2 204	28	1.27	1 075	1 230	2 305	2 338	33	1.41	1 078	1 239	2 317	2 317	0	0.00
163	1 069	1 182	2 251	2 231	20	0.90	1 109	1 187	2 296	2 181	115	5.27	1 100	1 155	2 255	2 256	1	0.04
164	1 088	1 155	2 243	2 200	43	1.95	1 078	1 080	2 158	2 111	47	2.23	1 074	1 067	2 141	2 142	1	0.05
165	1 086	1 108	2 194	2 140	54	2.52	1 054	1 040	2 094	2 075	19	0.92	1 053	1 035	2 088	2 088	0	0.00
166	1 074	1 029	2 103	1 976	127	6.43	1 051	904	1 955	1 838	117	6.37	1 043	872	1 915	1 914	1	0.05
167	1 048	890	1 938	1 810	128	7.07	998	711	1 709	1 688	21	1.24	996	705	1 701	1 701	0	0.00
168	998	825	1 823	1 661	162	9.75	929	736	1 665	1 573	92	5.85	922	711	1 633	1 633	0	0.00
169	928	800	1 728	1 623	105	6.47	880	744	1 624	1 667	43	2.58	883	756	1 639	1 639	0	0.00
170	898	818	1 716	1 661	55	3.31	918	813	1 731	1 746	15	0.86	919	817	1 736	1 736	0	0.00
171	901	855	1 756	1 734	22	1.27	944	870	1 814	1 811	3	0.17	944	869	1 813	1 813	0	0.00
172	925	896	1 821	1 796	25	1.39	967	913	1 880	1 852	28	1.51	965	905	1 870	1 870	0	0.00
173	957	914	1 871	1 830	41	2.24	988	903	1 891	1 850	41	2.22	985	891	1 876	1 877	1	0.05
174	981	907	1 888	1 832	56	3.06	989	868	1 857	1 824	33	1.81	986	859	1 845	1 845	0	0.00
175	989	983	1 972	1 914	58	3.03	979	1 064	2 043	2 064	21	1.02	980	1 069	2 049	2 050	1	0.05
176	1 022	1 040	2 062	1 999	63	3.15	1 072	1 063	2 135	2 090	45	2.15	1 069	1 050	2 119	2 119	0	0.00

（续表）

时段	预报值						串行校正						水量平衡校正					
	攀枝花	桐子林	流量和	三堆子	绝对误差	相对误差(%)	攀枝花	桐子林	流量和	三堆子	绝对误差	相对误差(%)	攀枝花	桐子林	流量和	三堆子	绝对误差	相对误差(%)
177	1 052	1 082	2 134	2 104	30	1.43	1 077	1 088	2 165	2 168	3	0.14	1 077	1 089	2 166	2 166	0	0.00
178	1 078	1 152	2 230	2 231	1	0.04	1 094	1 238	2 332	2 359	27	1.14	1 096	1 246	2 342	2 342	0	0.00
179	1 106	1 218	2 324	2 295	29	1.26	1 157	1 277	2 434	2 376	58	2.44	1 153	1 261	2 414	2 413	1	0.04
180	1 137	1 332	2 469	2 421	48	1.98	1 179	1 411	2 590	2 547	43	1.69	1 176	1 399	2 575	2 575	0	0.00
181	1 179	1 350	2 529	2 469	60	2.43	1 224	1 315	2 539	2 453	86	3.51	1 217	1 291	2 508	2 508	0	0.00
182	1 197	1 361	2 558	2 492	66	2.65	1 191	1 329	2 520	2 503	17	0.68	1 190	1 324	2 514	2 514	0	0.00
183	1 208	1 376	2 584	2 507	77	3.07	1 213	1 367	2 580	2 547	33	1.30	1 210	1 358	2 568	2 568	0	0.00
184	1 212	1 390	2 602	2 519	83	3.29	1 223	1 377	2 600	2 539	61	2.40	1 218	1 361	2 579	2 579	0	0.00
185	1 220	1 408	2 628	2 543	85	3.34	1 228	1 390	2 618	2 583	35	1.36	1 225	1 381	2 606	2 606	0	0.00
186	1 228	1 414	2 642	2 537	105	4.14	1 238	1 382	2 620	2 526	94	3.72	1 231	1 356	2 587	2 587	0	0.00
187	1 227	1 371	2 598	2 498	100	4.00	1 220	1 278	2 498	2 443	55	2.25	1 216	1 263	2 479	2 478	1	0.04
188	1 215	1 371	2 586	2 503	83	3.32	1 188	1 350	2 538	2 555	17	0.67	1 189	1 355	2 544	2 544	0	0.00
189	1 211	1 398	2 609	2 539	70	2.76	1 226	1 421	2 647	2 634	13	0.49	1 225	1 418	2 643	2 642	1	0.04
190	1 222	1 413	2 635	2 542	93	3.66	1 257	1 390	2 647	2 514	133	5.29	1 247	1 354	2 601	2 601	0	0.00
191	1 226	1 260	2 486	2 383	103	4.32	1 214	1 053	2 267	2 153	114	5.29	1 205	1 021	2 226	2 227	1	0.04
192	1 187	1 129	2 316	2 223	93	4.18	1 092	1 021	2 113	2 108	5	0.24	1 091	1 019	2 110	2 111	1	0.05
193	1 125	1 130	2 255	2 212	43	1.94	1 062	1 146	2 208	2 310	102	4.42	1 069	1 174	2 243	2 243	0	0.00
194	1 102	1 195	2 297	2 276	21	0.92	1 134	1 292	2 426	2 438	12	0.49	1 135	1 295	2 430	2 430	0	0.00
195	1 121	1 288	2 409	1 857	552	29.73	1 188	1 349	2 537	1 857	680	36.62	1 181	1 322	2 503	2 504	1	0.04

表 9-6　精度评定指标表

流量类别	站　点	绝对误差(m^3/s)	相对误差(%)	确定性系数
预报流量	攀枝花	34.40	3.55	0.99
	桐子林	70.12	6.92	0.96
	三堆子	89.91	4.59	0.98
串联校正流量	攀枝花	21.76	2.25	0.99
	桐子林	44.72	4.40	0.98
	三堆子	63.23	3.23	0.99
水量平衡校正流量	攀枝花	19.47	2.01	0.99
	桐子林	38.72	3.88	0.99
	三堆子	74.91	3.77	0.99

9.3　合作调度算例

合作调度理论对于流域多业主模式下的水电站群优化调度的工程实践有着积极的指导意义。针对 8.2 节合作调度中引理 2 的论述，采用溪洛渡—向家坝梯级水电站优化调度的例子来验证引理 2，分别采用联合优化调度和各库分别优化调度两种方法进行对比验证。

9.3.1　两库各自优化

两库各自优化方案如下：溪洛渡水电站先以发电量最大为目标进行长期发电优化调度，调度结果中获得的溪洛渡水库下泄流量作为向家坝电站优化调度的输入条件，向家坝电站再进行长期优化调度。

(1) 目标函数。

以溪洛渡、向家坝水库年发电量最大为优化目标，目标函数如下：

$$\begin{cases} F_1 = \max\sum_{t=1}^{T} A_1 \cdot Q_{1,t} \cdot H_{1,t} \cdot \Delta t \\ F_2 = \max\sum_{t=1}^{T} A_2 \cdot Q_{2,t} \cdot H_{2,t} \cdot \Delta t \\ F = F_1 + F_2 \end{cases} \tag{9-9}$$

式中，A_1 表示溪洛渡电站的出力系数；$Q_{1,t}$ 为 t 时段溪洛渡电站的下泄流量；$H_{1,t}$ 为溪洛渡电站 t 时段的平均水头；T 表示调度期，为 12 个月；$Q_{1,t}^{*}$ 表示 F_1 目标的最优决策方案；F_2 表示在决策方案 $Q_{1,t}^{*}$ 条件下，向家坝最大发电量。

(2) 约束条件。

溪洛渡水库长期优化调度模型服从以下约束条件：

梯级水力联系约束：

$$I_{i,t}=Q_{i-1,t}=Q^{p}_{i-1,t}+S_{i-1,t}(\forall t\in T) \tag{9-10}$$

库容平衡约束：

$$V_{i,t}=V_{i,t-1}+(I_{i,t-1}-Q_{i,t})\cdot\Delta t\ (\forall t\in T) \tag{9-11}$$

初末水位约束：

$$Z^{\text{ini}}_{i}=Z^{\text{end}}_{i} \tag{9-12}$$

库水位约束：

$$Z^{\min}_{i,t}\leqslant Z_{i,t}\leqslant Z^{\max}_{i,t}\ (\forall t\in T) \tag{9-13}$$

流量约束：

$$Q^{\min}_{i,t}\leqslant Q_{i,t}\leqslant Q^{\max}_{i,t}\ (\forall t\in T) \tag{9-14}$$

出力约束：

$$P^{\min}_{i,t}\leqslant(A_{i}\cdot Q_{i,t}\cdot H_{i,t})\leqslant P^{\max}_{i,t}(\forall t\in T) \tag{9-15}$$

式中，$V_{i,t}$ 为 i 电站 t 时段末的库容；$I_{i,t}$ 为 i 电站 t 时段的入库流量；$S_{i,t}$ 为 t 时刻 i 电站的弃水流量；Z^{ini}_{i}，Z^{end}_{i} 分别为初、末时段的 i 电站的坝前水位；$Z^{\min}_{i,t}$，$Z^{\max}_{i,t}$ 分别为 t 时段末 i 电站的最低，最高坝前水位；$Q^{\min}_{i,t}$，$Q^{\max}_{i,t}$ 分别为 t 时段 i 电站的最低、最高下泄流量；$P^{\min}_{i,t}$、$P^{\max}_{i,t}$ 分别为 t 时段 i 电站的保证出力、最大出力。

(3) 参数设置。

水电站参数设置：梯级水电站优化调度设计含诸多具体计算参数，其中包括水位库容曲线，水头损失曲线，水位下泄流量曲线等。以下为溪洛渡—向家坝梯级水电站中各水库参数。

水位库容曲线：图 9-3、图 9-4 分别为溪洛渡、向家坝水位库容曲线。具体数据见表 9-10、表 9-11。

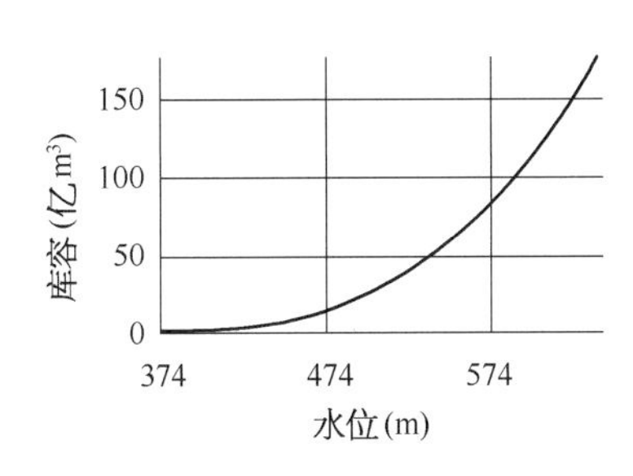

图 9-3　溪洛渡水位库容关系曲线

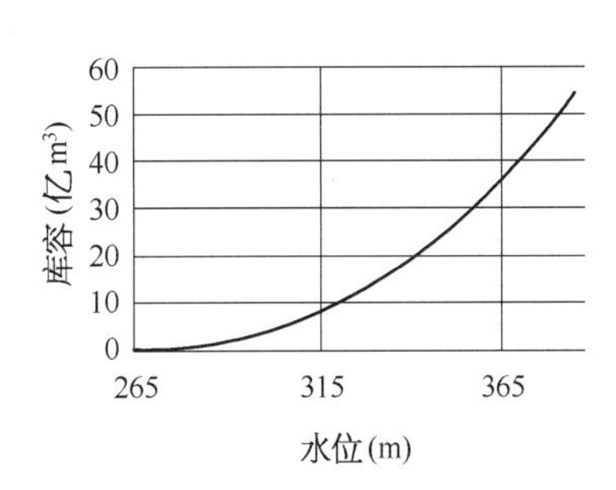

图 9-4　向家坝水位库容关系曲线

水位下泄流量关系曲线：图 9－5、图 9－6 分别为溪洛渡、向家坝水位下泄流量曲线。具体数据见表 9－12、表 9－13。

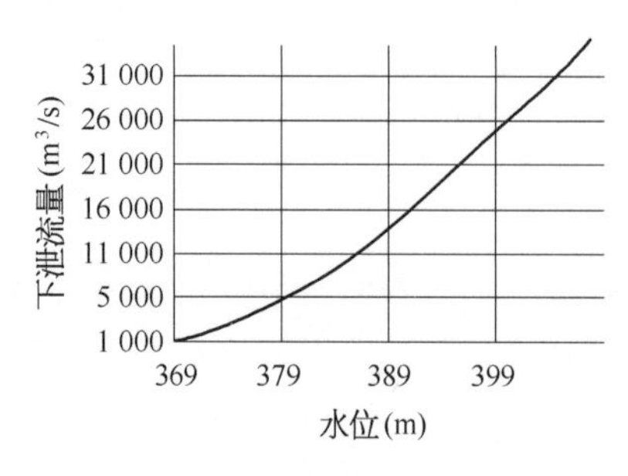

图 9－5　溪洛渡水位下泄流量关系曲线

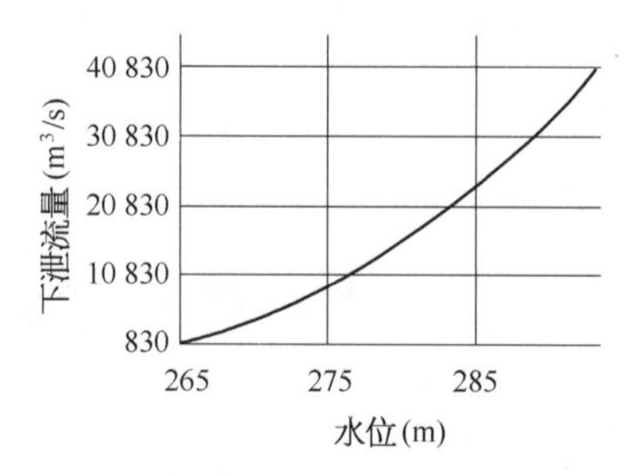

图 9－6　向家坝水位下泄流量关系曲线

其他边界条件：单库各自优化方案中以 2009 年的溪洛渡月均入库流量为输入条件，设置时段长度为 1 年，调度间隔为 1 月。除了以上列出的电站基础参数外，还包括溪洛渡入库流量、电站 k 值、各时段水位、流量、出力上下边界等计算条件。具体数值见表 9－7、表 9－8，其中表 9－7 中的水位均为时段末水位。

表 9－7　调度期内入库流量及各水库最高、最低水位

月　份	入库流量(m^3/s)	溪洛渡最高水位(m)	溪洛渡最低水位(m)	向家坝最高水位(m)	向家坝最低水位(m)
1	1 929	600	560	380	370
2	1 495	600	560	380	370
3	1 589	600	560	380	370
4	2 068	600	560	380	370
5	3 986	600	560	380	370
6	6 697	560	560	370	370
7	9 129	560	560	370	370
8	9 293	560	560	370	370
9	9 860	600	560	380	370
10	6 474	600	560	380	370
11	3 501	600	560	380	370
12	2 183	600	600	380	380

表 9－8　其他边界条件

参　　数	溪　洛　渡	向　家　坝
电站 K 值	8.5	8.5
最大水头(m)	229.4	113.6
最小水头(m)	154.6	82.5

(续表)

参　　数	溪　洛　渡	向　家　坝
初水位(m)	600	380
末水位(m)	600	380
最大流量(m^3/s)	50 153	49 800
最小流量(m^3/s)	1 200	1 200
最大出力(万 kW)	1 386	640
最小出力(万 kW)	339.5	200.9

优化算法参数设置：本案例采用动态规划(DP)作为优化算法进行计算。溪洛渡和向家坝水位离散点数均设为100。

(4) 计算结果。

按照上述方案及边界条件得出的单库各自优化的优化结果为溪洛渡总发电量为673.95亿kW·h,向家坝发电量为337.13亿kW·h,梯级总发电量为1 011.08亿kW·h。其他具体优化结果如图9-7～图9-14所示。图9-7、图9-8分别为优化方案结果中的溪洛渡、向家坝水位过程线,其中虚线为时段水位上边界,点划线为时段水位下边界,图9-9、图9-10分别为溪洛渡、向家坝各时段平均出库流量过程。图9-11、图9-12分别为溪洛渡、向家坝各时段出力过程线。图9-13、图9-14分别为溪洛渡、向家坝各时段弃水流量。

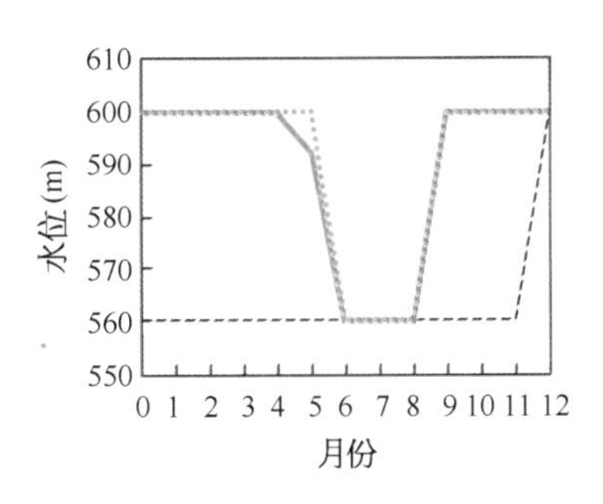

图9-7 溪洛渡水位过程线

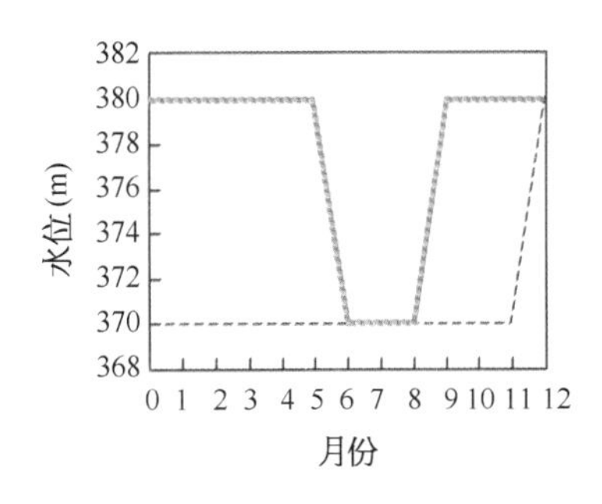

图9-8 向家坝水位过程线

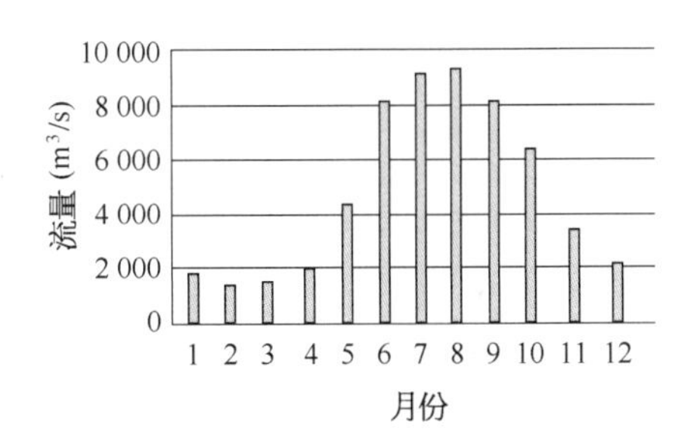

图9-9 溪洛渡出库流量

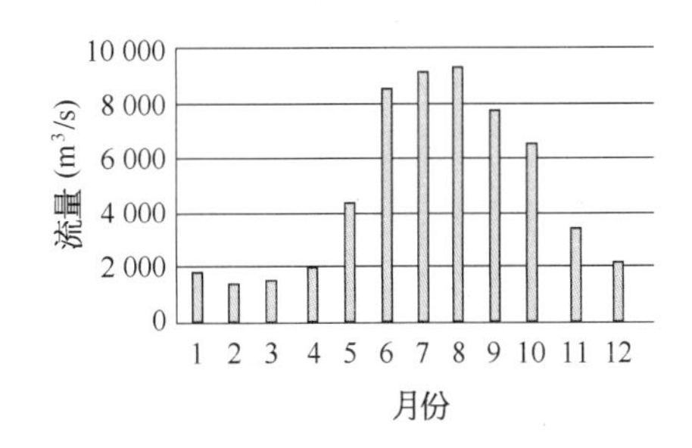

图9-10 向家坝出库流量

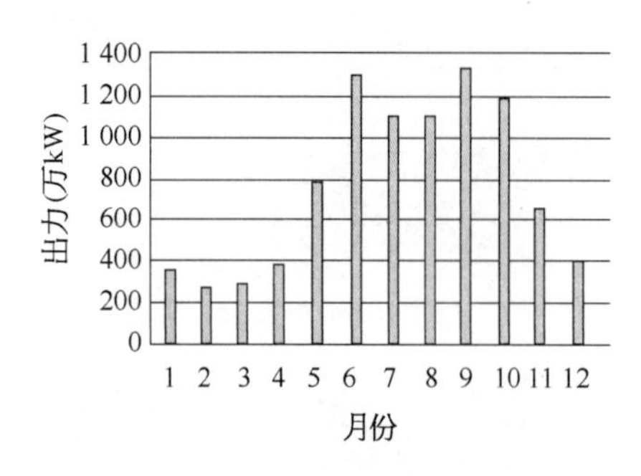

图 9-11　溪洛渡出力过程线

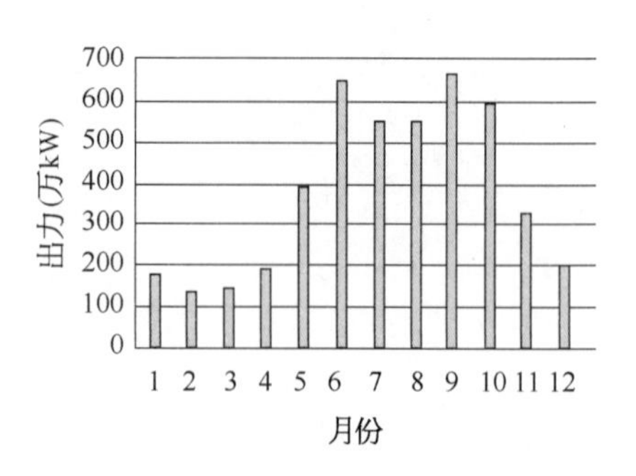

图 9-12　向家坝出力过程线

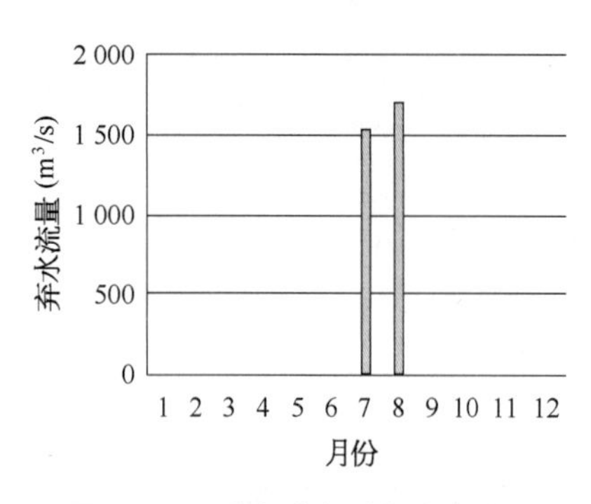

图 9-13　溪洛渡各时段弃水流量

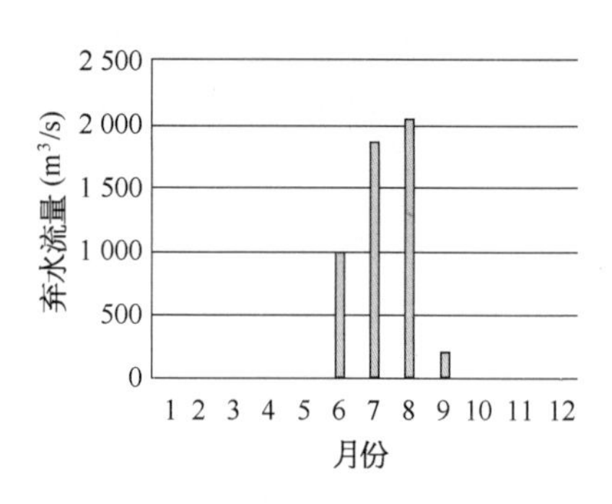

图 9-14　向家坝各时段弃水流量

9.3.2　梯级联合优化

梯级联合优化调度方案如下：以溪洛渡水位过程和向家坝水位过程作为决策变量，以溪洛渡梯级发电量最大为目标进行长期优化调度。

(1) 目标函数：

$$F = \max \sum_{i=1}^{I} \sum_{t=1}^{T} A_i \cdot Q_{i,t} \cdot H_{i,t} \cdot \Delta t \tag{9-16}$$

式中，i 为梯级电站编号。

(2) 约束条件：与单库各自优化方案中约束条件相同。

(3) 参数设置：与单库各自优化方案中参数设置相同。

(4) 计算结果：按照联合优化调度方案得出的优化结果为溪洛渡总发电量为 670.76 亿 kW·h，向家坝发电量为 342.27 亿 kW·h，梯级总发电量为 1 013.03 亿 kW·h。其他具体优化结果如图 9-15～图 9-22 所示。图 9-15、图 9-16 分别为优化方案结果中的溪洛渡，向家坝水位过程线，其中虚线为时段水位上边界，点划线为时段水位下边界。图 9-17、图 9-18 分别为溪洛渡、向家坝各时段平均出库流量过程。图 9-19、图 9-20 分别为溪洛渡，向家坝各时段出力过程线。图 9-20、图 9-21 分别为溪洛渡，向家坝各时段弃水流量。

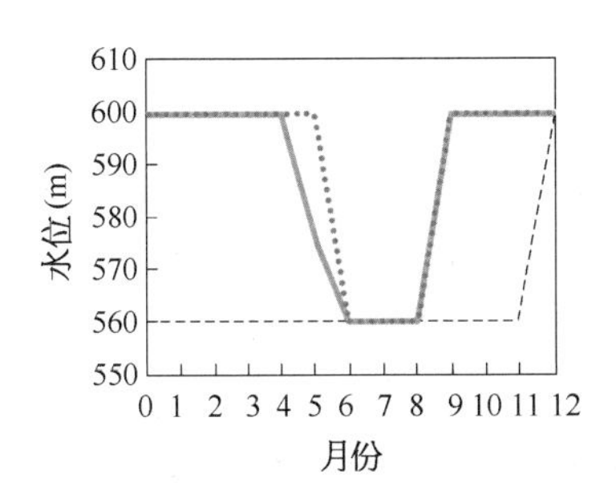

图 9-15 溪洛渡水位过程线

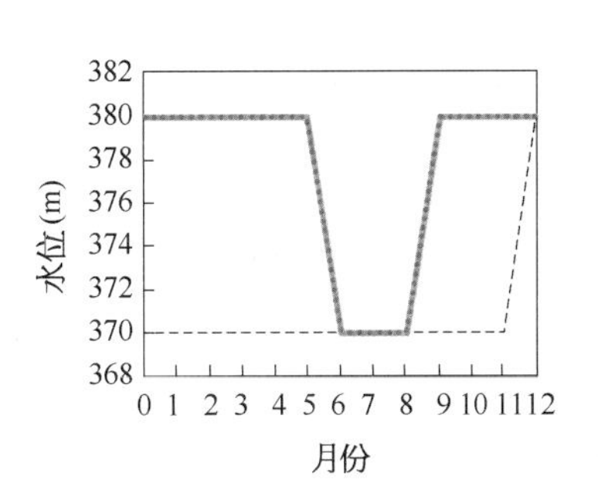

图 9-16 向家坝水位过程线

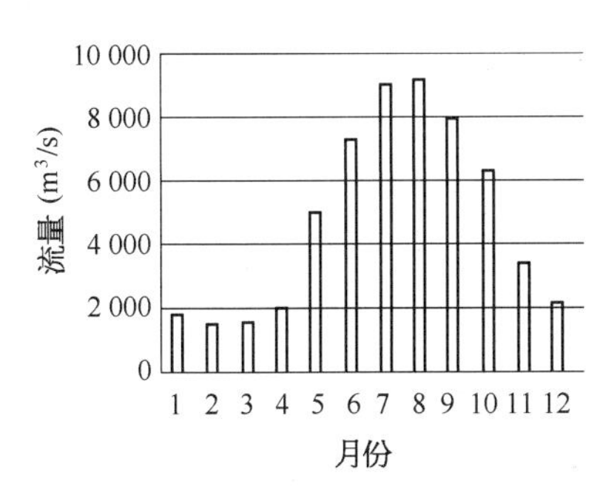

图 9-17 溪洛渡各时段出库流量

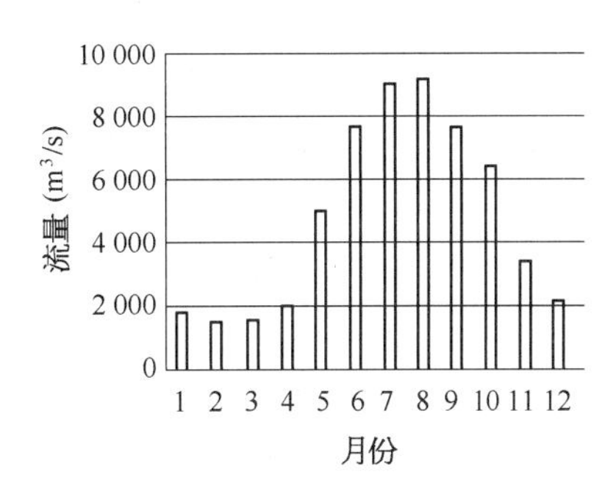

图 9-18 向家坝各时段出库流量

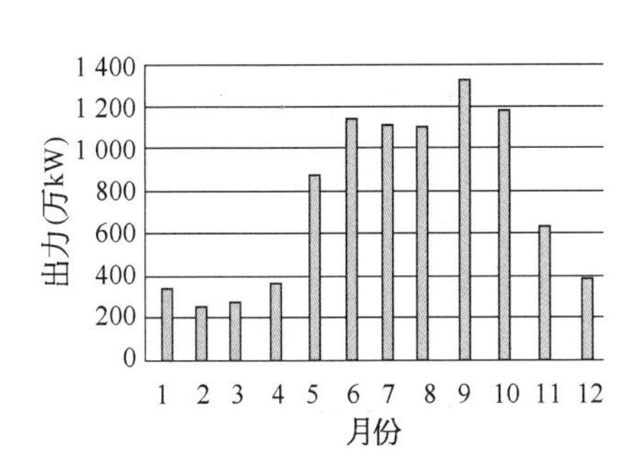

图 9-19 溪洛渡各时段出力

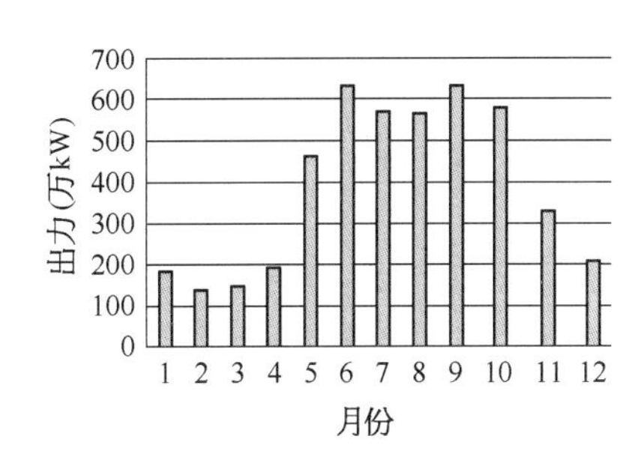

图 9-20 向家坝各时段出力

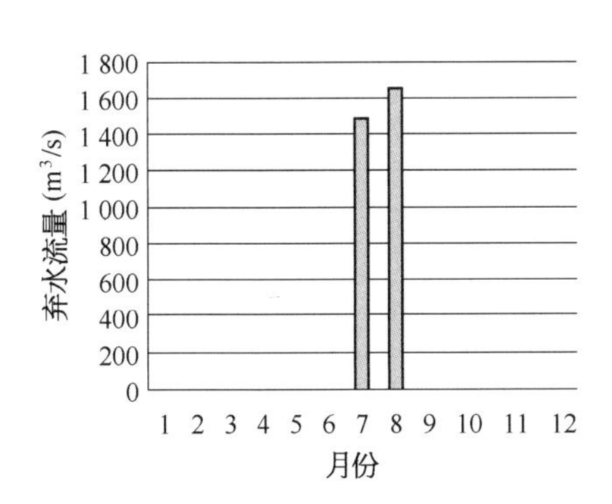

图 9-21 溪洛渡各时段弃水流量

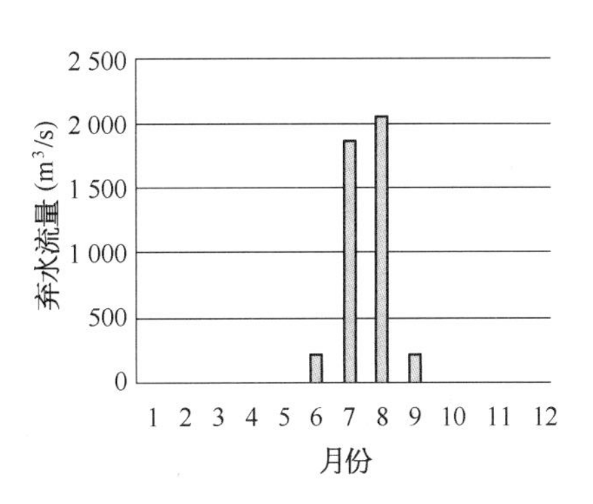

图 9-22 向家坝各时段弃水流量

9.3.3　结果比较分析

通过图 9－23、图 9－24 可以看出，5、6 月溪洛渡水位在联合优化方案中低于单独优化方案，在相同来水情况下，4 月末至 6 月末，两方案初、末水位相同，水位过程不同，故两方案 5、6 月梯级下流总量不变，而区别在于联合调度方案将 5、6 月的水量进行优化分配，与单独调度方案相比，增加了 5 月、减少了 6 月溪洛渡下泄流量。

通过图 9－25 可以看出，联合优化中向家坝在 6 月份的弃水流量明显低于单独各自优化时 6 月弃水流量，其原因在于，联合优化调度中，5 月份溪洛渡下泄流量比各自优化的流量更大，即 5 月末溪洛渡水位下降深度较单库各自优化方案中更深，虽然牺牲了部分溪洛渡水头效益，但明显提高了 5 月向家坝的出力，并且使 6 月份的溪洛渡水位消落更加缓和，导致 6 月向家坝弃水明显减少。

联合方案中的 5 月溪洛渡、向家坝下泄流量大于单独调度方案，且未形成弃水，使得溪洛渡、向家坝 5 月均增加了出力，如图 9－26 所示；6 月份溪洛渡、向家坝下泄流量低于单独调度方案，减少梯级弃水，且其下泄流量大于向家坝满发流量，未降低向家坝出力。因此联合优化调度在梯级泄流总量不变的前提下，合理利用梯级补偿效益，优化分配消落期 5、6 月份水量，提高梯级用水效益，有效减少梯级总弃水量，增加梯级整体发电效益。

为分析合作调度对梯级水电站发电的效益差别，表 9－9 显示了两种方案各库的发电量和总发电量的比较。

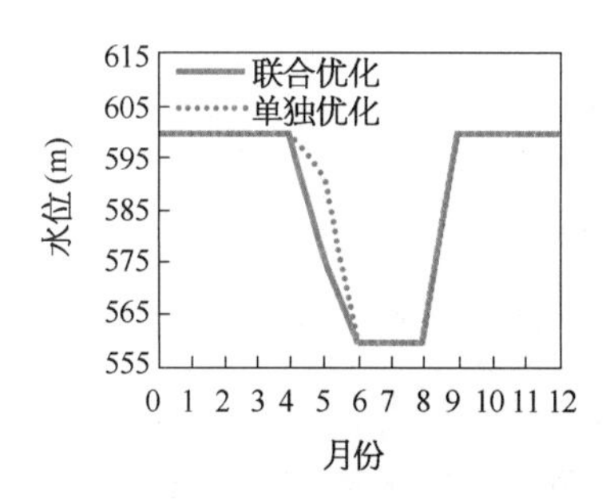

图 9－23　两方案中溪洛渡各时段水位比较

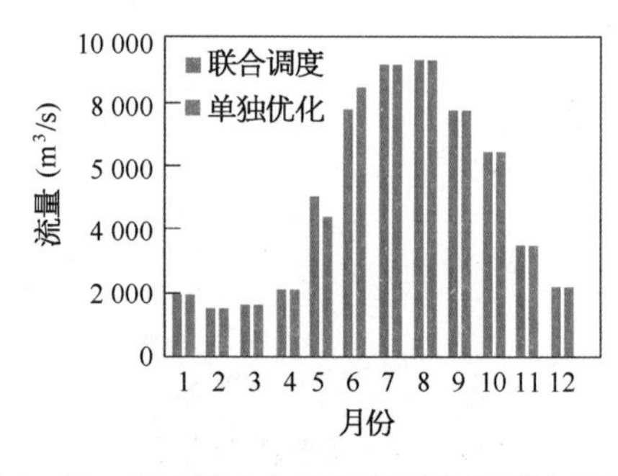

图 9－24　两方案中向家坝各时段下泄流量比较

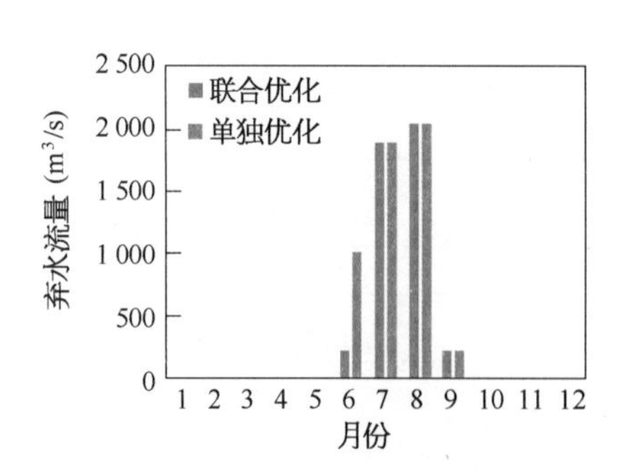

图 9－25　两方案中向家坝各时段弃水流量比较

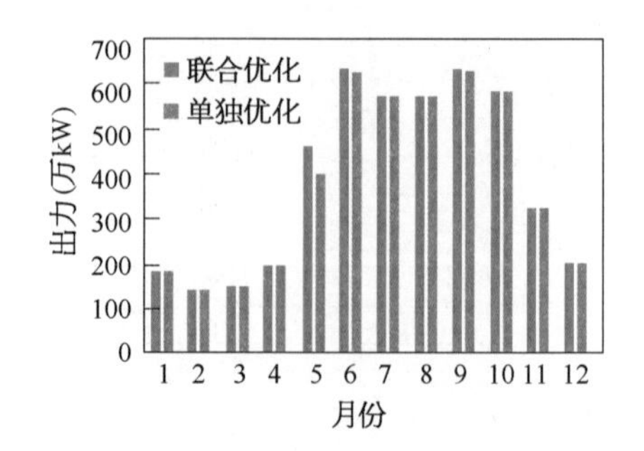

图 9－26　两方案中向家坝各时段出力比较

对比联合发电优化和各库单独优化两个算例，从表9-9可知，在其他条件相同的情况下，联合发电的梯级总发电量比单独优化的梯级总发电量提高了1.95亿kW·h。其中上游溪洛渡水电站发电量在联合优化中比单独优化减少了3.19亿kW·h，而下游向家坝水电站在联合优化中比单独优化提升了5.14亿kW·h。由此可知，联合调度中牺牲了上游溪洛渡水库的部分效益而提高了梯级整体效益。

表9-9 梯级联合优化调度与各库单独优化调度对比分析

项　目	梯级总发电量(亿kW·h)	溪洛渡发电量(亿kW·h)	向家坝发电量(亿kW·h)
单独优化	1 011.08	673.95	337.13
联合优化	1 013.03	670.76	342.27
比较分析	1.95	−3.19	5.14

溪洛渡和向家坝水位库容曲线见表9-10、表9-11。溪洛渡和向家坝尾水位下泄流量曲线见表9-12、表9-13。

表9-10 溪洛渡水位库容曲线

水位(m)	库容(亿m³)	水位(m)	库容(亿m³)
374	0	570	79.533
400	0.523	580	90.754
450	6.817	590	102.814
500	24.83	600	115.738
530	43.414	610	129.553
540	51.122	620	144.333
550	59.739	640	176.997
560	69.23		

表9-11 向家坝水位库容曲线

水位(m)	库容(亿m³)	水位(m)	库容(亿m³)	水位(m)	库容(亿m³)	水位(m)	库容(亿m³)	水位(m)	库容(亿m³)
265	0	273	0.228	281	0.863	289	1.919	297	3.425
266	0.014	274	0.285	282	0.971	290	2.081	298	3.653
267	0.029	275	0.348	283	1.087	291	2.249	299	3.889
268	0.048	276	0.418	284	1.208	292	2.425	300	4.134
269	0.07	277	0.494	285	1.337	293	2.607	301	4.388
270	0.099	278	0.577	286	1.472	294	2.798	302	4.65
271	0.135	279	0.666	287	1.615	295	2.998	303	4.92
272	0.178	280	0.761	288	1.764	296	3.207	304	5.199

（续表）

水位(m)	库容(亿 m³)	水位(m)	库容(亿 m³)	水位(m)	库容(亿 m³)	水位(m)	库容(亿 m³)	水位(m)	库容(亿 m³)
305	5.484	322	11.474	339	19.444	356	29.856	373	43.332
306	5.777	323	11.889	340	19.978	357	30.569	374	44.22
307	6.077	324	12.31	341	20.52	358	31.293	375	45.117
308	6.384	325	12.738	342	21.071	359	32.027	376	46.025
309	6.7	326	13.173	343	21.631	360	32.77	377	46.943
310	7.024	327	13.614	344	22.2	361	33.523	378	47.872
311	7.356	328	14.062	345	22.779	362	34.285	379	48.814
312	7.697	329	14.517	346	23.367	363	35.056	380	49.767
313	8.045	330	14.978	347	23.966	364	35.837	381	50.733
314	8.4	331	15.446	348	24.574	365	36.628	382	51.709
315	8.762	332	15.921	349	25.194	366	37.429	383	52.692
316	9.13	333	16.403	350	25.825	367	38.239	384	53.681
317	9.504	334	16.891	351	26.468	368	39.061	385	54.672
318	9.885	335	17.387	352	27.122	369	39.893		
319	10.272	336	17.89	353	27.788	370	40.736		
320	10.666	337	18.4	354	28.465	371	41.59		
321	11.067	338	18.918	355	29.155	372	42.456		

表 9－12　溪洛渡尾水位下泄流量曲线

出库流量(m³/s)	尾水位(m)	出库流量(m³/s)	尾水位(m)
1 000	369.01	9 000	383.4
2 000	371.92	10 000	384.8
3 000	374.2	15 000	390.11
4 000	376.04	20 000	394.76
5 000	377.8	25 000	398.82
6 000	379.2	30 000	403.88
7 000	380.6	35 000	407.56
8 000	382		

表 9－13　向家坝尾水位下泄流量曲线

出库流量(m³/s)	尾水位(m)	出库流量(m³/s)	尾水位(m)
830	265	1 570	266.5
1 050	265.5	1 860	267
1 300	266	2 170	267.5

(续表)

出库流量(m^3/s)	尾水位(m)	出库流量(m^3/s)	尾水位(m)
2 500	268	17 000	281
3 210	269	18 600	282
4 000	270	20 200	283
4 860	271	21 900	284
5 870	272	23 600	285
6 980	273	25 500	286
8 140	274	27 500	287
9 320	275	29 500	288
10 500	276	31 500	289
11 700	277	33 700	290
12 900	278	35 800	291
14 200	279	38 100	292
15 600	280	40 500	293

9.4 小　结

本章以具体的研究实例,分析了串并联耦合校正模型、水量平衡校正模型以及合作调度模型的合理性与实用性。结果表明采用串并联合耦合校正模型能够显著地提高水文预报的精度,建议在实际应用中,应用该模型对预报结果进行校正。合作联合调度的方法合理地利用了梯级补偿效益,有效减少梯级总弃水量,从而增加了梯级整体的发电效益。

缩略语表

缩略语	英 文 全 称	中 文 含 义
ARMA	auto regressive moving average	自回归滑动平均
CUE	copula-based uncertainty evolution	基于 Copula 函数的不确定性演化
GA	genetic algorithm	基因算法
GRG	generalized reduced gradient	广义既约梯度法
HA	heuristic algorithm	启发式算法
IRSA	improvement random searching algorithm	改进随机搜索算法
MIMO	multiple-input multiple-output	多输入多输出
MISO	multiple-input single output	多输入单输出
MLFN	multiple layer forward neural	前向神经网络
MLP	multi-layer perceptron	多层感知器
PSO	particle swarm optimization	粒子群优化
RBF	radical basis function	径向基函数
RG	reduced gradient	既约梯度法
RSA	random searching algorithm	全局搜索算法
SAA	simulated annealing algorithm	模拟退火算法
SQP	sequence quadratic program	序列二次规划法
SRSA	swarm random searching algorithm	群随机搜索算法

索　引

参考文献

[1] 陈璐,郭生练,张洪刚,等.长江上游干支流洪水遭遇分析[J].水科学进展,2011,2(23):323-330.

[2] 陈宝谦.无约束最优化问题随机搜索算法的收敛性[J].计算数学,1984,(2):166-173.

[3] 蔡治国,王光谦,夏军强,贺莉.黄河水量调度系统中的流量演进问题研究[J].人民黄河,2006,28(2):20-53.

[4] 陈喜,吴敬禄,王玲.人工神经网络模型预测气候变化对博斯腾湖流域径流影响[J].湖泊科学,2005,17(3):207-211.

[5] 方红远,王浩,程吉林.初始轨迹对逐步优化算法收敛性的影响[J].水利学报,2002,11(11):27-30.

[6] 郭生练,郭家力,侯雨坤,熊立华,洪兴骏.基于Budyko假设预测长江流域未来径流量变化[J].水科学进展,2015,26(2):151-158.

[7] 丁小玲,周建中,陈璐,等.基于模糊集合理论和集对原理的径流丰枯分类方法[J].水力发电学报,2015,5(5):4-9

[8] 覃晖,周建中,王光谦,张勇传.基于多目标差分进化算法的水库多目标防洪调度研究[J].水利学报,2009,40(5):513-519

[9] 黄强,王增发,畅建霞,等.城市供水水源联合优化调度研究[J].水利学报,1999,5(5):57-62.

[10] 周建中,张睿,王超,张勇传.分区优化控制在水库群优化调度中的应用[J].华中科技大学学报(自然科学版)2014,8:79-84.

[11] 周建中,袁柳,卢鹏,等.水情变化条件下梯级水电站实时负荷调整方法[J].水力发电学报,2015,(09):1-9

[12] 程理民.运筹模型与方法教程[M].北京:清华大学出版社,2000.

[13] 戴建华,薛恒新.基于Shapley值法的动态联盟伙伴企业利益分配策略[J].中国管理科学,2004,(4):33-36.

[14] 丁晶,邓育仁.随机水文学[M].成都:成都科技大学出版社,1988.

[15] 丁军威,胡旸,夏清,等. 竞价上网中的水电优化运行[J]. 电力系统自动化,2002,26(3): 19-23.

[16] 杜松怀. 电力市场[M]. 3 版. 北京: 中国电力出版,2010.

[17] 冯平,毛慧慧,王勇,等. 多变量情况下的水文频率分析方法及其应用[J]. 水利学报,2009,40(1): 33-37.

[18] 冯平,徐向广,温天福,等. 考虑洪水预报误差的水库防洪控制调度的风险分析[J]. 水力发电学报,2009,28(3): 47-51.

[19] 黄小锋,纪昌明,黄海涛,等. 基于委托代理模型的梯级电站补偿效益分配[J]. 人民黄河,2010,32(4): 106-108.

[20] 纪震. 粒子群算法及应用[M]. 北京: 科学出版社,2009.

[21] 黎灿兵,康重庆,夏清,等. 发电权交易及其机理分析[J]. 电力系统自动化,2003,27(6): 30-34.

[22] 李登峰. 模糊多目标多人决策与对策[M]. 北京: 国防工业出版社,2003.

[23] 李敏强. 遗传算法的基本理论与应用[M]. 北京: 科学出版社,2002.

[24] 李清清,周建中,莫莉,等. 基于通用博弈模型的电力市场均衡对比分析[J]. 电网技术,2010,34(7): 14-19.

[25] 李荣钧. 模糊多准则决策理论与应用[M]. 北京: 科学出版社,2002.

[26] 李致家,菅瑞卿,薛清敏,等. 洪水预报误差置信限与误差评定方法研究[J]. 河海大学学报(自然科学版),2005,33(1): 32-36.

[27] 刘德铭,黄振高. 对策论及其应用[M]. 长沙: 国防科技大学出版社,1995.

[28] 刘心愿,郭生练,李响,等. 考虑水文预报误差的三峡水库防洪调度图[J]. 水科学进展,2011,22(6): 771-779.

[29] 刘艳丽,周惠成,张建云. 不确定性分析方法在水库防洪风险分析中的应用研究[J]. 水力发电学报,2010,29(6): 47-53.

[30] 陆桂华,闫桂霞,吴志勇,等. 基于 Copula 函数的区域干旱分析方法[J]. 水科学进展,2010,21(2): 188-193.

[31] 马云东,朱柏石. 多目标多阶段决策问题的最优化方法[J]. 系统工程理论与实践,1990,1(1): 13-17.

[32] 马振华. 运筹学与最优化理论卷[M]. 北京: 清华大学出版社,1998.

[33] 孟凡永,张强. 具有 Choquet 积分形式的模糊合作对策[J]. 系统工程与电子技术,2010,32(7): 1430-1436.

[34] 莫莉,纪鸿铸,王永强. 流域梯级多业主电站共生机制及其稳定性. 水电能源科学,2013,31(8): 230-234.

[35] 庞荧. 总体随机搜索算法的收敛性及计算效益[J]. 计算数学,1987,1(1)112-113.

[36] 彭怡,胡杨. 多阶段群体决策的 Pareto 最优策略[J]. 四川大学学报(自然科学版),2007,44(3): 482-484.

[37] 水利部,能源部.水利水电工程设计洪水计算规范 SL44-93[M].北京：水利电力出版社,1993.

[38] 孙汉贤,王锐深.黄河上游径流随机模拟及其初步应用[J].水文,1986,5(5)：10-18.

[39] 王锡凡,耿建.分段竞价与分时竞价的比较[J].电力系统自动化,2003,27(7)：22-26.

[40] 王锡凡,王秀丽,陈皓勇.电力市场基础[M].西安：西安交通大学出版社,2003.

[41] 温权,程时杰,张勇传.销售电价设计的会计成本方法[J].华中科技大学学报,2001,(29)：93-96.

[42] 吴正佳,周建中,杨俊杰,等.调峰容量效益最大的梯级电站优化调度[J].水力发电,2007,33(1)：74-76.

[43] 武学毅,陈守伦,郭倩.基于 FP 遗传算法的梯级水库短期优化调度[J].水力发电学报,2010,29(1)：72-75.

[44] 肖义,郭生练,熊立华,等.一种新的洪水过程随机模拟方法研究[J].四川大学学报(工程科学版),2007,39(2)：55-60.

[45] 欧阳硕,周建中,周超,王浩.金沙江下游梯级与三峡梯级枢纽联合蓄放水调度研究[J].《水利学报》,2013(04)：435-443.

[46] 卢有麟,周建中,王浩,张勇传.三峡梯级枢纽多目标生态优化调度模型及其求解方法[J].《水科学进展》,2011,22(06)：780-788

[47] 江兴稳,周建中,王浩,张勇传.电力系统动态环境经济调度建模与求解[J].《电网技术》,2013,37(02)：385-391

[48] 程春田,郜晓亚,武新宇,等.梯级水电站长期优化调度的细粒度并行离散微分动态规划方法[J].中国电机工程学报,2011,31(10)：26-32.

[49] 熊明.三峡水库防洪安全风险研究[J].水利水电技术,1999,30(2)：39-42.

[50] 闫宝伟,郭生练,刘攀,等.基于 Copula 函数的径流随机模拟[J].四川大学学报(工程科学版),2010,42(1)：5-9.

[51] 闫宝伟,郭生练.考虑洪水过程预报误差的水库防洪调度风险分析[J].水利学报,2012,(7)：803-807.

[52] 翁文林,王浩,张超然,等.基于梯级水电站群联合调度的长江干流“龙头水库”综合效益分析[J].水力发电学报,2014,33(6)：53-60.

[53] 杨春花,王先甲,黄薇,等.基于发电权交易的梯级水电站优化调度研究[J].水力发电学报,2011,30(5)：61-67.

[54] 叶玉健,马光文,赵庆绪,等.梯级水电多市场供电上网电价定价机制研究[J].水力发电学报,2013,(5)：288-293.

[55] 袁宏源,罗洋涛.多站径流的模糊随机生成模型[J].武汉水利电力大学学报,1997,30(2)：59-62.

[56] 张森林，张尧，陈皓勇，等. 水电参与电力市场竞价的关键问题研究[J]. 电网技术，2010，34(1)：107-116.

[57] 张维迎. 博弈论与信息经济学[M]. 上海：上海人民出版社，2006.

[58] 张翔，冉啟香，夏军，等. 基于 Copula 函数的水量水质联合分布函数[J]. 水利学报，2011，42(4)：483-489.

[59] 张勇传. 水电站经济运行原理[M]. 北京：中国水利水电出版社，1998.

[60] 郑体超，李永，朱明，等. 基于粒子群算法的梯级电站日优化调度[J]. 四川水力发电，2010，29(6)：229-233

[61] 周惠成，董四辉，邓成林，等. 基于随机水文过程的防洪调度风险分析[J]. 水利学报，2006，37(2)：227-232.

[62] 邹进，张勇传. 三峡梯级电站短期优化调度的模糊多目标动态规划[J]. 水利学报，2005，36(8)：925-931.

[63] 曾鸣. 电力市场理论及应用[M]. 北京：中国电力出版社，2000.

[64] 曾绍伦，任玉珑，李俊. 基于博弈论的分时电价模型及其仿真[J]. 华东电力，2007，35(8)：44-48.

[65] 张建云，章四龙，王金星，李岩. 近 50 年来中国六大流域年际径流变化趋势研究[J]. 水科学进展，2007，18(2)：230-234.

[66] Bárdossy A, Pegram G G S. Copula based multisite model for daily precipitation [J]. Hydrology and Earth System Science, 2009, 13(12): 2299-2314.

[67] Zhou J, Zhang Y, Zhang R, et al. Integrated optimization of hydroelectric energy in the upper and middle Yangtze River [J]. Renewable and Sustainable Energy Reviews, 2015, 45: 481-512.

[68] Zhou J, Ouyang S, Wang X, Ye L, et al... Multi-Objective Parameter Calibration and Multi-Attribute Decision-Making: An Application to Conceptual Hydrological Model Calibration [J]. Water Resources Management; 2014(28): 767-783.

[69] Zhou J, Liao X, Ouyang S, et al.. Multi-objective artificial bee colony algorithm for short-term scheduling of hydrothermal system[J]. International Journal of Electrical Power & Energy Systems, 2014(55): 542-553.

[70] Guo Jun, Zhou J, Lu J, et al.. Multi-objective optimization of empirical hydrological model for streamflow prediction [J]. Journal of Hydrology; 2014 (511): 242-253.

[71] Li C, Zhou J, Lu P, et al.. Short-term economic environmental hydrothermal scheduling using improved multi-objective gravitational search algorithm [J]. Energy Conversion and Management, 2015(89): 127-136.

[72] Wang C, Zhou J, Lu P, et al.. Long-term scheduling of large cascade

hydropower stations in Jinsha Rive, China [J]. Energy Conversion and Management, 2015(90): 476 - 487.

[73] Catalão J P S, Pousinho H M I, Contreras J. Optimal hydro scheduling and offering strategies considering price uncertainty and risk management [J]. Energy, 2012, 37(1): 237 - 244.

[74] Chen L, Guo S, Yan B, et al. A new seasonal design flood method based on bivariate joint distribution of flood magnitude and date of occurrence [J]. Hydrological Sciences Journal, 2010, 55(8): 1264 - 1280.

[75] Cheng C, Shen J, Wu X, et al. Short-term hydro scheduling with discrepant objectives using multi-step progressive optimality algorithm[J]. Journal of the American Water Resources Association, 2012, 48(3): 464 - 479.

[76] Michele D, Salvadori C G, Passoni G, et al. A multivariate model of sea storms using copulas[J]. Coastal Engineering, 2007, 54(10): 734 - 751.

[77] Wang J, Yuan X, Zhang Y. Short-Term Scheduling of Large-Scale Hydropower Systems for Energy Maximization[J]. Journal of Water Resources Planing and Management, 2004, 130(3): 198 - 205.

[78] Joe H. Multivariate models and dependence concept[M]. New York: Chapman & Hall, 1997.

[79] Lee T, Salas J. Copula-based stochastic simulation of hydrological data applied to Nile River flows[J]. Hydrology. Research, 2011, 42(4): 318 - 330.

[80] Li L, Xia J, Xu C, et al. Evaluation of the subjective factors of the GLUE method and comparison with the formal Bayesian method in uncertainty assessment of hydrological models [J]. Journal of Hydrology, 2010, 390: 210 - 221.

[81] Mario T LB, Frank, T T, Yang S, et al. Optimization of large-scale hydropower system operations[J]. Journal of Water Resources Planning and Management, 2003, 129(3): 178 - 188.

[82] Nelsen R B. An introduction to Copulas[M]. NewYork: Springer, 1999.

[83] Nishizaki I, Sakawa M. Solutions based on fuzzy goals in fuzzy linear programming games. Fuzzy Sets and Systems[J]. Fuzzy Sets & Systems, 2000, 115(1): 105 - 119.

[84] Wolpert D H, Macready W G. No Free Lunch Theorems for Optimization[J]. IEEE Transactions on Evolutionary Computation, 1997, 1(1): 67 - 82.

[85] Onur H A, Burcu A S, Metin G A. Optimization of multi- reservoir systems by genetic algorithm[J]. Water Resources Management, 2011, 25(5): 1465 - 1487.

[86] Lu P, Zhou J, Wang C, et al. Short-term hydro generation scheduling of Xiluodu

and Xiangjiaba cascade hydropower stations using improved binary-real coded bee colony optimization algorithm[J]. Energy Conversion and Management, 2015, 91: 19-31.

[87] Schweppe F C, Caramanis M C, Tabors R D, et al. Spot pricing of electricity [M]. Berlin: Springer Science & Business Media, 2013.

[88] Sidney Y. Dynamic programming applications in water resources[J]. Water Resources Research, 1982, 18(4): 673-696.

[89] Wang C, Chang N B, Yeh G T. Copula-based flood frequency (COFF) analysis at the confluences of river systems[J]. Hydrological Processes, 2009, 23(10): 1471-1486.

[90] Wen F S, David A K. Strategic bidding for electricity supply in a day-ahead energy market[J]. Electric Power Systems Research, 2001, 59(3): 197-206.

[91] Fu X, Li A, Wang L, et al. Short-term scheduling of cascade reservoirs using an immune algorithm-based particle swarm optimization [J]. Computers and Mathematics with Applications, 2011, 62(6): 2463-2471.

[92] Ge X, Zhang L, Shu J, et al. Short-term hydropower optimal scheduling considering the optimization of water time delay[J]. Electric Power Systems Research, 2014, 110: 188-197.

[93] Yan B, Guo S, Chen L. Estimation of reservoir flood control operation risks with considering inflow forecasting errors[J]. Stochastic Environmental Research and Risk Assessment, 2014, 28(2): 359-368.

[94] Zabinsky Z B. Random search algorithms[J]. Wiley Encyclopedia of Operations Research and Management Science, 2010, 53(8-1): 1321-1326.

[95] Zhang L, Singh V P. Bivariate rainfall frequency distributions using Archimedean copulas[J]. Journal of Hydrology, 2007, 332(1-2): 93-109.

[96] Zhao T, Cai X, Yang D. Effect of streamflow forecast uncertainty on real-time reservoir operation[J]. Advances in Water Resources, 2011, 34(4): 495-504.

[97] Zhao T, Zhao J, Yang D, et al. Generalized martingale model of the uncertainty evolution of streamflow forecasts[J]. Advances in Water Resources, 2013, 57(9): 41-51.